조선후기
불교건축 연구

조선후기
불교건축 연구

손신영 지음

책을 엮으며

이 책에 엮은 7편의 연구논문은 조선후기 불교건축 관련 기록들을 검토하여 사찰 및 불전의 역사를 정리한 후 관련 인물을 살피는 한편, 불전의 특성과 의미를 밝혀보고자 한 것이다.

각 논문은 개별적으로 집필되었으나 공교롭게도 언급된 사찰은 모두 왕실과 관련되어 있다. 강진 백련사는 태종의 차남인 효령대군이 8년 동안이나 주석하고 시주했던 곳이며, 화산 용주사는 정조가 현륭원의 재궁으로 창건한 왕실원찰이었다. 또, 남양주 흥국사는 정조에서부터 흥선대원군을 거쳐 20세기 초반에 이르기까지 왕실인사들의 후원이 이어졌던 곳이고, 설악산 신흥사 역시 정조대까지 선왕선후의 기신재를 봉행하던 왕실원찰이었다. 서울 돈암동 흥천사는 정릉의 능침수호사찰이었으나 안동김문의 원찰화 되었다가 흥선대원군에 의해 대대적으로 중수되면서 19세기 후반에 왕실원찰의 위상을 갖추게 되었다. 울진 불영사는 인현왕후 원당이 조성되었을 뿐만 아니라 설악산 신흥사와 마찬가지로 국기현판이 전해지고 있어 왕실의 기신재가 봉행되었던 왕실원찰이었음을 알 수 있다.

작가를 비롯하여 조형물 및 관련인물에 대한 연구는 한국미술사에서는 이미 정착된 방법론이지만 한국건축사에서는 거의 활용되지 못하고 있다. 건축은 관련 기록이 많지 않기에 작가론이나 작품론을 개진하기가 쉽지 않기 때문이다. 그러나 조선후기 불전에 전해지는 상량문을 비롯하여 각종 현판기문과 사지에 수록된 기록들을 정밀하게 살펴보면 관련 인물의 정보를 미세하게나마 얻을 수 있다. 이런 정보들이 축적되면 도편수와 같은 장인이 참여한 불전을 목록화 할 수 있고, 이 목록을 바탕으로 작품론을 시도해 볼 수 있다. 이 책은 이러한 목표에 이르기 위한 시도로, 작으나마 조선후기 불교건축사 연구에 디딤돌이 되길 바라며 편집되었다.

목차

3장 남양주 흥국사 만세루방의 변화양상과 의미

4장 설악산 신흥사 극락보전의 특징과 의미

1장

강진 백련사 대웅보전의 형식과 특징

Ⅰ. 머리말

만덕산 백련사는 전라남도 강진의 대표적인 사찰로, 다산 정약용의 자취가 남아 있는 寺志가 전해지고 있어 주목되는 곳이다. 사지는 백련사로 改名되기 이전의 이름을 따라 『萬德寺志』로 전해지는데, 여기에 정리된 바를 통해 백련사의 역사를 비교적 상세히 알 수 있다.[1)]

백련사의 중심 불전인 대웅보전은 최근 들어 기단이 개축되어 과거와 다른 인상을 주고 있지만, 건축 형식은 조선후기 사찰의 主佛殿 요소를 잘 간직하고 있다. 그러나 불단 위에 닫집이 없고, 어칸의 천장이 한 단 높으며 그 둘레로 9마리의 용 조각이 있는 내부 장엄은 일반적인 조선후기 불전과 다른 모습이다. 주불전에서 불단 위로 닫집이 조성되지 않는 경우는 흔치 않은데, 17~19세기 불전으로 추정되는 부안 내소사 대웅보전도 닫집이 조성되어 있지 않아 관련성이 주목된다. 아울러 내부에 걸려 있는 <대웅보전중수기> 현판에 기록된 바, 대웅보전이 1762년 중수되었다는 것은 이 무렵 중수 또는 중건된 인근 사찰들의 주불전의 상황을 고려케 한다. 이 글에서는 이러한 상황을 염두에 두고 『萬德寺志』를 바탕으로 하여, 백련사 대웅보전의 연혁·불사관계자 등에 대하여 살핀 후, 건축적 특징과 의미에 대해 고찰해보고자 한다.

II. 백련사의 연혁 · 가람배치 · 불전 · 관계자

1. 백련사의 연혁

백련사는 통일신라시대 말기인 839년(문성왕 1) 無染이 창건하였다고 전해진다. 고려시대까지 '萬德山 白蓮寺'라 칭했으나 조선시대 들어서는 '만덕사'로 불리다가 일제강점기인 1917년에 '백련사'로 개명되었다.[2] 백련사는 고려시대에 圓妙國師了世에 의해 중수되면서 寺勢가 확장되고, 후기 들어서는 八國師를 배출한 天台宗 사찰이자 修禪社와 함께 널리 알려진 결사체 白蓮社의 本山으로 자리매김 되었다.

조선시대에 들어서는 억불정책의 영향으로 사세가 점차 퇴보되었지만 1407년(태종 7) 12월에 실시한 사찰 정리 당시, 조계종 資福寺 24개 사찰에 소속된 것을 보면 고려시대만큼 번성하지는 못했으나 명맥을 유지하고 있었던 것으로 추정된다.[3] 그러나 곧이어 왜구가 출몰하여 침략 · 약탈 · 방화하자 폐사될 위기에 놓이게 되었다.[4] 이후 사정은 잘 알 수 없지만 천태종의 종장 行平禪師가[5] 태종의 차남인 효령대군에게 大功德主가 되어줄 것을 청하고 시주를 받아,[6] 1430년부터 1436년까지 佛事를 행하여 옛 모습을 되찾게 되었다.

조선후기 들어서는 1621년(광해군 13)~1627년(인조 5) 사이에 醉如三愚(1622~1684)에 의해 법회가 열렸으며[7] 1650년(효종 1)~1659년(효종 10)에는 玄悟에 의

도 1. 백련사 대웅보전 내 중수기 현판기문

해 西院의 불전들이 중수되었다. 1681년(숙종 7)에는 백련사의 事蹟이 오래되어 사라질 것을 염려한 坦奇가 趙宗著에게[8] 글을 청해 <白蓮寺事蹟碑>를 세웠다. 1726년(영조 2) 9월 4일에는 해탈문이 붕괴되어 한 달 뒤인 10월 15일 재건되었으나, 1760년(영조 36) 2월에 큰불이 나서 대웅전과 요사 등이 소실되었다. 이듬해인 1761년 圓潭允哲 등이 材木을 구하고 기술자를 모아 4월 8일 불사를 시작하여, 1년 만인 1762년 4월 13일 마무리하였다. 이 당시의 일은 桐岡이[9] 짓고, 聰信이[10] 쓴 <萬德山白蓮寺大法堂重修記>에 수록되어, 현재는 대웅보전 내부에 현판 기문으로 걸려 있다.[11](도 1) 이로부터 4년 뒤인 1766년 5월 26일에는 명부전이 중창되었고 10년 뒤인 1776년 3월에는 응진당이 신창되었다.[12](도 5, 도 8) 또한, 1817년에는 고려시대 八國師의 위패를 봉안하여 기리는 건물로서 고려팔국사각이 건립되었으며[13] 1836년 3월에는 해탈문이 중수되었다. 이후 1940년까지는 기록이 거의 없어 변화상을 명확히 알 수 없다.

한편, 『廟殿宮陵園墓造泡寺調』에는 조선왕실의 39개 능원묘에 각기 소속된 사찰들이, 造泡寺와 屬寺로 구분・정리되어 있는데, 강진 만덕사는 獻仁陵의 속사로 목차에 올라 있다.[14] 그러나 보고서 본문에는 仁陵의 속사가 언급된데 이어 '속사의 부담금 250냥 중에서 강진 만덕사가 100냥, 흥양 금탑사가 150냥을 부담하였고 검단사는 220냥을 부담하였다'고 되어있으며, '1856년(철종 7) 10월, 인릉이 파주 교하에서 현 위치로 천봉된 이후, 대모산 북록에 있는 불국사가 조포사로 지정되었다'고 기록되어 있다.[15] 그러나 1835년의 『日省錄』과 『承政院日記』에는 長陵의 조포사로 검단사, 그 속사로 흥양 金塔寺와 강진 萬德寺를 지정한다고 되어 있다.[16] 정리하면, 강진 만덕사는 1835년에 인조와 인열왕후의 합장릉인 長陵의 조포속사로 지정되었으나 1930년의 조사 보고서에는 순조와 순원왕후의 합장릉인 仁陵의 속사로 보고된 것이다.[17] 즉 만덕사는 장릉의 조포속사로 지정되었다가 언젠가 인릉의 조포속사로 바뀐 것이다. 이러한 변화는 1856년(철종 7)년 10월, 인릉이 장릉의 왼쪽 줄기에 자리하고 있다가 현 위치로 천봉되면서 초래된 것으로 보인다.[18] 즉, 장릉 옆에 있던 인릉이 천릉되면서 장릉의 조포속사가 인릉 소속으로 바뀐 것이다. 그 결과 『묘전궁릉원묘조포사조』에는 장릉의 조포사로 인근의 黔丹寺만 보고된 것이다.[19] 또한 遷陵된 인릉의 조포사로 인근의 대모산 불국사가 지정되었음에도 불구하고, 능과 지근거리인 경기도의 사찰뿐만 아니라 멀리 떨어진 전라남도 해안가에 위치한 사찰까지 조포속사로 지정되었다. 이처럼 능 가까이에 조포사를 정해두고, 遠距離인 전라남도의 사찰을 속사로 지정한 사례로는 융건릉을 들 수 있다.[20] 이와 같이 조포사와 조포속사를 정한 것은 능을 돌보는데 수반되는 인력과 물품을 분리하여 제공받았던 바를 시사한다. 즉, 능 인근의 사찰은 '조포사'로 지정되어 인력을, 물산이 풍부한 남쪽지방의 사찰은 '조포속사'로 지정되어 물품을 부담하였던 것으로 보인다.

조선후기 사찰들은 陵·園·墓뿐만 아니라 宮房 및 官衙의 속사로도 지정되어 시간이 갈수록 물적·재정적 부담이 극심해지자 그 폐해를 알리는 상소를 올리기도 하였다.[21] 헌인릉의 속사였던 강진 백련사도 적지 않은 부담을 진 것으로 짐작된다. 그러나 이에 대해서는 『묘전궁릉원묘조포사조』에 기록된 바 외에는 전하는 바가 없어 백련사에서 체감하던 부담을 명확히 알 수 없다.[22]

지금까지 살펴본 백련사의 연혁부터 최근 불사까지 정리해보면 다음의 <표 1>과 같다.

〈표 1〉 백련사의 조선시대 및 이후의 연혁

시기	내용	전거
1407년 12월	2차 사찰 정리기에 조계종 資福寺 24개 사찰에 소속	백련사지
1430년~1436년	행호선사가 주관하고 효령대군이 시주한 불사	백련사지
1621년~1627년	醉如三愚스님이 법회	백련사지
1650년~1659년	玄悟스님이 西院의 불전 중수	백련사지
1681년	탄기스님이 <백련사사적비> 건립	백련사지
1726년 9월 4일	해탈문 붕괴	해탈문중수기
1726년 10월15일	해탈문 재건	해탈문중수기
1760년 2월	대화재로 불전 대부분 소실	백련사지
1761년 4월 8일~ 1762년 4월 13일	재건 불사	백련사지 萬德山白蓮寺法堂重修記
1766년 5월 26일	명부전 중창	명부전상량문
1776년 3월 1일	응진당 신창	응진당상량문
1817년 2월~5월	고려팔국사각 건립	萬德山高麗八國師閣上梁文; 정민의 논문
1835년 7월 15일	장릉의 조포사인 검단사의 속사로 지정됨	承政院日記
1836년 3월	해탈문 중수	해탈문중수기
1917년 6월 14일	만덕사에서 白蓮寺로 改名	조선총독부 관보
1942년	명부전 중수	명부전 중수 현판
1969년 3월 13일	명부전 3중창	명부전상량문
2003년 6월	만경루 해체 보수, 1층 통로 개설	삼진건축사무소 도면
2007년	대웅보전 및 만경루 마루 교체	주지스님 설명
2008년	명부전 완전 해체 보수, 기와 교체	삼진건축사무소 도면
2010년	대웅보전 서까래 윗부분 수리	삼진건축사무소 도면
2012년 5월	사역 전체 보수	삼진건축사무소 도면
2013년 7월 8일 ~10월 5일	명부전 및 삼성각 단청	강진백련사사적비 주변정리 현판
2014년 11월	일주문 및 해탈문 건립	주지스님 설명

이상의 내용을 종합해보면, 백련사는 1436년 행호선사에 의해 중건된 모습으로 조선중기를 거쳤으나 1760년의 대화재로 불전들이 전소되어 재건된 이래로, 퇴락되고 재건되는 과정을 반복한 것으로 보인다. 따라서 현재 배치와 불전들은 1762년 재건된 모습을 근간으로 하고 있다고 하겠다.

2. 가람배치

백련사는 뒷산인 만덕산과 전면에 길게 가로놓인 강진만이 형성하는 수평축을 따라 배치되어 있으며, 이 축을 따라 불전들이 모두 남향으로 놓여 있다. 주불전인 대웅보전과 만경루가 마주하고 있지만, 그 사이에 마당을 공유하는 건물이 이 두 불전과 직각으로 배치되지 않아 백련사의 가람배치는 조선후기 일반적인 가람배치 형식인 四棟中庭形에서 변형된 모습으로 여겨진다.[23](도 2)

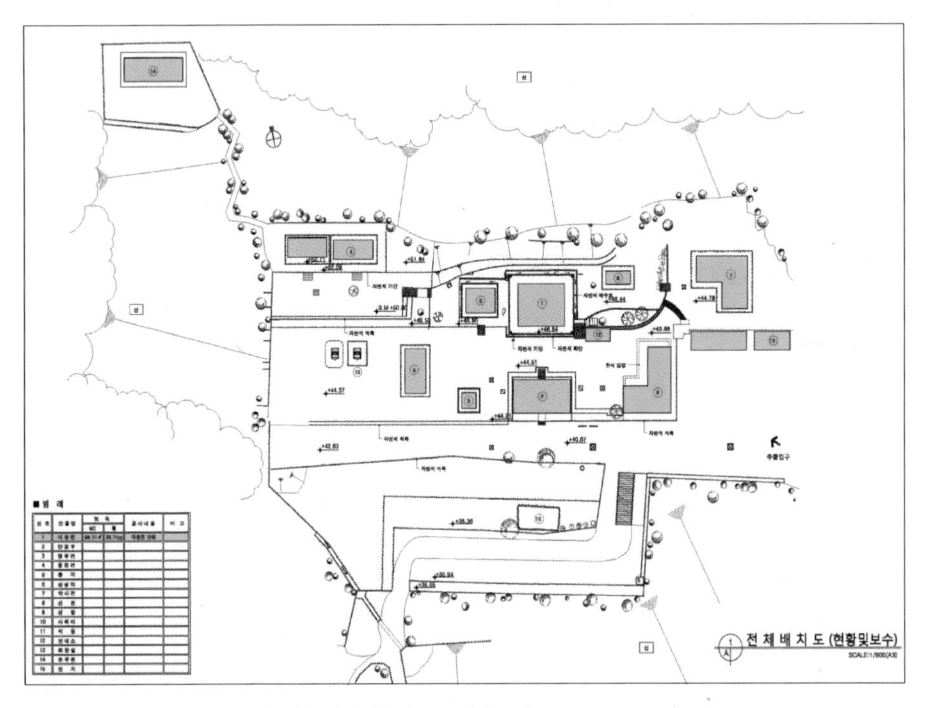

도 2. 백련사 배치도 (2012년 5월, 삼진건축사무소 실측도면)

현재 백련사에는 주불전인 대웅보전과 부불전인 명부전・응진전・삼성각을 비롯하여 만경루・요사채 등이 자리하고 있는데, 19세기 이전에는 보다 많은 불전들이 존재했던 것으로 보인다.[24] 『萬德寺志』에 의하면 백련사는 조선전기, 행호선사에 의해 중건되면서부터 사지가 편찬되기 전까지 東院과 西院으로 寺域이 나뉘어 있었다.[25] 이중 동원에 속한 불전들에 대한 언급을 정리해보면 <표 2>와 같다.

〈표 2〉『만덕사지』에 언급된 백련사 東院의 佛殿

불전 명칭	1761년 소실된 불전[26]	『만덕사지』에 언급된 불전	現存하는 불전	기록된 내용
大雄寶殿	○	○	○	
十王殿	○	○	명부전	
羅漢殿	○	○	응진전	응진당이라고도 한다
極樂殿	○	○		
千佛殿		○		현 碑殿의 북쪽에 있다
東殿		○		효령대군이 서식하던 방으로 현재의 烏竹田이다
藥師殿		○		
觀音殿		○		현재의 知事房이다
明績殿		○		현재의 碑殿이다
八藏殿		○		현재의 判殿이다
會禪堂		○		
僧堂	○	○		
禪堂	○			
東上室		○		
西上室		○		
望海堂		○		
迎月寮		○		
送月寮		○		
新房		○		
眞如門	○	○		鼓樓가 있었다. 만경루의 편액을 진여문에 걸었으나 옛 만경루가 아니다
萬景樓	○	○	○	
正門	○			
鐘閣	○			
三聖閣			○	

<표 2>에 정리한 바와 같이 1761년 소실되었다고 기록되어 있는 불전 목록과 19세기 초반, 사지 편찬 당시 언급한 불전 목록은 차이가 크다. 사지에 "동원은 殿宇와 房寮 20동이 꽉 차고 … (불전의 목록은) 東院의 舊觀이며 수백 년을 지내오는 동안 차츰차츰 퇴훼되어 현재는 얼마 남아 있지 않다"라고 되어 있어, 사지 편찬 당시에도 불전의 목록과 실제 상황은 차이가 컸던 것으로 보인다.[27] 이러한 사정은 西院에서 더 극명했던 것 같다. 서원에 대해서는 "동원가람의 절반 크기였는데 허물어져 황폐된 지 오래되어 불전은 이름만 전해진다"라고 하였다. 그나마 八相殿·靑雲堂·白雲堂·望月殿·明遠樓 등 5동의 불전도 이름만 전하는 것을 보면, 애초 서원은 동원보다 작은 규모였던 것으로 보인다.

『만덕사지』에 언급된 바를 보면, 동원의 불전이 20동에 이르렀으나 이 목록에 언급된 불전 명칭 중 현존하는 불전과 일치하는 곳이 4동에 불과한 것을 보면, 동원의 불전 대부분이 퇴락되어 사라진 것으로 보인다. 서원의 불전들 역시 이러한 이유로 현존하지 않는 것으로 보인다. 그렇다면 동원과 서원은 각기 어디에 어떻게 조성되어 있었던 것일까?

<표 2>에 정리한 불전 목록에서 대웅보전과 만경루·시왕전(명부전)·나한전(응진전) 등이 동원의 불전으로 언급된 것을 보면, 현재 백련사의 주요 불전이 배치되어 있는 영역이 동원으로 보인다. 서원은 불전의 向을 기준으로 보더라도 현재 사역의 서쪽으로 추정된다.[28] 『만덕사지』에 의하면 서원의 법당은 팔상전이므로,[29] 서원은 팔상전의 맞은편에 명원루가 배치되고 팔상전과 명원루 사이에 형성된 마당에 청운당과 백운당·망월전이 동서로 자리한, 四棟中庭形 가람배치였을 것으로 추정된다.

3. 백련사의 佛殿

<표 2>에 정리한 바와 같이 백련사의 불전은 19세기 초반 당시에 이미 이름만 전하는 곳이 많았음을 알 수 있다. 『만덕사지』에는 4殿과 4房 항목에 1761년 중건

된 불전이 대웅전・극락전・나한전・시왕전・나한전(응진당)이라 하면서 碑殿과 板殿・藥師殿・觀音殿 등은 화재를 겪지 않았다고 하였으나 이 4동의 불전은 현존하지 않는다.[30]

다음에서는『만덕사지』에 전하면서 백련사에 현존하는 불전을 정리하여 그 연혁과 건축 형식을 간단히 살펴보고자 한다.

1) 大雄寶殿

백련사의 중심 불전은 18세기에 이미 대웅전이 아닌 대웅보전으로 불리었음을 알 수 있다.[31] 정면 3칸 측면 3칸 다포형식의 팔작지붕이고 내부는 우물천장으로 마감되어 있으나 불단 위에 닫집이 없다.[32]

2) 冥府殿

도 3. 명부전 정면

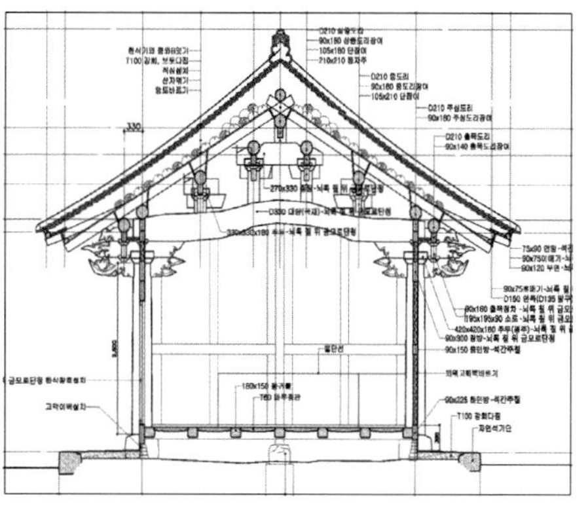

도 4. 명부전 종단면도
(2012년 5월, 삼진건축사무소 실측도면)

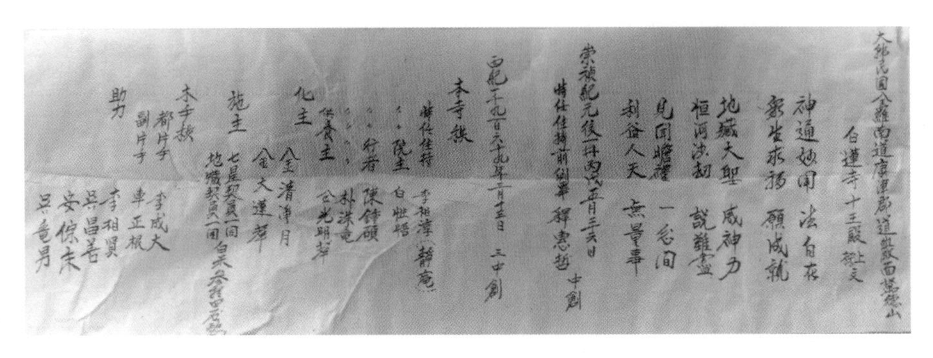
白蓮寺十王殿
神通妙用 法自在
衆生求禱 願成就
地藏大聖 威神力
恒河沙劫 說難盡
見聞瞻禮 一念間
利益人天 無量事
本寺秩
化主
施主
助力

도 5. 명부전 해체 당시 발견된 상량문

『만덕사지』에는 "十王殿"이 있다는 언급이 있고, 1969년 명부전 해체 당시 종도리에서 발견된 「상량문」을 통해서도, 현재의 명부전이 1766년(영조 42)까지만 해도 시왕전이었음을 알 수 있다.[33](도 5) 그러나 1942년의 중수 사실이 기록된 현판에는 '명부전'이라 되어 있어, 사지 편찬 이후~1942년 중수 이전까지의 어느 시기에 이름이 바뀐 것으로 보인다.

명부전은 정면 3칸 측면 2칸의 출목 2익공형식의 맞배지붕 건물로, 막돌초석 위에 세워진 원기둥과 연등천장으로 구성되어 있다.(도 3) 좌우측면에는 기둥을 놓았던 것으로 보이는 초석이 2개씩 있는데, 현재는 초석 위로 기둥이 아닌 벽체가 조성되어 있다. 측면 기둥은 모두 방형으로 직접 대들보를 받치고 있다. 가구는 무고주 7량 구조이고 전후면으로 출목 첨차가 외목도리를 받치고 있다. 주심포 사이에는 직사각형 판재 모양의 화반이 결구되어 있다. 보는 대들보 위에 종보가 올라간 2중량 구조이다. 대들보 위로는 동자주 4개가 결구되어 있다. 이중 전후 면의 동자주에는 첨차 길이만큼 짧게 자른 부재가 이중으로 형성되어 도리를 받치고 있는데, 여기에는 종보가 결구되지 않았다. 대들보 위로는 동자주 4개가 결구되어 있다. 이중 전후 면의 동자주에는 첨차 길이만큼 짧게 자른 부재가 이중으로 형성되어 도리를 받치고 있는데, 여기에는 종보가 결구되지 않았다. 대들보의 휘어진 부분, 즉 가장 높은 위치에 세워진 동자주는 상중도리와 종보를 받치고 있으며, 종보 위로 결구된 동자주는 종도리를 받치고 있다. (도 4)

현재의 명부전은 2009년 1월 완전 해체된 이후 보수되면서 부재 대부분이 新材로 교체되어 있다.[34] 이 당시 작성된 실측도면을 통해, 대들보를 제외한 나머지 부재들이 규격화되고 등간격으로 배치되었음을 알 수 있다.

3) 應眞堂

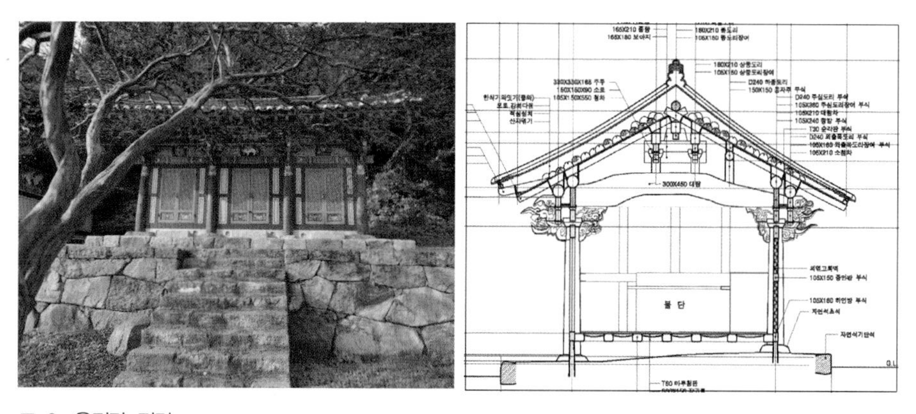

도 6. 응진당 정면

도 7. 응진당 종단면도
(2012년 5월, 삼진건축사무소 실측도면)

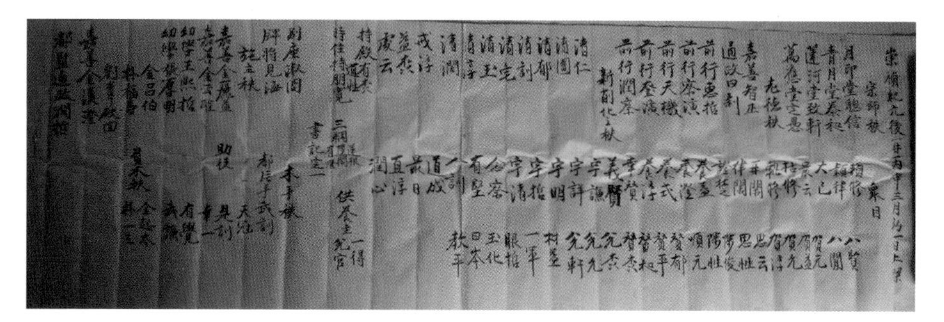

도 8. 응진당 상량문

응진당은 명부전의 서쪽 경사지에 축대를 쌓아 조성된 대지에 천불전과 나란히 남향으로 배치되어 있다.(도 6) 정면 3칸 측면 2칸의 출목 2익공 형식의 맞배지붕 건물이다.[35] 막돌초석 위에 원기둥이 세워졌는데 측면 중앙 기둥은 방형이다. 크게 휘어진 대들보 위에 동자주를 3개 올리고 상중도리에만 납도리가 결구되어 있다.(도 7) 평면과 규모, 공포 및 입면의 구성이 명부전과 유사하다.(도 3, 도 6)

『만덕사지』에는 "나한전"이라 하면서 "응진당이라고도 한다"라고 되어 있다.[36] 2008년 해체될 당시 종도리에서 발견되어 현재 사찰에 전하는 「應眞堂上樑文」에 의하면 1776년 3월에 新創되었음을 알 수 있다.(도 8) 이후로는 기록이 전하지 않아 자세히 알 수 없으나, 2008년 완전 해체・보수되면서 대부분의 부재를 교체하고 단청을 새로 해서 명부전과 마찬가지로 외관은 신축된 것처럼 보인다.[37]

4) 萬景樓

도 9. 만경루 정면

도 10. 만경루 배면

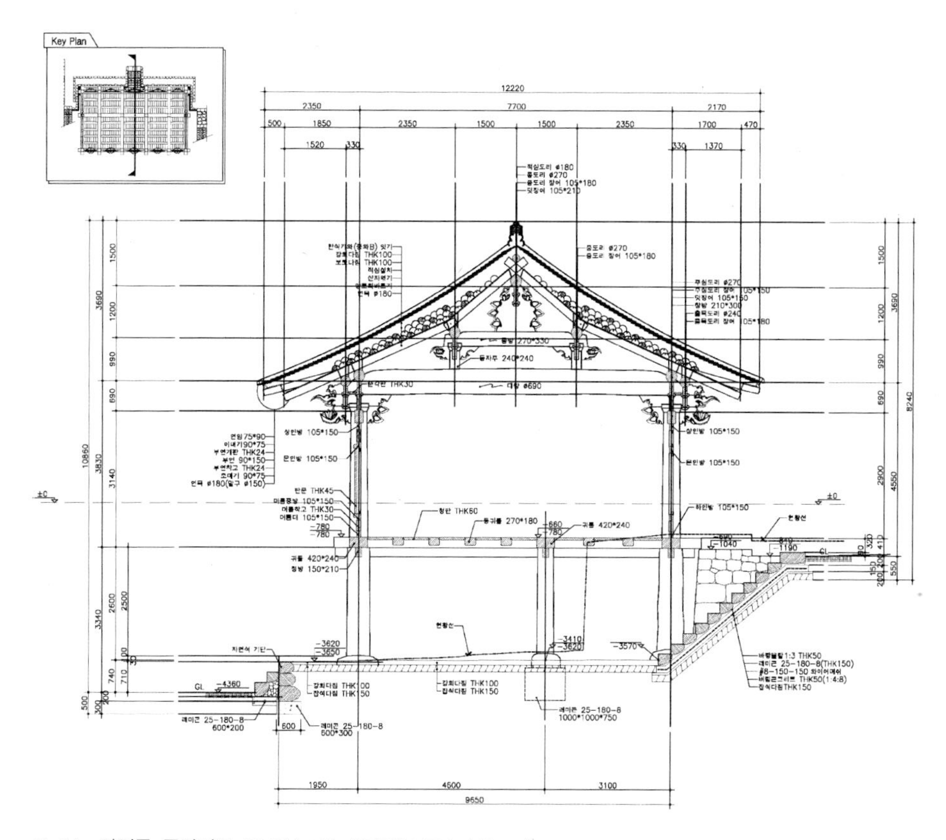

도 11. 만경루 종단면도 (2012년 5월, 삼진건축사무소 실측도면)

『만덕사지』에 "寺樓"로 언급된 만경루는 "중간에 훼손되어 효종대에 玄悟가 중수하였고,38)

1761년 화재 당시 소실된 전각"이라 되어 있으나 재건된 불전 목록에는 없다. 따라서 현재의 만경루는 1761년 불전들이 재건될 당시에는 지어지지 못한 것으로 보인다.39) 이로 인해 만경루의 편액을 진여문에 걸어 두었던 것 같다.40)

현재 만경루는 정면 5칸 측면 3칸의 중층 문루로, 출목이익공형식의 팔작지붕 건물이며, 좌우 측면에 구성된 2개의 방형기둥을 제외하고는 모두 원기둥으로 구성되어 있다.(도 9) 보머리는 전후면에 모두 봉두 조각이 끼워져 있다.(도 11) 가구는 무고주 5량가이며 전후로 외목도리가 결구되어 있다. 대들보는 삼분변작하여 동자주를 세우고, 동자주는 익공과 동일한 형태의 보아지를 끼워 종보를 받치고 있다. 종보 위에는 연꽃봉우리가 테두리에 조각되어 있는 판대공을 올려 종도리를 받치고 있다.(도 11) 화반은 안팎 모두 꽃병에 꽃이 꽂힌 모습으로 조각되어 있다. 정면에서 2층은 각 칸마다 두 짝의 판장문이 달려있고,(도 10) 1층은 외부에 4짝의 정자살창문이 달려 있으나 내부에는 유리문이 끼워져 있다.(도 9) 대웅보전 쪽인 후면에는 어칸과 좌우협칸에는 4짝의 문이, 퇴칸에는 두 짝 문이 달려 있다. 창호 위로는 전후면 모두 광창이 나 있다.(도 9, 도 10)

만경루가 언제 다시 지어졌는지는 명확히 알 수 없지만, 출목첨차와 화반의 장식성으로 볼 때 18세기 말~19세기에 지어진 것으로 판단된다. 현재, 1층에는 찻집이 조성되어 있는데, 20세기까지만 하더라도 1층은 전부 房舍로 활용되어 대웅전 앞마당으로 가려면 만경루의 좌우측면으로 돌아들어가야 했다. 그러나 2003년 6월 해체 보수되면서 1층 어칸에 통로가 마련되고 대웅보전 앞마당에 이르는 계단이 조성되어 樓下진입하도록 바뀌어 있다.

이밖에, 해탈문은 1726년 9월 4일 무너져, 한 달 만에 다시 지어졌으나 백여 년이 지난 후인 1836년에 改建되었다.[41] 이후 언제 무너지고 훼철되었다는 기록은 없으나 2014년 11월 옛 자리에 신축되었다.

4. 관계자

<萬德山白蓮寺法堂重修記>(도 1)에 따르면 1760년 대화재 이후, 曰刹・智正・惠哲・太和・愼證・圭演・察演・閨哲・蓮澄・鵬寬 등 10여 명이 중건을 서원하고 역할을 분담하여 여러 곳에서 시주를 얻어 이듬해 4월 8일 불사를 시작해, 1년여 만인 1762년 4월 13일 대법당 등의 중건 공사를 마무리하였음을 알 수 있다.

이 기문의 끝부분에는 관계자들의 이름이 역할과 함께 기록되어 있는데, 분류하여 정리하면 <표 3>과 같다.

〈표 3〉 萬德山白蓮寺法堂重修記에 수록된 人名과 역할

<table>
<tr><th colspan="2">역할</th><th>人名</th><th colspan="2">역할</th><th>人名</th></tr>
<tr><td rowspan="19">大施主秩</td><td rowspan="19">大施主</td><td>嘉善大夫 金漢澄</td><td rowspan="19">緣化秩</td><td>化主</td><td>前行住持 太和</td></tr>
<tr><td>通政大夫 比丘 日剎</td><td>別坐</td><td>閏哲</td></tr>
<tr><td>嘉善大夫 吳厚量</td><td rowspan="2">大都監</td><td>前行住持 日剎</td></tr>
<tr><td>嘉善大夫 趙善恒</td><td>其時住持 惠哲</td></tr>
<tr><td>嘉善大夫 金萬才</td><td rowspan="4">木手秩</td><td>都片手 維信</td></tr>
<tr><td>嘉善大夫 韓貴同</td><td rowspan="2">副片手 李東彬</td></tr>
<tr><td>子 己平</td></tr>
<tr><td>比丘 智正</td><td>結墨片手 僧 大仁</td></tr>
<tr><td>比丘 圭演</td><td>冶匠</td><td>金重己, 金德彬, 朴後孫</td></tr>
<tr><td>嘉善大夫 吳以尙</td><td>供養主</td><td>抱閑, 尙欣</td></tr>
<tr><td>任昌伊</td><td rowspan="3">指殿</td><td>聽信</td></tr>
<tr><td>朴太茂 (?)</td><td>慈彦</td></tr>
<tr><td>丁白秋</td><td>德岸</td></tr>
<tr><td>金仁貴</td><td rowspan="3">三綱</td><td>淑哲</td></tr>
<tr><td>朴東彦</td><td>蓮澄</td></tr>
<tr><td>金會連</td><td>最云</td></tr>
<tr><td>李春崇</td><td>書記</td><td>宇華</td></tr>
<tr><td>金莫大</td><td rowspan="2">來往</td><td>閏已</td></tr>
<tr><td>金守明</td><td>大已</td></tr>
<tr><td colspan="2" rowspan="7">山中大德秩</td><td>禪師 永宅</td><td colspan="2" rowspan="8">前行秩</td><td>前行嘉善 日剎</td></tr>
<tr><td>禪師 光學</td><td>前行嘉善 智正</td></tr>
<tr><td>禪師 照起</td><td>前行通政 杜岑</td></tr>
<tr><td>禪師 曠佑</td><td>前行判事 惠哲</td></tr>
<tr><td>禪師 智還</td><td>前行住持 太和</td></tr>
<tr><td rowspan="2">性覺</td><td>前行住持 愼澄</td></tr>
<tr><td>前行住持 圭演</td></tr>
<tr><td colspan="2">大功德</td><td>智正</td><td>前行住持 察演</td></tr>
<tr><td colspan="2">領將</td><td>愼澄</td><td colspan="2">刻手</td><td>暢淳</td></tr>
<tr><td colspan="2">牌杖</td><td>淑冏</td><td colspan="2">글쓴이</td><td>聽信</td></tr>
</table>

<표 3>에서 가장 주목되는 바는 목수질의 "都片手 維信"과 "副片手 李東彬"이다. 그러나 이들이 어느 사찰 소속인지, 다른 불전도 지었던 전문 匠人인지, 그들이 지은 또 다른 불전은 어디인지 등은 현재로선 알 수 없다.[42] 현재 백련사에 전해지는 기록으로는 <대웅전중수기>(도 1) 현판 외에 「시왕전상량문」(도 5)과 「응진당상량문」(도 8)이, 각기 명부전과 응진당의 종도리에서 발견되어 보전되고 있다. 이들 기록에서는 <표 4>와 같이 관계자들의 이름을 정리하여 비교해 볼 수 있다. 이중 목수질의 도편수는 「대웅보전 중수기」와 「응진당상량문」에서 확인되지만 이름이 달라 전혀 다른 인물로 보인다.

〈표 4〉 백련사의 불전 관련 기록에 등장하는 人名과 역할

	대법당중수기 (1765)	명부전상량문 (1766)	응진당상량문 (1776)
太和	化主/ 前行住持/ 前行住持		靑月堂泰和 / 宗師秩
閏哲	別坐/ 圓潭允哲[백련사지]		潤哲 시주질/ 都監/ 通政
日刹	大都監/ 前行住持/ 대시주/ 前行嘉善	施主[종도리묵서]	通政/ 老德秩
惠哲	前行判事/ 大都監/ 其時住持	時任住持/ 前判事	前行 / 老德秩
智正	前行嘉善 / 대시주/ 大功德		嘉善/ 老德秩
圭演	대시주 / 前行住持	別座/施主 [종도리묵서]	奎演 前行 / 老德秩
杜岑	前行通政		
愼澄	前行住持 / 領將		
察演	前行住持		前行 / 老德秩
永宅	山中大德秩		
光學	〃		
照起	〃		
曠佑	〃		
智還	〃		
性覺	〃		
維信	都片手		
李東彬	副片手		

	대법당중수기 (1765)	명부전상량문 (1766)	응진당상량문 (1776)
大仁	結墨片手		
聽信	指殿 / 書		月印堂聽信 / 宗師秩
慈彦	〃		
德岸	〃		
淑哲	三綱		
蓮澄	〃		
最云	〃		
淑冏	牌杖		別座
暢淳	刻手		
蓮河堂致軒			宗師秩
萬應堂乼愚			宗師秩
天機			前行 / 老德秩
潤察			前行 / 老德秩
抱閑	供養主		
尙欣	供養主		
鵬寬			朋寬 / 時住持
見海			牌杖
金漢澄	嘉善大夫 / 대시주		嘉善 / 시주질
武訓			都片手/ 목수질
天冠			목수질

한편, 화재 이후 백련사를 다시 세우기로 서원한 10명의 스님 대부분은 <표 3>에 정리한 바와 같이 대부분 前行秩로 즉, 백련사의 사무를 맡았거나 맡고 있던 이들로, 그 역할이 확인되는데, 鵬寬만 보이지 않는다. 그런데 「대웅보전 중수기」보다 11년 뒤의 기록인 「응진당상량문」에는 朋寬이 당시 주지로 기록되어 있다. 이는 鵬寬의 誤記라 여겨지므로 대웅보전을 짓기로 서원하였던 붕관이 10여 년 뒤에 응진당 건축 일을 주관하는 주지로 성장한 것으로 추정된다.[43)]

Ⅲ. 대웅보전의 건축형식과 특징

도 12. 백련사대웅보전 전경

도 13. 대웅보전 정면 살미첨차와 봉두

도 14. 대웅보전 내부 살미

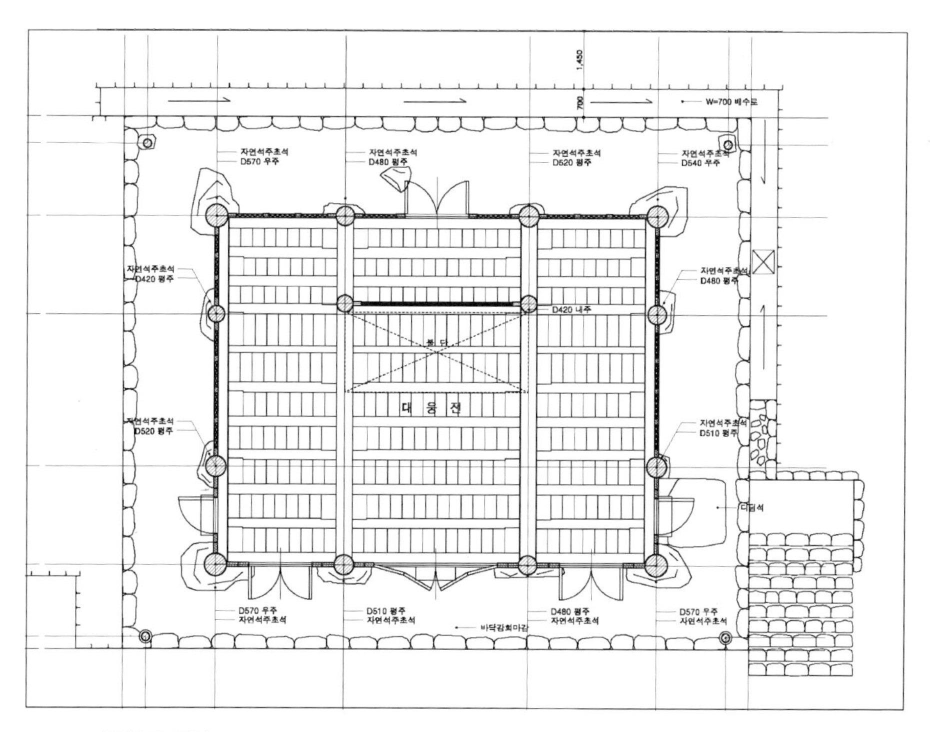

도 15. 대웅보전 평면도 (2012년 5월, 삼진건축사무소 실측도면)

백련사 대웅보전은 정면 3칸, 측면 3칸의 겹처마 팔작지붕 건물로, 전라남도 유형문화재 제136호로 지정되어 있다. 기단은 막돌허튼층쌓기로 높게 축조되어 있었으나 2009년 가람정비 당시, 다듬은 돌로 교체하여 인상이 바뀌었다. 막돌초석에 원기둥을 세우고 기둥머리에는 창방을 걸고 그 위로 평방을 올려 공포를 짜 얹었다.(도 15)

공포는 정면의 어칸에 3구, 양 협칸에 2구의 간포를 배치하였는데 측면에서는 어칸에 2구, 협칸에 1구를 배치한 다포형식으로 외 3출목 내 4출목 구조이다. 외부의 살미첨차는 끝이 날카로운 모습인데(도 12, 도 13) 내부에서는 살미 끝에 아래에서부터 차례로 연봉과 연밥・연꽃이 조각되어 있고 그 위로 봉두조각이 끼워져

도 16. 대웅보전 내부 닫집이 없는 천장

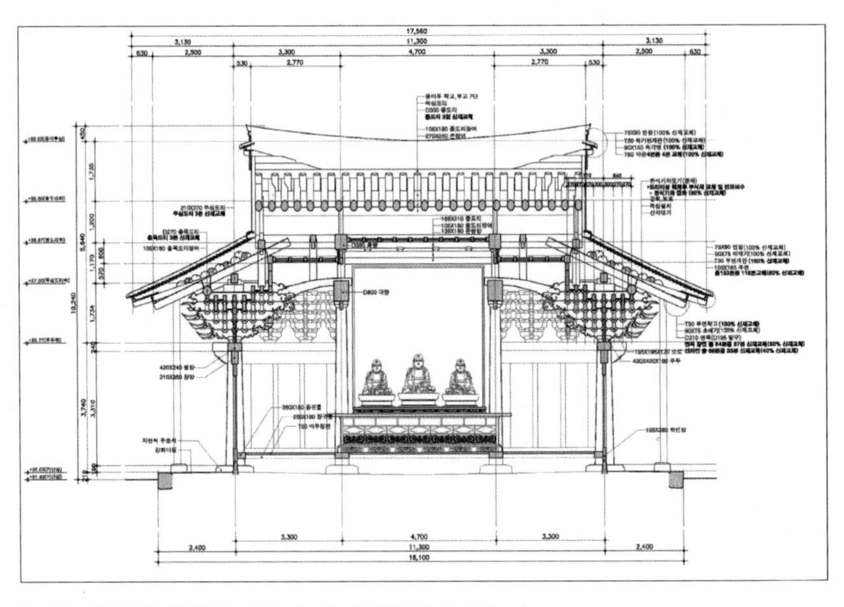

도 17. 대웅보전 횡단면도 (2012년 5월, 삼진건축사무소 실측도면)

있다.(도 14) 외부에서는 주상포와 주간포의 형태 차이가 없지만 내부에서는 차이가 있다. 내부에서 주상포는 사운공이 퇴량이나 제공 등으로 끝나지만 주간포는 육두공까지 있으며, 연꽃조각 위로 봉두조각이 결구되어 있기 때문이다.(도 14, 도 17) 외부의 살미는 초제공에서 이제공까지는 앙서형으로 되어 있고 삼제공은 쇠서형이며 사운공은 봉두형태로 조각되어 있다.(도 13)

실내에서는 2개의 후불고주 위에 대들보를 걸치고 대들보 위로 동자주를 두 개 올려놓은 다음 종보를 걸었다. 측면 공포와 대들보 위로는 충량을 걸었다.(도 16, 도 17) 좌우로 각기 2개씩 걸려 있는 충량 중, 전면 쪽의 충량에만 용두조각이 결구되어 있고 불단 쪽 충량의 끝단은 직절된 면이 드러나 있다.(도 16) 내부 바닥은 우물마루로 형성되어 있고, 천장은 중앙 부분을 한 단 높게 처리한 층급이 있는 우물천장이며, 공포 사이에는 순각천장이 설치되어 있다.(도 14) 불단 위에 닫집을 설치하지 않고, 불단 앞 예불공간의 윗부분에 해당하는 칸에는 우물천장을 가설하고 그 둘레로 작은 용 조각 9개를 끼워 놓았다.(도 16)

창호는 정면 중앙 칸에 4분합문, 양 협간에 두 짝의 빗살문을 각각 달았다. 정면 중앙에는 용두조각을 안초공으로 결구하여, 단청과 함께 화려한 인상을 주고 있다. 지붕 네 귀에는 활주가 세워져 있다.(도 12)

Ⅳ. 대웅보전의 건축사적 의의

앞서 살펴본 바와 같이 백련사 대웅보전은 1762년 중창된 불전이다. 18세기에 조성된 불전은 숫자로만 보면 17세기에 비해 적지만 양식적으로 보면 17세기와 다른 양상을 보이고 있어 일괄적으로 조선후기 또는 조선중기 건축형식이라 분류하기는 어렵다. 이로 인해 18세기 이후 건축을 이전 건축과 분리하여 보기도 한다.[44]

이런 관점에서 본다면 시기적으로 백련사 대웅보전도 '18세기 후반 이후 다포식'이라 할 수 있다. 이를 위해서는 18세기 중반과 그 이후 불전으로 나누어 구분할 수 있는 요소가 제시되어야 한다. 이 글에서는 육안으로 확인할 수 있는 공포부의 살미구성을 기준으로 삼고자 한다. 이를 위해 일반적으로는 한 시기이지만 전후기로 구분해 볼 수 있는 18세기의 불전을 규모와 닫집·불단 위치 등을 고려하여 정리해 보면 <표 5>와 같다.[45]

〈표 5〉 18세기에 조성된 주요 불전

시기	건물명	규모	지붕/공포 내부 제공	봉안불	닫집	안초공	귀포
1725	통도사 대광명전	5×3	팔작/다포	비로자나독존	×	용두	봉두
	통도사 용화전	3×3	맞배/다포	미륵불독존	×	용두	×
	통도사 관음전	〃	팔작/다포	관음보살상	×	×	×
1732	동화사 대웅전	〃	〃	석가삼존	운각	×	용두
1735	직지사 대웅전	5×3	〃	석가삼세불	〃	×	×
1738	논산 쌍계사 대웅전	〃	팔작/다포 연봉형	〃	보개	×	용두
1749	관룡사 대웅전	3×3	〃	〃	〃	×	×
	양양 신흥사 극락보전	〃	팔작/다포 연봉형	아미타삼존	〃	×	용두
1750	불국사 극락전	〃	〃	아미타독존	×	×	물고기 용두
1754	미황사 대웅전	〃	팔작/다포 연봉+연밥+연화	석가삼세불	보개	용두	봉두
1762	백련사 대웅보전	3×3	〃	〃	×	용두	×
1765	불국사 대웅전	5×5	〃	석가오존	×	용두	용두
	불갑사 대웅전	3×3	〃	석가삼세불	보개	용두	용두
1785	마곡사 대광보전	5×3	팔작/다포 연봉형	비로자나독존	〃	용두	봉두
	기림사 대적광전	〃	맞배/다포	비로자나삼신불	×	×	×
1790	용주사 대웅보전	3×3	팔작/다포	석가삼세불	보개	용두	용두
1800	신륵사 극락보전	3×2	〃	아미타삼존	〃	×	×

<표 5>에 정리한 바와 같이 18세기에는 평면구성이 5×5에서 3×3, 3×2까지 다양하게 형성었으나 비율로 보면 3×3이 가장 많다. 이는 18세기 주불전의 경향이라기보다는 한국 목조건축의 특징에 해단된다.[46] 지붕과 공포의 구성을 보면 팔작과 다포 구성이 거의 대부분인데, 이 역시 조선후기 주불전의 형식이다. 그러나 내부제공의 구성에 있어서는 차이가 있다. 이러한 형식은 논산 쌍계사 대웅전 및 강원도 양양 신흥사 극락보전·대구 동화사 대웅전 등에서도 파악되는데, 1633년 중수된 것으로 알려진 부안 내소사 대웅보전의 내부제공과 동일하다.[47] 시대와 지역을 초월하여 동일한 제공형식으로 조성되었다는 것은 부안 내소사 대웅보전을 지은 목수가 활동지역을 이동에 따라 나타난 현상으로 생각해 볼 수 있다.[48]

이에 비해 백련사 대웅보전처럼 제공 단부에 연봉과 연밥·연화가 초각되어 구성된 형식은 미황사 대웅전을 비롯하여 불국사 대웅전·불갑사 대웅전·기림사 대적광전 등에서도 파악된다. 이 중 불국사와 기림사를 제외하면 '18세기 호남지역 해안 인근 지역 불전의 특징'이라 명명할 수도 있을 정도로 미황사 대웅전·백련사 대웅보전·불갑사 대웅전의 제공조각은 유사하다. <표 6> 참조.

〈표 6〉 18세기 주불전 공포의 살미

양양 신흥사 극락보전(1749)[49]	내소사 대웅보전(1633)[50]
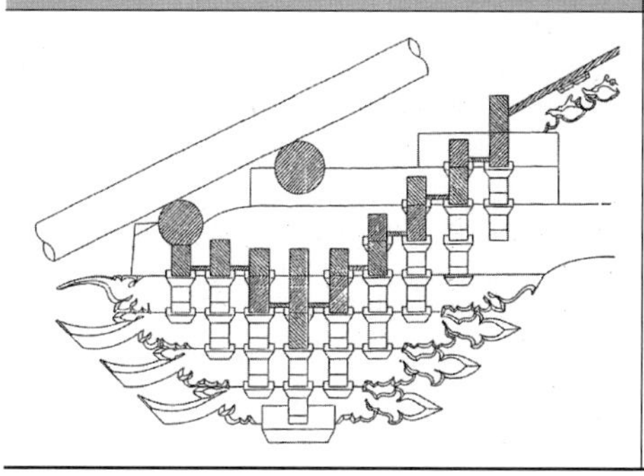	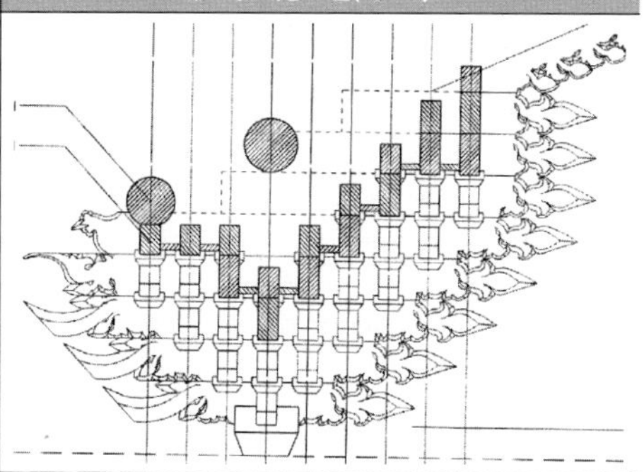

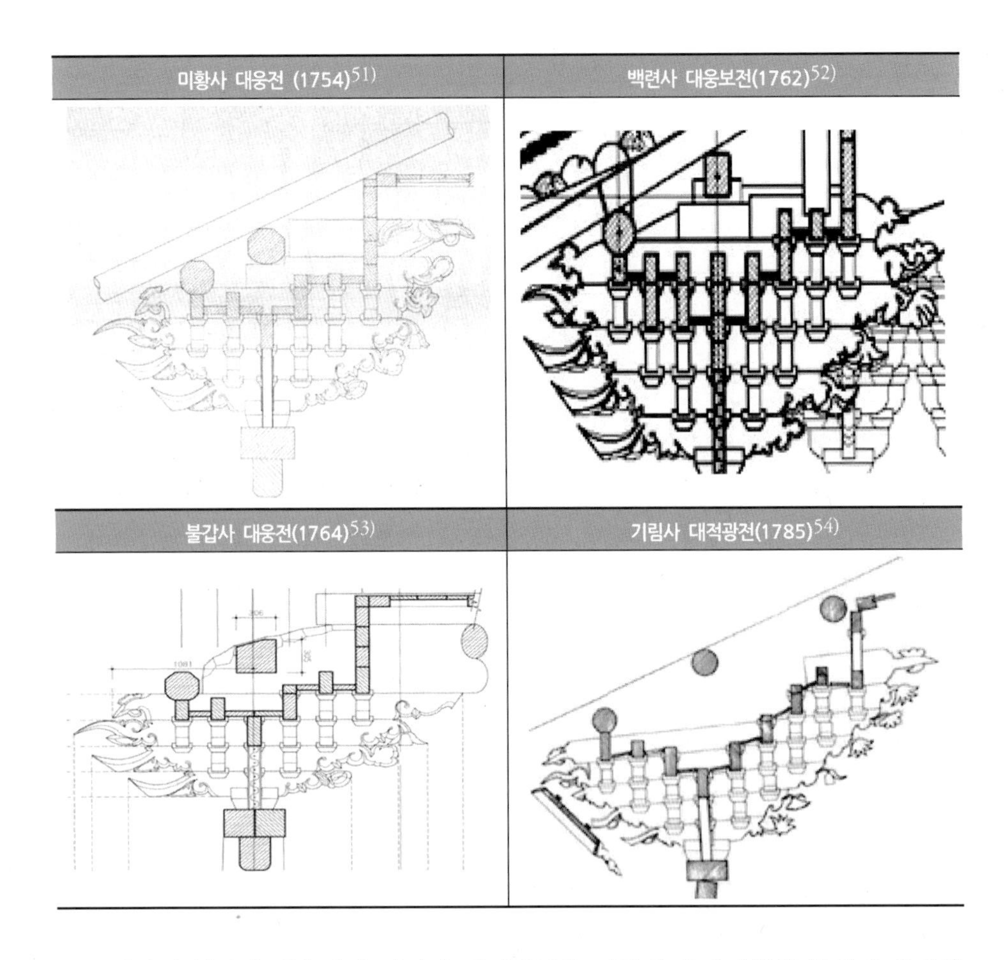

그렇다면 불국사 대웅전과 기림사 대적광전은 어떻게 호남지역의 불전과 유사한 것일까? 그 해답은 불국사대웅전이 1765년(영조 41) 중창 당시 호남출신 승장인 快演·圓信·右堅·大仁 등을 포함한 18명과 영남출신 승장 10여 명에 의해 이룩되었다는 점에서 찾을 수 있다. 즉, 1754년 해남 미황사 응진당 중수의 副片手, 1757년에는 구례 화엄사 대웅전 중수의 木手, 1765년에는 영광 불갑사 중창의 都片手, 1768년에는 구례 화엄사 각황전 중수의 大良工을 차례로 맡은 바 있는 쾌연의 활동상을 고려해보면, 불국사가 이들 호남지역의 주불전과 유사한 바는 쉽게 이

해할 수 있다.[55] 아울러 장흥 천관사 출신인 文彦이 용주사 대웅보전의 도편수를 맡았고, <용주사중종> 역시 장흥 일대에서 활동하던 주종장에 의해 조성되었다는 사실을 추가해보면, 18세기 들어 호남지역 불교미술의 조형이 영남은 물론, 근기지역까지 확산되어 성행하였던 바를 짐작할 수 있다.[56]

앞에서 백련사의 불사 관계자 기록을 통해 분석한 바와 같이, 미황사와 불갑사의 불사 관계자 중에서 공통된 인물은 東坡鵬寬 외에는 파악하지 못하였다.[57] 비록 1754년~1765년의 미황사 및 불갑사 중수를 맡았던 승장이 백련사 불사를 맡았다는 근거를 찾지 못하였으나, <표 6>을 통해 백련사 대웅보전의 살미 형태가 미황사 및 불갑사와 유사하다는 것을 살필 수 있다. 18세기 불전에서는 살미가 연꽃과 연봉으로 초각되고 살미 윗부분의 한대가 내외부 모두 봉두조각으로 장엄되는 것이 일반적인데 백련사 대웅보전 역시 이러한 양상을 보이기 때문이다.[58]

한편, 백련사 대웅보전은 불단 위에 닫집이 조성되지 않은 바가 특징적인 요소라 할 수 있는데, <표 5>에 정리한 바와 같이 18세기 불전 중 닫집이 조성되는 않은 곳은 통도사 대광명전을 비롯하여 7동에 달한다. 이중 백련사 대웅보전과 비교해 볼 수 있는 곳은 불국사 대웅전과 기림사 대적광전이다. 세 불전 모두 호남출신의 승장이 관련되어 있다는 공통점이 있다. 아울러 편년에 어려움이 있지만 18세기 건축요소를 간직한 내소사 대웅보전 역시 내부에 닫집이 조성되지 않았다. 이들 세 불전 모두 우물천장이지만, 백련사 대웅보전은 불단 앞의 천장이 하나의 구획으로 마련되고 그 둘레로 9마리의 용조각으로 장엄되어 있다는 점에서 차이가 있다.(도 16)

이 밖의 요소들은 <표 5>에 정리한 바와 같이 18세기에 일률적으로 나타나는 특징 혹은 호남지역 18세기 주불전에만 보이는 특징이라 하기는 어렵다. 그러나 앞서 살펴본 살미의 초각과 한대의 봉두구성 등은 18세기 미황사 대웅전 및 불갑사 대웅전 등에 보이는 요소인데, 호남의 백련사 대웅보전은 물론 영남의 불국사 대웅전과 기림사 대적광전에서도 확인되고 있다. 이는 호남지역의 화려한 불전장엄 요소가 호남을 넘어 영남지역에까지 확산될 만큼, 선호되고 있었음을 시사하는 것으로 판단된다. 따라서 백련사 대웅보전은 당시 불교계에서 선호되었던 호남지역 불전장엄 형식을 간직한 18세기 중반 이후의 전형적 불전이라는 점에서 의미가 있다고 하겠다.

V. 맺음말

이제까지 살펴본 바를 간략히 정리해 보면 다음과 같다.

첫째, 강진 백련사는 조선시대 내내 만덕사로 불리었으나 1917년 백련사로 개명되었음을 알 수 있었다.

둘째, 백련사가 인조 장릉의 조포속사였으나 1857년(철종 7)에 순조 인릉의 조포속사로 재지정되어 재정 부담하였던 바를 파악할 수 있었다.

셋째, 백련사 대웅보전은 1762년 중수된 불전으로서 18세기 들어 호남지역에 조성된 주불전의 형식적 요소와 특징을 갖추고 있다는 점을 알 수 있었다. 즉, 해남 미황사 대웅전과 영광 불갑사 대웅전의 살미형식 및 한대의 봉두구성과 동일한 형식이라는 사실을 통해 백련사 대웅보전이 중수 당시 호남지역의 주불전 형식과 양식으로 조성되었음을 알 수 있기 때문이다.

넷째, 영광 불갑사 대웅전을 지은 쾌연이 불국사 대웅전을 짓고 기림사 불사와도 관계가 있다는 사실과 백련사와 불갑사를 왕래하며 주석하였던 동파붕관의 존재를 통해, 백련사 대웅보전이 이들 불전과 유사한 양식으로 조성된 바를 이해할 수 있게 되었다.

다섯째, 18세기 들어, 미황사 대웅전 및 불갑사 대웅전과 같은 호남지역의 화려한 불전장엄 양식이 불국사 및 기림사 등 영남지역에 전파된 사실을 파악하여, 당시 불교계에서 호남지역 불전장엄이 선호되었던 바를 추론해 볼 수 있었다.

향후, 18세기 중반 이후에 조성된 불전에 대한 실증적인 조사가 완료된다면 백련사 대웅보전을 비롯한 18세기 중후반의 호남지역 불전 양식이 당시 불교계에서 선호되어 전국적으로 확산되어 갔다는 가설을 확인하게 될 것으로 기대한다.

주

1) 『萬德寺志』는 정약용이 다산초당에서 유배생활을 하던 당시인 1813년, 자신의 제자 이청과 혜장선사의 제자들에게 작성케 하고 직접 감수하여 1816년 완성한 필사본이며 총 6권1책으로 구성되어 있다. 이들은 『만덕사지』에 앞서 『大芚寺志』도 찬술한 바 있다. 오경후, 「조선후기 『萬德寺志』의 찬술과 성격」 『역사민속학』 vol.28, (역사민속학회, 2008), pp.77~112; 정민, 「「萬德寺高麗八國師閣上梁文」攷」 『불교학보』78집 (동국대학교 불교문화연구원, 2017), pp.117~152.

2) 『朝鮮總督府官報』 第1458號, 大正6年 6月14日 五面 "寺刹名稱變更認可 本寺大興寺末寺全羅南道康津郡道岩面萬德寺ヲ白蓮寺ト名稱變更ノ件申請ニ付六月ヲ認可せり"

3) 『太宗實錄』 卷14 太宗 7年 12月 2日(辛巳). 조계종 24개의 자복사로는 梁州 通度寺・松生 雙巖寺・昌寧 蓮花寺・砥平 菩提岬寺・義城 氷山寺・永州 鼎覺寺・彦陽 石南寺・義興 麟角寺・長興 迦智寺・樂安 澄光寺・谷城 桐裏寺・減陰 靈覺寺・軍威 法住寺・基川 淨林寺・靈巖 道岬寺・永春 德泉寺・南陽 弘法寺・仁同 嘉林寺・山陰 地谷寺・沃川 智勒寺・耽津 萬德寺・靑陽 長谷寺・稷山天興寺・安城 石南寺가 해당된다. 이밖에 天台宗의 17개寺, 華嚴宗의 11개寺, 慈恩宗의 17개寺, 中神宗의 8개寺, 摠南宗은 8개寺, 始興宗은 3개寺가 자복사로 지정되었다.

4) 『太宗實錄』 卷14 太宗 7年 12月 9日(戊子).

5) 행호선사는 속성이 崔氏로 천태종의 영수이자 도대선사였다. 그는 왕의 장수와 국가의 복을 비는 사원을 세우기 위해, 제자 信諶 등에게 시주자들의 동참을 이끌도록 하여 백련사를 중건하였다. 韓國學文獻硏究所 編, 『萬德寺志』(亞細亞文化社, 1977), p.115, 尹淮, 「白蓮寺記」. 행호선사는 일찍부터 왕실과 밀접한 관계를 유지하고 있었으며 효령대군과 함께 여러 불사를 행하였다. 김정희, 「佛國寺 大雄殿 <釋氏源流應化事蹟>壁畫考」 『열린 정신 인문학연구』17 (원광대학교, 2016), p.141.

6) 효령대군(1396~1486)은 태종의 둘째 아들로, 불교를 독실하게 신앙하였다. 도성 내 원각사 창건 당시에는 조성도감 제조가 되어 役事를 친히 감독했고 『圓覺經』을 국역하여 간행하기도 하였다. 왕위를 동생(세종)에게 양보한 후로 전국을 유람하면서 강진 만덕사에 8년 동안 주석하였으며, 1482년(성종 13)에는 전답 10결을 시주하였다고 한다. 김정희, 「1465년작 <관경변상도>와 조선초기 왕실의 불사」 『강좌미술사』19호(사.한국미술사연구소・한국불교미술사학회, 2002), p.88. 그러나 이 땅은 1908년(隆熙 2) 무렵 효령대군 후손 李貞宰가 회수해갔다고 전해진다. 朝鮮總督府內務部地方局, 『朝鮮寺刹史料』 (京城: 朝鮮總督府, 明治44[1911]), p.308.

7) 『萬德寺志』 편찬자들은 고려시대에 八國師가 정해진 것처럼 조선시대의 八大師를 정했는데, 취여삼우는 제3大師로 정해질 만큼 조선후기 들어 만덕사를 중흥시킨 공로를 인정받았다. 그는 속성이 鄭씨이며 전남 강진군 寶岩坊 九亭子 마을 사람으로 만덕산 백련사에 童眞출가하여 逍遙太能 제자인 海運敬悅에게서 법을 이어받았다. 韓國學文獻硏究所 編, 위의 책, pp.125~126, 韓致應, 「醉如大師碑」.

8) 趙宗著(1631~1690)는 조선후기의 문신으로, 문장에 뛰어났을 뿐만 아니라 역사에 밝고, 천문・역수・의약

에도 통달한 인물이다. 본관은 漢陽이며, 성균관사성과 회양부사를 역임하였다. 저서로는『南岳集』·『艮齋新筍』 등이 있다.『한국민족문화백과사전』 참조.

9) 동강은 李毅敬(1704~1778)으로, 원주이씨이며 강진 금여리 연당마을 출신이다. 學行이 뛰어나 조정에서 여러 차례 천거되었다.『英祖實錄』卷66 英祖 23年 10月 2日(己未);『英祖實錄』卷80 英祖 29年 10月 27日(戊申). 1748년(영조24)에는 副率로 임명되어 사도세자를 가르쳤으나 오래하지 않고 낙향하였다.「李副率毅敬白蓮寺重建記略」(『萬德寺志』卷之五)과 여러 글이(『東岡遺稿』) 전해지고 있다. 이의경에 대해서는 김덕진,「동강 이의경의 생애와 사상」『민족문화연구』제81호(고려대 민족문화연구원, 2018), pp.235~257 참조.

10) 聰信의 법호는 月印으로, 미황사 소속이었으나 백련사에 오랫동안 주석하였다.『만덕사지』 편찬자들에 의해 백련사에 주석하던 선사 5人 중 한 명으로 선정된 濟河斗楫의 제자이다. 총신은 글을 잘 써서 유명하였으며, 입적 후에는 제자들에 의해 승탑이 건립되었다. 韓國學文獻硏究所 編, 앞의 책, p.146.

11) 문화재청·(재)불교문화재연구소 編,『한국의 사찰문화재-광주광역시·전라남도 자료집』(2006), p.269.

12)「十王殿上樑文」,「應眞堂上樑文」

13) 高麗八國師閣에 대해서는 정민, 앞의 글 참조

14) 이 보고서는 만덕사에서 백련사로 개명된 이후인 1930년에 편찬되었으나 백련사가 아닌 만덕사로 기록되어 있다. 이는 당시까지만 해도 백련사로 改名한 바가 대중에 널리 인지되지는 못했음을 시사하는 것이다. 한편, 이 보고서의 앞부분에 정리된 목차에는 獻仁陵의 조포속사로, 果川 紫雲庵을 비롯하여 水原 昌善寺·康津 萬德寺·儀旺 白雲寺·興陽 黔丹寺가 기록되어 있다. 그러나 여기서 흥양 검단사는 興陽(高興) 金塔寺의 誤記로 여겨진다. 보고서 본문에 '흥양 금탑사'라 언급되어 있기 때문이다. 李王職 禮式科 編,『廟殿宮陵園墓造泡寺調』(1930), p.2 및 p.34.

15) 李王職 禮式科 編, 위의 보고서, p.34.

16)『日省錄』憲宗 1年 7月 15日(壬寅);『承政院日記』116冊 憲宗 1年 7月 15日(壬寅) "守陵官興寅君最應以造泡寺定於黔丹寺啓 書啓以爲本陵造泡寺定於局內黔丹寺而謹依健陵例定給兩屬寺以興陽金塔寺康津萬德寺爲定"

17) 先王인 仁祖 능의 조포속사가 보다 후대 왕인 순조 능의 조포속사로 바뀐 것은, 철종이 재위 기간 내내 순조를 '純考'라 하며 아버지로 표현한 데서 비롯된 결과로 해석할 수 있다.『哲宗實錄』卷2, 哲宗 1年 11月 19日(丁未)조를 비롯하여 철종이 순종을 純考라 하는 바는 18차례 등장한다. 이현진,「19세기 조선왕실의 왕위계승과 종묘 세실론」『한국사상사학』32 (한국사상사학회, 2009), pp.381~388.

18)『哲宗實錄』卷8, 哲宗 7年 2月 22日(庚戌);『哲宗實錄』卷8, 哲宗 7年 10月 12日(丙申);『哲宗實錄』卷8, 哲宗 7年 11月 20日(甲戌)

19) 李王職 禮式科 編, 앞의 보고서, p.4.

20) 융건릉의 조포사로는 수원 용주사, 속사로는 전남 영암의 도갑사와 장흥 보림사가 지정되어 있었다. 李王職 禮式科 編, 앞의 보고서, p.5.

21)『日省錄』正祖 16年 5月 16日(壬戌);『備邊司謄錄』192冊, 純祖 1年 9月 23日(辛卯)

22) 백련사의 부역에 대한 구체적 기록을 찾아볼 수 없었으나, 다산 정약용이 유배 당시 만덕사에서 직간접적으로 목격한 바를 수록한 것은 그에 대한 시사로 여겨진다.

23) 강화 전등사처럼, 주불전과 마주하는 루가 공유하는 마당에 동서로 배치되었던 불전 중 한 동을 철거하여 마당이 툭 트인 모습으로 변형된 곳이 적지 않아, '사동중정형의 변형'이라 명명해 보았다.

24)『만덕사지』에는 1817년 건립된 高麗八國師閣에 대한 언급이 없으나,『만덕사지』가 완성된 이듬해에 고려팔국사각이 건립되어 그에 대한 기록이 작성된 것으로 보인다. 그러나 목판으로 전하는 고려팔국사각의 상량문에 위치 및 건축 관계자 등에 대한 바가 수록되지 않아, 향후 백련사 경내 정비 및 발굴 시 주의를 요한다. 팔국사각의 건립 경위에 대해서는 정민, 앞의 글 참조.

25) 한국학문헌연구소 편, 앞의 책, p.149.

26) 한국학문헌연구소 편, 앞의 책, p.151.

27) 한국학문헌연구소 편, 앞의 책, p.150.

28) 향후 사역 주위를 발굴해보면, 1760년의 화재로 1765년 중건된 불전의 터가 드러날 것으로 보이며, 서원의 터도 그 결과로 판단해 볼 수 있을 것 같다.

29) 한국학문헌연구소 편, 앞의 책, p.150, "八相殿即法堂"

30) 여기서의 화재는 1760년의 화재를 의미하는 것 같다.

31) 『만덕사지』에 언급된 바뿐만 아니라, 원교 이광사의 글씨 <大雄寶殿>이 전하는 것을 통해서도 알 수 있다.

32) 자세한 내용은 Ⅲ장 참조.

33) 이 상량문은 1969년 5월에 다시 쓴 것인데 앞부분에 1766년의 중창사실이 '十王殿'이라는 명칭 下에 기록되어 있어 「十王殿上樑文」이라 명명하였다.

34) 2008년 해체되면서 종도리 바닥에 쓰인 글자가 드러났다. "別座 奎演 姜達寺 /施主 曰刹 母金氏 得南"이라 되어 있어, 득남을 기원하는 김씨 여인이 왈찰과 함께 시주에 동참한 바를 알 수 있다. 그러나 母金氏가 '왈찰의 어머니'인지를 비롯하여 姜達寺가 '人名'인지, 別座를 맡은 '奎演의 소속 寺名인지'는 불분명하다.

35) 석가모니불상과 나한상을 모신 응진당은 대체로 '응진전' 혹은 '나한전'이라는 이름으로 편액하는 것이 일반적인데, 백련사 스님들과 관계있는 해남 대흥사와 미황사에는 백련사와 마찬가지로 '응진당'이라 편액 되어 있어 주목된다.

36) 한국학문헌연구소, 앞의 책, p.149, "羅漢殿亦名應眞堂"

37) 백련사에서 제공한 사진을 보면, 2008년 응진전을 해체하여 고쳐지은 것으로 보아야하지만, 삼진건축사무소에서 작성한 도면을 살펴보면, 부재가 규격화・등간격화 되어있어 근래 지어진 불전으로 여겨진다. 그러나 해체이후 촬영한 것으로 보이는 사진에서 종도리 바닥에 "歲在丙申三月初一日巳時上樑"이라는 묵서명이, 종도리 기문장처에 들어있던 「應眞殿上樑文」에 "崇禎紀元後再丙申三月初一日上梁"이라 한 간기와 일치하는 것을 보면 해체 이전의 응진당은 1776년 이후의 불전으로 여겨진다.

38) 寺樓로는 '만경루' 외에 서원의 '명원루'도 언급되었으나 당시 이미 廢址였다고 한다. 한국학문헌연구소 편, 앞의 책, p.150, "康津縣志云明遠樓今廢萬景樓火於丁酉倭亂孝宗朝僧玄悟重修晴案丁酉倭寇未嘗至此縣志未允"

39) 한국학문헌연구소 편, 앞의 책, p.153.

40) 1760년 화재이후 중건되지 못한 불전은 승당・선당・만경루 뿐이었다. 한국학문헌연구소 편, 앞의 책, p.153.

41) 이 내용은 대웅보전에 걸려있는 <解脫門重修記>를 통해 알 수 있다.

42) 『한국의 사찰문화재-광주광역시・전라남도 자료집』과 『불화화기집』 등에는 "維信"이라는 법명의 僧匠은 발견되지 않는다.

43) 2002년 11월, 불갑사 대웅전 해체 수리 공사 중, 1764년의 기록인 「全羅南道靈光郡母岳山佛甲寺重刱上樑文」과 「法堂上樑文第六創建」이 발견되었다. 이중, 「全羅南道靈光郡母岳山佛甲寺重刱上樑文」에는 당시 공사에 참여한 장인들이 都片手・副片手・左邊匠・右邊匠・治匠 등으로 나뉘어 기록되어 있는데, 우변장만 30명이나 된다. 도편수는 快演, 부편수는 芝心, 좌변장은 寬已였다. 한편, 이 상량문의 화주질에 4번째로 기록된 '東坡鵬寬'은 백련사의 붕관으로 추정되는데, 그렇다면 한국불교의 근간을 이루는 靑峰巨岸 문도이다. 炯埈 編, 『海東佛祖源流』 樂 (불서보급사, 1978), p.143. 아울러 1777년 불갑사 <영산회상도> 畵記에 '山中大禪師'로 기록된 鵬寬 역시 동파붕관으로 여겨진다. 백련사의 8대사와 그 외 주요 인물들이 대체로 대흥사 및 미황사와 인연 있었던 바를 고려해보면, 이들 사찰보다 멀리 떨어진 불갑사와 관련 있는 붕관의 존재는 주목을 요한다. 이러한 맥락에서 보면 1765년의 만덕사 <대웅보전중수기> 현판에 붕관이 기록되지 않은 바는 붕관이 백련사 재건을 서원했지만 얼마 지나지 않아 영광 불갑사로 주석처를 옮겨, 백련사 불사에 참여하지 못하게 된 결과에서 비롯된 것이 아닐까 한다.

44) 홍대형교수는 18세기~20세기 초 다포건축을 '조선후기 다포식'이라 명명한 바 있다. 홍대형, 「조선중기 사찰건축 양식에 대한 연구」 『대한건축학회 논문집』 7권 1호 통권33호(대한건축학회, 1991), p.170.

45) 이강근, 「불국사 불전과 18세기 후반의 재건축」『신라문화제학술발표회논문집』 18권 (동국대학교 신라문화연구소, 1997), p.102에 수록된 <표 3>에 양양 신흥사 극락보전과 강진 백련사 대웅보전을 첨부한 것이다.

46) 전봉희 · 이강민, 『3×3칸』 (서울대학교출판부, 2006), pp.6~9.

47) 내소사 대웅보전의 중창 시기는 기록에 의하면 1633년이라 할 수 있지만, 건축형식과 장엄을 기준으로 보면 18세기 이후의 건물로 재고되어야 한다. 양윤식, 「조선중기 다포계 건축의 공포의장」(서울대학교대학원 박사학위청구논문, 2000), p.157.

48) 손신영, 「설악산 신흥사 극락보전 연구」 『강좌미술사』 45호(사.한국미술사연구소 · 한국불교미술사학회, 2015), pp.100~101.

49) 강원도, 『강원도 중요목조건물 실측조사보고서』 (1988) 인용.

50) 문화재청, 『부안 내소사 대웅보전 정밀실측조사보고서』 (2012) 인용.

51) 문화재청, 『해남 미황사 대웅전 정밀실측조사보고서』 (20110 인용.

52) 2012년 5월, 삼진건축사무소 실측도면 인용.

53) 문화재청, 『불갑사 대웅전 수리보고서』 (1997) 인용.

54) 경주시, 『기림사 대적광전 해체실측조사보고서』 (1997) 인용.

55) 「美黃寺大法堂重修上樑文」, 「海東湖南道智異山大華嚴寺事蹟」, 「全羅南道靈光郡母岳山佛甲寺重刱上樑文」, 「佛國寺古今創記」 참조. 한편 쾌연은 1771년의 부산 범어사 범종 주종과 1785년의 경주 기림사 중창 당시에는 시주자로 동참한 바가 확인된다. 이강근, 위의 논문, p.95; 최선일 · 안귀숙, 『조선후기불교장인 인명사전-건축과 석조미술』 (양사재, 2010), pp.205~206.

56) 단, 용주사 대웅보전의 제공에 초각된 연꽃은 활짝 핀 모습일 뿐만 아니라 백련사 및 불갑사 등 호남지역 주불전의 초각에 비해 평면적인 인상을 준다는 점에서 차이가 있다. 손신영, 「조영과정과 조형원리」 『조선의 원당 1- 화성 용주사』 (국립중앙박물관, 2016), pp.29~30.

57) 주10) 참조. 한편, 미황사 출신인 월인총신도 불사와 관련이 있을 것으로 여겨진다.

58) 이강근, 위의 논문, p.109.

2장

화산 용주사의 배치와 건축

Ⅰ. 머리말

경기도 화성시 花山 龍珠寺는 正祖(1776~1800)에 의해 1790년 顯隆園의 齋宮으로 창건된 이른바 '왕실원찰'이다. 조선시대의 왕실원찰은 대체로 능·원·묘 곁에 있던 사찰로 능·원·묘 조성 이후 봉행되는 제사에 필요한 물자와 인력을 제공하는 한편, 왕실발원 기도를 하던 곳이다.[1] 이러한 사찰은 '陵寢寺刹'이라고도 하는데, 왕명으로 창건된 곳으로는 조선전기에는 흥천사·정인사·봉선사 등이 있었으나 조선후기에는 용주사가 유일하다. 왕실원찰(능침사찰)은 願堂寺刹 또는 願堂이라고도 하는데, 1770년 영조의 금지령에 이어[2] 정조도 즉위 직후 '원당이라 하며 位版을 奉安하여 享祀하는 행위를 금지하라'는 명을 내린 바 있다.[3] 따라서 정조가 私親 莊獻世子(思悼世子, 1735~1762)의 墓所인 永祐園을 화산의 吉地로 옮기는 공사를 마무리 지으면서 시작한 용주사 創建役은 자신의 言明을 스스로 거스르는 모순된 행위였다.[4] 이로 인해 용주사는 '다른 陵園처럼 造泡寺를 설치'한다는 명목으로 지어졌다.[5] 즉, 용주사 창건은 능원에 속한 시설처럼 여겨지던 조포사를 설치하는 것에 불과하므로 國是를 거스르는 것이 아니며, 정조 자신의 言明에도 위배되지 않는다는 논리였던 것이다.

정조는 조선왕조의 역대 국왕 중 가장 빈번하게 능행을 하였기에 능원에 속한 조포사의 낡거나 훼손된 상황을 잘 알고 있었을 것이다.[6] 따라서 사친의 무덤을 왕릉에 버금가게 새로 조성토록 하면서 기존의 조포사처럼 짓고 싶지는 않았을 것이다. 그 결과 용주사는 국가 제사시설을 방불케 하는 조형으로 완성되어 현존하고 있다.

용주사는 대웅보전과 향로전·칠성각 등이 배치되어 있어 사원건축으로서의 보편성을 갖추었다고 볼 수 있다. 그러나 조선후기 사찰에 대체로 조성되던 명부전(지장전 혹은 시왕전)이 창건 당시 지어지지 않고 祭閣인 護聖殿이 세워진 것을 보면 사원건축으로서의 보편성보다는 '陵寺' 또는 '현륭원의 재궁'이라는 특수성이 강조되어야 하는 곳이다. 즉, 불교신자들의 信行 공간이라기보다는 정조의 사친 장헌세자의 무덤에 부속되는 공간이자, 장헌세자의 사당인 景慕宮과는 또 다른 別廟라는 성격으로 조성된 공간으로 볼 수 있기 때문이다. 이렇게 보면 궁궐건축적 요소와 廟건축적 요소에 불교건축 요소가 어우러진 용주사를 보다 잘 이해할 수 있게 된다.

이 글에서는 이러한 인식을 바탕으로 용주사 건축의 특징을 살펴보고자 한다. 그 결과 그동안 막연하게 언급되어 왔던 궁궐건축적 요소와 官건축적 요소를 구체적으로 파악하게 될 것이며 창건 당시 용주사의 정체성과 위상도 재인식하게 될 것으로 기대한다.

II. 창건

1. 창건계획

용주사 창건은 현륭원 遷奉의 주요 공사가 마무리된 다음 날인 1789년(정조 13)

10월 17일 園所都監 堂上 李文源의 上疏로 결정되었다.[7] 형식적으로는 "다른 陵園의 예에 따라 새로 조성되는 원소에도 조포사를 설치하자"라는 이문원의 주장을 정조가 허락한 것이다. 그러나 『顯隆園園所都監儀軌』에 동일한 내용이 수록된 것을 보면 현륭원 조성 단계에서부터 조포사 창건은 예정되어 있었던 일로 보인다.[8] 상소 당시는 음력 10월로, 겨울이 되어 공사를 할 수 없었기에 더 이상의 공식적 논의는 진행되지 않았다. 현륭원 조포사에 대한 논의는 이듬해인 1790년 초봄에 다시 시작되었다.

2월 10일에는 현륭원 참배를 마친 정조가 인근의 옛 절터 및 탑 터를 둘러보고 용주사의 都看役을 맡은 利仁察訪 曺允植[9] 등을 불러 절을 짓는 형편에 대해 물어보았다.[10] 이때 조윤식이 "산봉우리의 오래된 터에 지어진 절은 60년 만에 쇠퇴하여 무너져 버렸기에 승려들은 모두 밭 사이의 평지에 남향으로 다시 짓는 게 마땅하다고들 한다"라고 하자 정조는 圖形을 들이라 하여 살펴보았다.[11] 이날 정조가 현륭원의 齋殿에서 나와 밭 사이로 난 좁은 길을 따라 가서 이른 곳, 즉 옛 절터에 대해서는 두 가지로 해석해 볼 수 있다. 이러한 해석은 결과적으로 보면 용주사가 세워진 터에 대한 논의가 되는데, 하나는 葛陽寺址로 보는 것이고 다른 하나는 舊水原邑址에 있었던 盤龍寺址로 보는 것이다.

먼저 갈양사지로 보는 것은 용주사가 갈양사 터에 세워졌다는 설로, 일제 강점기 이래로 제기되어 거의 사실로 받아들여지고 있다.[12] 1918년 李能和가 『朝鮮佛敎通史』에 '수원 화산 갈양사의 옛터에 용주사를 세웠다'고 언급한 이래로,[13] 1930년 10월 李王職 禮式課에서 엮은 『廟殿宮陵園墓造泡寺調』 龍珠寺項에도 "갈양사가 용주사의 前身"이라 되어 있다.[14] 이후, 일제강점기 등을 거치며 수집한 문헌을 토대로 權相老가 집성한 『韓國寺刹全書』에도 「龍珠寺 沿革」 도입부에 '854년(신라 문성왕16)에 廉居禪師가 창건하고 갈양사라 하였다'라고 되어 있다.[15] 이밖에 용주사를 갈양사의 後身이라 보는 또 다른 典據는 범종각의 <범종>에 새겨진 銘文인데 내용은 다음과 같다.

성황산 갈양사 범종 한 구를 釋 반야가 2만5천근을 들여 조성하였다. 今上 16년 9월 일 사문 廉居 緣起

성황산 후신 화산의 갈양사의 후신 용주사는 신라 문성왕 16년 5월에 창건되었으며 동시에 이 범종이 주조되었다. 불기 2950년 7월 주지 釋 松屈 大蓮[16]

이 내용은 '용주사는 갈양사 터에 세워져 법등을 이어온 곳'으로 알려지게 하고[17] 불교계에서 '용주사가 갈양사의 後身'이라는 것이 공식화 하는데 중요 단서가 되었다.[18] 그러나 학계에서는 갈양사가 용주사 전신이라는데 동의하지 않고 있다. 무엇보다도, <범종>에 새겨진 명문은 1911년 이래로 용주사 주지를 맡은 姜大蓮(1875~1942)에 의해 1923년 追刻된 것이므로 용주사가 갈양사의 後身이라 볼 수 없는 것이다.[19]

정조가 이르렀던 절터에 대한 또 다른 해석은 舊 水原邑址에 있었던 반룡사지로 보는 것이다. 현륭원이 들어선 곳은 舊 수원읍지일 뿐만 아니라, '수원읍의 客舍 남쪽에 반룡사지가 있었다'는 기록도 전하기 때문이다.[20] 아울러 반룡사지가 현륭원의 조포사 터로 정해졌다면 그 이름이 영향을 주었을 가능성도 배제할 수 없다.[21]

한편, 용주사 창건역의 都看役 曺允植에게 의견을 말했던 승려들은 어느 사찰 소속이었을까? 그들이 舊 수원읍의 산봉우리에 있던 절에 대해 알고 있었고, '새로 절을 짓는다면 평지에 남향으로 지으라'고 주장하였던 것을 보면 舊 수원읍에 있던 사찰 소속이라 볼 수도 있다. 그러나 주장의 내용이 일반적이어서 단언하기는 어렵다. 조윤식에게 의견을 전할 수 있었던 점을 고려해 보면, 용주사 창건역을 위해 모인 僧匠들이었을 가능성도 배제할 수 없다.

2. 창건역과 비용

앞서 살펴본 바와 같이 1790년 2월 10일까지만 해도 현륭원의 조포사 위치는 구체적으로 정해지지 않았다. 그런데 『朝鮮寺刹史料』에 전하는 「各項擇日」에는 “2월 19일 午時 開基, 3월 25일 巳時 定礎, 4월 10일 未時 立柱, 4월 15일 巳時 上樑, 8월 16일 造佛, 9월 29일 點眼”이라는 공역 날짜가 명시되어 있다. 이 기록만 보면 정조가 조포사 터를 어느 곳으로 정할지 살펴본 지 9일 만에 터가 확정되고 공역이 시작된 것이다. 그러나 실제로는 조포사를 현륭원의 어느 방향에 지을 것인지를 비롯한 창건역에 관한 제반 사항들에 대하여 대략적 논의가 이루어진 상태에서 구체적인 건물 위치만 정하면 되는 상황이었기에 가능했던 일정으로 보인다.

창건역은 이문원이 상소를 올린 지 넉 달 만에 시작된 것이므로 이 넉 달 동안 物力과 人力 조달 방침이 세워졌던 것 같다. 아울러 이문원이 ‘다른 陵園의 사례처럼, 帖加와 勸善을 미리 내주어야 지을 수 있다’고 한 바를 따라,[22] 약 한 달 뒤인 11월 25일, 정조는 齊陵과 厚陵의 사례대로 空名帖을 발행케 하였다. 다만, 용주사는 重建이 아니라 새로 짓는 것이니만큼, 두 능보다 많은 250장이 발행되었다.[23]

공명첩에 필요한 勸善文은 정조의 命으로 李德懋(1714~1793)가 짓고, 化主僧들이 제주도에서 함경도까지 들고 다니며, 각계각층으로부터 모금하였다.[24] 모금 내역은 「龍珠寺建築時各道化主僧」과 「八路邑鎭與京各宮曹廛施主錄」[25] 및 「大施主縉紳案」[26]에 전해지는데, 승려 2~3인이 한 조가 되어 전국 팔도에서 모금했을 뿐만 아니라 宣惠廳·兵曹·戶曹 등과 같은 국가기관을 비롯하여 明禮宮 등의 각 궁방과 시전 상인, 京畿監司·平壤監司 등 고위 관료들도 시주에 동참하였던 바를 알 수 있다. 특히 「八路邑鎭與京各宮曹廛施主錄」에는 총 87,505냥1전을 모금하여 57,388냥8전을 용주사 창건역에 소요된 재료비와 인건비로, 28,116냥 3전은 용주사가 소유할 田畓 매수비로 쓰고, 나머지 2천 냥은 八道化主僧의 여비로 나누어주었다는 바가 기록되어 있어 주목된다.

이처럼 용주사 창건에 관련된 제반 사항, 즉 누가 건축 비용을 대고 누가 건축하였으며 왜, 무엇을 지었는지에 대해서도 알 수 있지만, 公共建物이 아니므로 『顯隆園園所都監儀軌』나 『華城城役儀軌』와 같은 公式記錄은 전하지 않는다. 그러나 용주사가 창건 공역이 마무리된 이후, 관계자들을 시상한 바는 국가공역 후 시상하는 것과 같았다. 이는 용주사 공역이 현륭원 공역처럼 관에서 관리·감독하였다는 바를 단적으로 보여주는 것이다. 아울러 용주사 공역에 참가한 이들이 현륭원은 물론 수원읍치 이전 공역에도 참여한 바가 확인된다.[27] 따라서 용주사 창건역은 현륭원 조성 및 수원읍치 移轉과 함께 수립된 종합계획에 따라 시행된 '관영공사의 일환'이었다고 할 수 있다.

3. 불전의 조성

용주사 창건 당시 조성된 불전의 용도와 규모는 1790년 10월 6일 용주사 창건역 관계자들을 시상할 때 언급된 바를 통해 확인할 수 있다.[28] 이를 관련 기록들과 함께 정리해보면 다음의 <표 1>과 같다.

〈표 1〉 창건 당시 용주사에 조성된 佛殿

『日省錄』(1790) 『水原下旨抄錄』(1791)		『水原府邑誌』(1791)		『華城誌』(1832)		건물면적[29] (일제강점기)		비고[30] (현재)
祭閣	6칸	祭閣 護聖殿	6칸	護聖殿	6칸	祭閣	6칸	한국전쟁 때 소실/ 재건
中門	3處					東門	9칸	없음
內墻垣	16칸							〃
法堂	9칸	法堂 大雄寶殿	9칸	大雄寶殿	9칸	法堂	9칸	현존
七星閣	6칸	十方七燈閣	10칸	十方七星閣	6칸	七星閣	6칸	현존 (十方七燈閣) / 1918년 수리

『日省錄』(1790) 『水原下旨抄錄』(1791)		『水原府邑誌』(1791)		『華城誌』(1832)		건물면적[29] (일제강점기)		비고[30] (현재)
中門	1處							없음
內墻垣	10칸							〃
香爐殿	12칸	香爐極樂殿	12칸	極樂天願殿 (爐殿)	12칸	香爐殿	12칸	없음/ 현재 천불전 (1993년 건축)
中門	1處							
外中門	1處							〃
內墻垣	11칸							〃
禪堂	39칸	禪堂 曼殊利室	35칸	曼殊利室	39칸	禪堂	39칸	현존
僧堂	39칸	僧堂 那由他寮	39칸	那由他寮	39칸	僧堂	39칸	〃
樓閣	15칸	天保門樓	15칸	天保樓	15칸	天保樓	15칸	현존
		左右翼廊 兩處	18칸					
		東西 中門						
				左右 鍾樓	4칸	左右 鍾樓	4칸	없음
三門翼廊	17칸	外三門	30칸	外門	3칸	外三門	3칸	현존
		祭閣, 東西中門		門	9칸			
中門	3處	七星香爐殿門		左右翼廊	3칸	左右翼廊	3칸	없음
舂家	2칸					舂家	2칸	〃
外墻垣	212칸							〃
石井	50칸					井	二處	확인 불가
淵池	1處							없음
		新買 城隍堂	6칸	창고	8칸			〃

위의 <표 1>에 정리한 바와 같이, 기록에 따라 문과 담 및 부속 건물 등의 표기에 차이는 있지만 祭閣인 護聖殿을 비롯하여 大雄寶殿·七星閣·那由他寮·曼殊利室·天保樓·外三門 및 翼廊 등이 용주사의 주요 건축임을 알 수 있다. 이 중 『日省錄』과 『水原下旨抄錄』은 동일한 내용이며 각 불전의 명칭이 구체적으로 기록되어 있지 않은데 비해 『水原府邑誌』와 『華城誌』에는 불전의 명칭이 구체적으로 명기되어 있고 이는 이덕무가 쓴 주련의 불전 명칭과 일치한다.[31] 『水原府邑誌』는 시방칠등각과 선당 만수리실의 칸수를 誤記하였지만 천보루를 문루라 한 데 이

어 성황당을 새로 매입한 사실을 전하고 있다. 아울러 창건 당시에는 제각과 칠성각 및 향로전이 각기 담으로 구획되어 문이 나 있었고, 사역 전체는 담이 둘러싸여 있었던 바도 알려주고 있다.

한편 용주사에 창건된 건물 중, 다른 사찰에서 찾아볼 수 없는 護聖殿은 용주사가 왕실 원찰이기에 조성된 것이다.[32] 그러나 호성전과 동일한 규모로 칠성각을 조성하고 칠성각보다 두 배 큰 규모로 香爐殿을 지어 極樂天願殿이라 한 점을 비롯하여,[33] 선당과 승당이 39칸 규모로 지어져 만수리실과 나유타료라는 독특한 이름으로 명명한 점, 루각의 명칭을 "天保"라 한 점[34] 등이 단순히 왕실 원찰이라는 명분에서 이루어진 것으로 보아야 할지는 의문이다.[35] 예컨대 조선후기 왕실 원찰에서 禪堂과 僧堂이 나유타료와 만수리실이라는 명칭으로 조성된 바는 거의 없기 때문이다. 더욱이 조선전기 왕실원찰인 正因寺 및 奉先寺 등에서 선당과 승당의 규모는 각기 3칸에 불과하였던 점을[36] 보면, 각 39칸인 만수리실과 나유타료를 조성한 바는 용주사의 정체성 및 기능과 관계된 것으로 볼 수 있다. 즉, 용주사의 首僧이 南・北漢山城의 승군을 관장하는 都僧統이 되고, 용주사에 주석하던 승려들이 壯勇營 外營에 편입되어 훈련받았던 바와 관련된 것으로 보이기 때문이다.[37] 이에 따라 승방이라 한 나유타료는 義僧軍의 處所로, 선방이라 한 만수리실은 修道僧 및 祈禱僧의 처소로 쓰였을 것으로 추정된다. 아울러 용주사가 南漢山城 開運寺・北漢山城 重興寺・奉恩寺・奉先寺와 함께 糾正所로 지정되어[38] 남북한 총섭을 총괄하게 된 바도 건축 계획에 반영되어 승당과 선당의 명칭 및 규모에 영향을 주었을 것으로 보인다.

4. 승장

용주사 창건역의 주요 공사는 僧匠이 담당하였다. 기록에 등장하는 공사 관련 승려들의 명단을 정리해보면 다음의 <표 2>와 같다.

〈표 2〉 용주사 불사 참여 승려의 소속과 임무

이름	소속사찰	역할	전거
寶鏡堂獅馹	전라도 장흥 보림사	八道 都化主, 總攝 황해·평안 兩道 都化主	龍珠寺建築時各道 化主僧 上樑文
性月堂哲學	용주사	化主, 僧統 경기·전라 兩道 都化主 總攝, 錢米次知	日省錄 龍珠寺建築時各道 化主僧 上樑文
東坡堂俊弘		경기·전라 兩道 都化主	龍珠寺建築時各道 化主僧
通政 信行		〃	〃
嘉義 懋絢		충청·경상 兩道 都化主	〃
嘉善 允修		〃	〃
影成堂春珍		강원·함경 兩道 都化主	〃
虎山堂泰英		〃	〃
衍定		〃	〃
大欠石定		황해·평안 兩道 都化主	〃
安張哲興		〃	〃
聖谷堂有信		경기도 閭里 寺刹 化主	〃
通政 德含		〃	〃
嘉善 宇榮		황해도 閭里 寺刹 化主	〃
通政 竺訓勝安		〃	〃
瀛波堂豊一[39]		경상도 閭里 寺刹 化主 誦呪	龍珠寺建築時各道 化主僧 龍珠寺三藏菩薩圖 畫記 大雄寶殿 唐家 願文
嘉善 抱念學連		경상도 閭里 寺刹 化主	龍珠寺建築時各道 化主僧
錦河堂福慧		전라도 閭里 寺刹 化主	〃
碧潭堂幸仁		〃	〃
通政 性眞		〃	〃
荊原堂法眼		평안도 閭里 寺刹 化主	〃
通政 奇弘		〃	〃
嘉善 最璘		함경도 閭里 寺刹 化主	〃

이름	소속사찰	역할	전거
通政 日閑		충청도 閭里 寺刹 化主	〃
嘉善 永昊		〃	〃
靑空堂贊忱		〃	〃
尊策		錢米次知	日省錄 / 水原下旨抄錄
愼行		〃	〃
勝悟		錢米次知 / 析衝	日省錄
義涉	평안도 향산 보현사	僧堂 都片手	本寺諸般書畫造作等諸人芳啣
雪岺	죽산 칠장사	七星閣 都片手	〃
雲明	강원도 간성 건봉사	禪堂 都片手	〃
文彦	전라도 장흥 천관사	大雄殿 都片手	〃
奇峰堂快性	경상도 영천 은해사	樓片手 木手邊首僧, 南漢總攝 황해·평안 兩道 都化主 副邊手嘉善, 副片手	本寺諸般書畫造作等諸人芳啣 日省錄 龍珠寺建築時各道化主僧 上樑文 / 水原下旨抄錄
通政 勝悟		鐵物 次知	上樑文 / 水原下旨抄錄
通政 信策		錢穀 次知	上樑文
萬謙		木手邊 首僧 都邊手 / 木手片手	日省錄 上樑文 / 水原下旨抄錄
尙謙		誦經戒 처음 만든 邊首僧	日省錄
震環		書記 誦經僧	本寺諸般書畫造作等諸人芳啣 日省錄 / 水原下旨抄錄
弘尙	용주사	雜物次知	日省錄 / 上樑文 水原下旨抄錄
月信	永祐園造泡寺 에서 龍珠寺로	木物次知 通政 募軍次知	日省錄 上樑文 / 水原下旨抄錄
道潛	龍珠寺로 이전	書記僧	日省錄
宇平		差備僧 / 證明	日省錄 / 水原下旨抄錄
敏(旻)寬		대웅전 단청 도편수/ 嘉善 삼장탱 화원	本寺諸般書畫造作等諸人芳啣 水原下旨抄錄
贇琯		左邊長	上樑文
越性		右邊長	〃
圓機		色掌	〃
尙謙		下壇幀 畫圓 畵幀 片手僧	本寺諸般書畫造作等諸人芳啣 水原下旨抄錄

이름	소속사찰	역할	전거
八定	三陟 靈隱寺	천보루 도편수 丹靑 畫員	〃
觀虛堂雪訓		極樂大願觀音菩薩 彫刻 畫員	〃
通政 奉絃	전라도 지리산 피근사	西方阿彌陀佛 彫刻 畫員	〃
通政 尙植	강원도 간성 건봉사	東方藥師如來 彫刻 畫員	〃
通政 戒初	전라도 정읍 내장사	釋迦如來 彫刻 畫員	〃

위의 <표 2>에 정리한 바와 같이 용주사의 창건 공역에서 활동한 승장 명단은 대체로 「本寺諸般書畵造作等諸人芳啣」에 수록되어 있다. 이를 통해 총 59명의 승려가 化主[40]・都片手・畫員・물자 담당 등으로 임무를 나누어 맡았으며, 주요 불전의 도편수는 승장이 맡았음을 알 수 있다. 이중에서 文彦・快性・萬謙만 활동상이 파악된다.[41]

1) 문언(18세기 중후반 활동)

용주사 창건역 당시, 대웅보전 도편수를 맡았던 文彦은 전라남도 장흥 天冠寺 소속이었다. 용주사 창건 이전인 1779년에는 전남 곡성 泰安寺 대웅전 重創 佛事에 太允(通政大夫)과 함께 片手로 참여한 바가 확인된다.[42]

문언에 대한 기록은 매우 소략하지만 전라남도지역에서 활약하였다는 바를 통해, 용주사 대웅보전의 조형요소가 전라남도 지역의 불전과 유사한 점을 이해할 수 있다.[43] 아울러 현재 효행박물관에 소장되어 있는 <龍珠寺中鐘>(경기도 유형문화재 제226호)의 鑄鐘匠이 18세기 전라남도 장흥 일대에서 활동한 尹氏 일파라는 점을 고려해 보면 문언의 참여는 장흥 보림사 출신인 寶鏡獅馹과 관련이 있을 것으로 추정된다.[44]

2) 쾌성(18세기 중~19세기 초반 활동)

호가 奇峯堂인 快性은 경상북도 영천 은해사 소속으로, 용주사 창건 공역 당시 천보루 片手를 맡았으며[45] 보경사일과 함께 황해도와 평안도의 도화주를 맡아 용주사 창건 자금을 募緣하기도 하였다. 이러한 활약으로 인해 용주사가 완공된 후 관계자를 시상할 당시, 쾌성은 품계가 올려진 데 이어[46] 南漢山城 總攝에 임명되었다.[47] 경상도 영천 산간의 사찰에 주석하던 쾌성이 국가적 공역이던 용주사 창건역에서 천보루의 편수였다는 점은 그의 기량을 짐작할 수 있게 한다. 더구나 1794년 초 華城城役의 門樓 조성에 지명 차출되었다는 사실은 그가 매우 뛰어난 匠人이었음을 확인시켜 주고 있다.[48]

쾌성의 활약상은 모금활동과 건축 이외에서도 파악된다. 1755년의 청도 운문사 <三身佛圖>에 '本寺秩', 1769년 불국사 <靈山會上圖>에 '供養主', 1786년 수도사 <甘露圖> 및 구인사 유물전시장의 <阿彌陀佛圖>에 '片手', 1798년 경북 영천 은해사 법당 단청에 '結墨畫士', 1804년 문경 惠國寺 <靈山會上圖> 및 <地藏十王圖>에 '僧將' 및 '施主比丘'로 기록되어 있기 때문이다.[49] 이밖에 1793년의 은해사 <甲子甲樹功銘碑>에 甲契의 都監으로서 '南漢帥'라 기록된 바도 확인된다.[50] 이러한 쾌성의 활동상은 용주사 창건역의 건축 수준과 조선후기 승장의 활동상을 시사하고 있어 주목된다.

3) 만겸(18세기 후반 활동)

萬謙은 불교계에서 정리되어 전하는 「龍珠寺沿革」과 「本寺諸般書畫造作等諸人芳啣」에는 등장하지 않는다. 그러나 『日省錄』과 『水原下旨抄錄』에는 용주사 창건역이 완료 후 관계자 시상 당시 쾌성과 함께 '木手 邊首僧'으로 언급되면서 직책이 올려지고[51] 연이어 밀양 表忠寺 總攝으로 임명된 바가 기록되어 있다.[52] 이는 만겸의 활약상이 두드러졌음을 짐작하게 하지만 용주사 이외에서 그의 활동상은

거의 확인되지 않는다.[53)]

Ⅲ. 배치와 건축의 특징

용주사는 조선후기 왕실원찰의 건축적 특징을 보이는 곳으로 알려져 있다. 천보루의 아래층 石柱를 비롯하여 모든 불전의 기단과 초석·기둥이 궁궐과 유사하다고 판단되기 때문이다. 그러나 조선시대 건축에서 熟石 즉 다듬은 돌은 궁궐뿐만 아니라 능원·사묘 등에서도 사용되던 것이고 용주사 공역 직전에 현륭원이 조성되었다는 사실을 염두에 둔다면, 용주사 건축의 형식적 요소는 현륭원과 직접적으로 연관된다고 할 수 있다. 여기서는 이점을 인식하여 용주사의 배치와 건축 특징에 대하여 살펴보고자 한다.

1. 배치

조선후기 사찰배치는 주불전의 앞마당을 중심으로 4동의 불전이 사방으로 배치되는 형식인 "四棟中庭形"이 대부분이다. 사동중정형의 핵심 공간인 主佛殿 앞마당을 기준으로 볼 때 前面에는 一柱門에서부터 天王門과 金剛門 등을 거치는 導入空間이 배치되고 주불전의 맞은편에는 樓, 주불전 측면으로는 冥府殿과 羅漢殿 등의 副佛殿, 背面으로는 山神閣·七星閣 등의 下壇信仰 佛殿이 배치된다. 이를 기준으로 보면 천보루와 좌우의 요사채가 주불전 맞은편을 가로막듯이 둘러싸고 있는 용주사의 중심 사역은 사동중정형의 또 다른 유형이라 할 수도 있지만 엄밀히 보면, 주불전 맞은편에 ㄩ자형 건물이 들어선 모습이므로 사동중정형배치의 변형이라 할 수 있다.(도 1) 용주사 배치의 특징적인 요소를 살펴보면 다음과 같다.

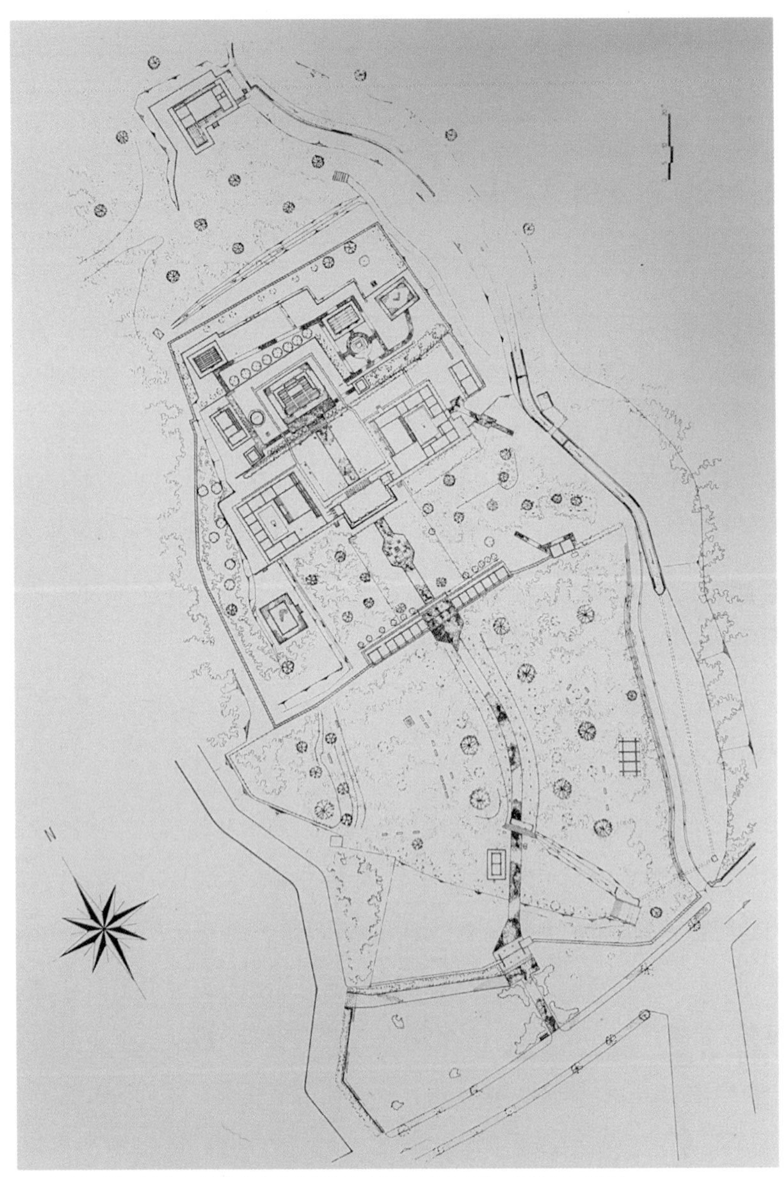

도 1. 용주사 배치도 (『경기도지정문화재 실측조사보고서』, 1989년 인용)

1) 外三門과 좌우 행랑채의 배치 ; 왕의 행차 차폐시설

도 2. 외삼문과 좌우의 행랑채 ⓒ김해권

창건 당시, 용주사의 正門은 행랑채가 달린 外三門으로(도 2), 현재 정문처럼 활용되고 있는 천왕문은 현대 들어 조성된 것이다.54) 즉, 조선후기 사찰에서 일반적으로 보이는 '門에서 門으로 연결되는 도입부 공간'이 창건 당시에는 조성되지 않았다. 또한 행랑채가 달린 외삼문은 공역이 마무리되던 해인 1790년 8월 하순에 건축이 결정되었다. 즉 용주사 창건역의 都看役을 맡았던 이인찰방 曺允植이 左議政 蔡濟恭(1720~1799)에게 '樓 앞이 광활하므로 三門과 좌우 행랑을 세워 전면을 가리면 動駕할 때나 人馬를 수용하는 장소가 될 법하다'고 건의한 바가 수용되어 지어진 것이다.55) 용주사에 정조가 행차한 공식 기록은 단 한 차례에 불과하지만, 가마를 타고 갔다가 말을 타고 나왔다는 것을 통해, 천보루 앞의 너른 공간이 조윤식의 건의대로 활용되었음을 짐작할 수 있다.56)

조선시대에 외삼문은 불교사찰보다는 宮闕·祠廟·官衙·鄕校 등 권위를 드러내는 건축에 세워졌던 것이다. 정조가 용주사를 창건한 지 5년째 되던 해에 「花山龍珠寺奉佛祈福偈」를 지어 "이 절은 현륭원의 齋宮이다"57)라고 천명한 바와 용주사 외삼문을 함께 고려해보면, 용주사는 기존의 '陵寢寺' 또는 '造泡寺'와는 위상을 달리하여 조성되었다고 할 수 있다. 즉 외삼문과 행랑 배치는 기능적으로는 왕의 행차를 가리는 차폐시설로, 상징적으로는 齋宮이라는 정체성과 왕실의 권위를 드러내기 위해 배치된 것으로 볼 수 있는 것이다.

2) 천보루와 나유타료 및 만수리실의 배치 ; 齋宮의 위용

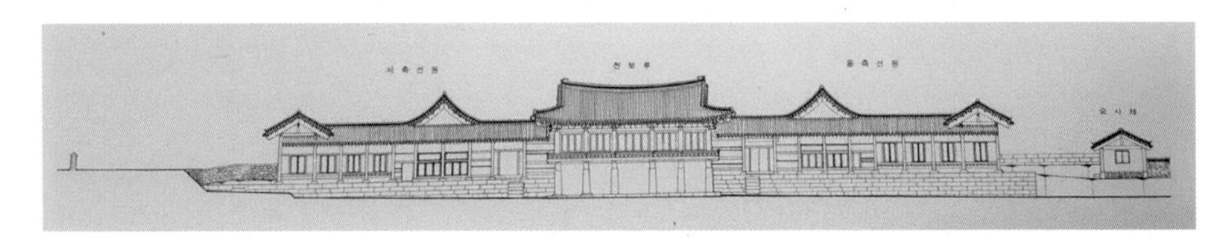

도 3. 천보루·만수리실·나유타료의 全面 (『경기도지정문화재 실측조사보고서』,1989년 인용)

조선후기 사찰 중 용주사 천보루처럼 좌우에 선당과 승방이 연접되어 세워진 樓는 없다. 정면 5칸 측면 3칸 규모에 팔작지붕인 천보루는 좌우에 행랑처럼 연결되어 있는 나유타료 및 만수리실과 함께 3벌대 기단처럼 조성된 축대 위에 자리하고 있다.(도 3) 앞에서 살펴본 바와 같이 조윤식의 건의로 외삼문과 행랑이 용주사 창건역의 완공 단계에서 추가된 것이므로, 계획 당시 용주사의 정문이자 외관은 천보루와 좌우에 행랑처럼 연결된 것으로 보이는 승방과 선방이었다. 이처럼 중앙의 루 좌우로 행랑이 이어지는 것처럼 건물이 조성된 바는 용주사의 위상 즉, 현륭원의 재궁으로서의 위용을 드러낸 것으로 볼 수 있다. 그러나 조선후기의 일반적인 사찰은 물론, 왕실 원찰 중에서도 용주사의 천보루와 그 좌우로 연결된 요사채 처럼 권위를 보이는 공간은 찾아보기 어렵다.[58] 다만, 주불전 맞은편에 ㅁ자형 건물이 배치되는 바는 능침사찰인 남양주 흥국사와 서울 돈암동 흥천사 등에서 볼 수 있어, 이들이 용주사의 영향을 받았던 것이 아닐까 한다.[59]

한편, 천보루와 나유타료·만수리실의 배치에서 파악되는 또 다른 의도는 폐쇄성이다. 대웅전 방향으로는 천보루 아래로 진입하는 외에, 좌우의 나유타료와 만수리실과 연결되는 위치에 난 문으로 진입할 수 있으나 현재는 개방되지 않아 루 밑으로만 드나들 수 있다. 그러나 창건 당시에는 용주사 전체를 둘렀던 담장이 나유타료 및 만수리실과 이어졌을 것이므로 대웅보전 앞마당으로 들어가는 문이 모두 닫히고 천보루 아래에 수직하는 군사가 막아서면 천보루 너머의 대웅전 앞마당은 궁궐이나 사묘처럼 엄숙하고 폐쇄적인 공간이 되었을 것이다. 그 결과 대웅보전 마당 너머에 자리하고 있는, 장헌세자의 위패를 모신 호성전과 명복을 기원하는 대웅보전이 배치된 공간은 천보루와 좌우의 요사채로 둘러싸여 엄숙함과 신성성이 갖추어졌던 것이다.

3) 대웅보전 앞마당과 천부루의 배치 ; 왕의 공간, 궁궐 조형

용주사의 중심 사역에는 대웅보전 앞마당의 북쪽으로 대웅보전을 비롯한 불전들이 배치되고, 남쪽으로 천보루가 배치되면서 그 좌우로는 나유타료와 만수리실이 대웅보전 쪽으로 7칸씩 돌출되어 있다.(도 1) 또한 천보루 배면에서 마당과 접하는 나유타료와 만수리실의 측면에는 폭넓은 툇마루가 형성되어[60] 천보루 뒷마당 좌우를 둘러싸고 있다.[61](도 4) 이러한 배치는 대웅보전을 마주하는 천보루의 위계를

도 4. 대웅보전에서 바라 본 천보루·만수리실·나유타료

드러내는 것으로 보인다. 정조가 용주사에 행차하면 莊獻世子의 위패가 봉안된 祭閣에 분향 후 천보루에 올랐을 것이고, 수행원들은 천보루 좌우의 나유타료와 만수리실의 툇마루에 들었을 것으로 여겨지기 때문이다. 따라서 용주사에 행차한 정조가 坐停하고 수행원들이 머무를 것을 염두에 두고 대웅보전 맞은편에 천보루와 요사가 둘러싸는 공간이 배치된 것으로 볼 수 있는 것이다.

한편, 천보루는 배면에 <弘濟樓>라는 편액이 걸려 있는데, '천보루'와 '홍제루'라는 명칭은 불교용어가 아니다. 여기서 "天保"는 '하늘의 보호와 대가 끊기지 않는다'는 의미로 해석해 볼 수 있고[62] "弘濟"는 정조의 호인 弘齋와 音이 같아[63] 정조 자신을 의미하는 것으로 볼 수 있다. 따라서 천보루의 두 편액은 '하늘의 보호 속에 대가 끊기지 않으며, 스스로(정조가) 아버지를 기리는 곳'이라는 의미를 담아 명명된 것으로 해석해 볼 수 있다.

4) 3벌대 장대석 축대와 石漏槽·庭燎臺 배치; 국가 제사시설의 조형

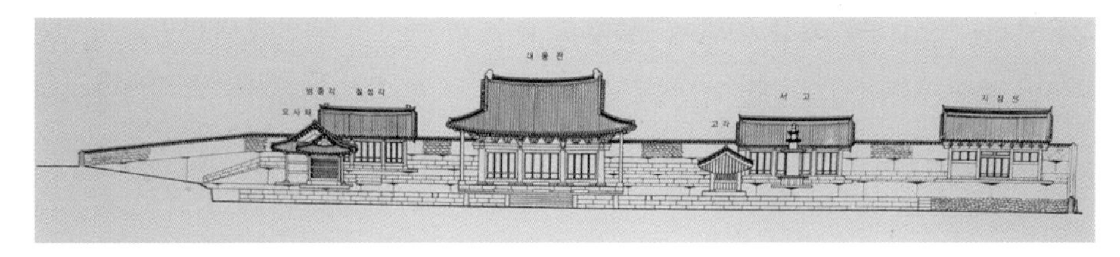

도 5. 대웅전을 비롯한 불전과 축대 (『경기도지정문화재 실측조사보고서』, 1989년 인용)

천보루 배면을 지나 앞마당을 거쳐 대웅보전으로 오르려면 경사가 낮은 계단을 올라서야 한다. 계단 좌우로는 3벌대의 장대석 축대가 용주사의 동서축을 따라 형성되어 있어 특징적이다.(도 5) 일반적으로 조선후기 사찰의 주불전 기단은 주불전 아래에만 조성되어 있다. 용주사처럼 구획된 한 공간에 사역의 횡축을 따라 축대를 쌓고 그 위로 건물을 세우는 곳으로는 왕의 위패나 어진을 봉안한 祠廟가 대표적

도 6-1. 대웅보전 아래로 가로지르는 축대의 석루조

도 6-2. 나유타료 축대 석루조

도 6-3. 종묘 정전 월대의 석루조

이다. 따라서 대웅보전 아래 축대는 천보루와 나유타료 및 만수리실의 축대와 함께 용주사의 정체성과 위용을 드러내는 조형이라 하겠다.

정조는 종묘에 배향되지 못한 私親 莊獻世子에 대한 의례를 갖추기 위해 장헌세자의 사당인 景慕宮과 무덤인 顯隆園의 造形 위계를 높였다.[64] 나아가 장헌세자의 위패를 봉안하고 명복을 비는 용주사를 세우고 齋宮이라 정의하였기에, 용주사의 조형은 창건 계획 단계에서부터 국가 제사시설을 바탕으로 하였다고 볼 수 있다. 즉, 석루조가 설치된 3벌대 월대 위에 또다시 기단을 쌓고 그 위로 위패를 봉안한 종묘의 정전처럼[65] 용주사도 석루조를 설치한 3벌대 축대를 쌓고 그 위로 낮은 기단의 불전이 조성되어 있기 때문이다.[66] (도 6-1, 도 6-3) 석루조는 천보루와 나유타료 및 만수리실의 전면을 받치고 있는 3벌대 기단에도 설치되어 용주사가 당시의 일반적인 조포사보다 품격 있는 공간으로 계획·조성되었음을 파악할 수 있다. (도 6-2)

한편, 천보루 아래층의 돌기둥과 요사채의 3~4벌대 석조기단 역시 일반적인 사찰에서는 보기 어려운 요소이다.(도 3) 돌을 캐내어 다듬고 운반하는 것은 왕릉 조성에서도 공역의 많은 부분을 차지하는 일이었다. 따라서 조선후기 불교사찰에 돌을 가공하여 기단과 초석뿐만 아니라 기둥에까지 사용한 바 자체만으로도 왕실과 관련됨을 드러내는 요소라 하겠다.

도 7. 長寧殿圖, <江華府行宮圖>, 제3폭, 필사본, 국립중앙도서관 소장 (점선 안이 明大石; 점선 필자 표시)

이밖에 주목해야 할 배치요소는 대웅보전 정면의 좌우에 위치한 庭燎臺이다. 정료대는 조선후기 鄕校 및 書院의 祠堂 또는 講堂 앞에 불을 밝히던 시설물로 알려진 석물이다.[67](도 8) 그런데 江華府 行宮의 장령전에 肅宗의 御眞을 奉安하고 그린 <長寧殿圖>에는 계단 좌우로 정료대가 묘사되어 있고 "明火石"이라 쓰여 있다. 따라서 용주사 대웅보전의 정료대는 장령전과 같은 의도에서 배치된 것으로 추론해 볼 수 있다.(도 7)

이상과 같이 석루조가 설치된 3벌대 축대 위로 건물을 배치하는 바와 정료대를 배치하는 바 등은 용주사가 전반적으로 종묘 및 궁궐 밖 어진 봉안처와 유사하게 조형되었음을 드러내고 있다. 이는 용주사의 건축 조형이 국가 제사시설에 기반을 두고 있다는 점과 용주사의 위상 및 정체성을 시사하고 있는 것이라 하겠다.

2. 건축

주요 불전인 대웅보전과 천보루 위주로 살펴보겠다.[68]

1) 대웅보전

용주사 대웅보전은 정면 3칸, 측면 3칸의 다포계 겹처마, 팔작지붕 건물로 공포는 외 3출목, 내 4출목으로 구성되어 있고 전면 어칸 좌우 기둥과 귀공포에는 용두조각이 끼워져 머리 부분이 돌출되어 있다.[69](도 8) 이러한 형식의 용주사 대웅보전은 18세기 후반 불전의 특징을 잘 보여주고 있다. 예컨대 어칸이 넓고 협칸이 좁은 평면, 내부에서 측면 기둥 열보다 약간 뒤로 물려 배치된 高柱, 波蓮刻의 小欄을 끼우고 그 위로 꽃이 그려진 양판이 덮인 우물천장 구성 방식, 각 칸의 창방에 別紙畵를 그린 바 등은 18세기 후반 재건되거나 중건된 불전에서 파악되는 양상이기 때문이다.[70] 공포에서도 연봉과 연화조각, 귀포와 정면 어칸의 안초공, 충량의 용두 조각 등이 18세기 불전의 장식화 경향을 보이고 있다. 대웅보전에 보이는 이러한 조형요소들은 대체로 호남지역 사찰의 주불전에서 파악되는 바와 유사하다는 점에서 주목된다.[71]

도 8. 대웅보전 정면 ⓒ김해권

도 9. 융릉 정자각 대우석

도 10. 대웅보전 대우석(『경기도지정문화재 실측조사보고서』, 1989년 인용)

도 11. 대웅보전 전돌·초석·댓돌·활주초석

한편, 용주사 대웅보전이 18세기의 일반적인 불전과 다른 요소들을 살펴보면 다음과 같다.

첫째, 기단과 주초석 및 臺隅石·석루조 등이 熟石, 즉 다듬은 돌이라는 점이다.(도 6-1, 도 6-2, 도 11) 주초석은 정사각형 몸돌에 운두가 높은 원형 柱座를 조각한 것으로 조선시대 궁궐이나 능묘에서 쓰이던 형식이다. 대우석 역시 일반 사찰의 주불전에 거의 조성되지 않던 석물이다. 더욱이 대우석은 그 형태와 표면 조각이 현륭원과 유사하다는 점에서 주목된다.(도 9, 도 10) 이는 현륭원 조성에 참여했던 서울의 石手 韓時雄과 崔有土里가 용주사 창건역에도 참여한 결과로 보인다.[72] 대웅보전에 쓰인 숙석은 종류와 크기가 천보루·나유타료 및 만수리실·대웅보전 기단과 그 아래의 3벌대 축대에 쓰인 것과 같은 종류로 여겨지는데[73] 축대에는 석루조가 설치되어 있다. 이밖에, 대웅보전 처마의 네 귀에 세워진 활주의 초석 역시 숙석인데, 축대와 기단에 쓰인 숙석과 크기 및 형태가 동일하다.

둘째, 기단 위이자 대웅보전 둘레에 전돌이 깔려 있다는 점이다.(도 11) 조선시대에 건물 둘레에 전돌을 까는 것은 궁궐·관아·왕릉 등에서 파악되는데, 숙석과 함께 권위를 드러낼 때 활용되는 방식이다. 따라서 대웅보전 둘레의 전돌은 '용주사가 왕실과 관계되는 곳임을 알려주는 요소' 중 하나라 하겠다.[74]

셋째, 지붕의 용마루·합각마루·내림마루가 梁上途灰로 마감되어 있다는 점이다.[75](도 8) 양상도회는 '양성바름' 혹은 '양성'이라고도 하는데, 지붕마루 전체를 회로 감싸 바르는 것을 의미한다. 일반적인 기와지붕에 비해 윤곽이 뚜렷하게 보이는 효과가 있기 때문에 궁궐·국가 제사시설·관아 등에서 권위를 드러내야 하는 건물에 주로 사용되었던 것이다.[76] 조선후기 일반적인 사찰에서는 거의 볼 수 없는 양상도회로 대웅보전 지붕이 마감되었다는 것은 왕실의 권위가 드러나는 특징적인 요소로, 용주사가 왕실 주도로 창건된 사찰임을 시사하고 있다.

2) 天保樓

도 12. 천보루 정면

도 13. 천보루의 익공

도 14. 천보루의 문간

천보루는 정면 5칸, 측면 3칸의 익공계 겹처마, 팔작지붕 건물로 出目은 없다.(도 12) 익공은 앙서 위로 활짝 핀 연꽃이, 그 위의 쇠서에는 아랫부분에 연봉이 조각되어 있다.(도 13) 가구는 無高柱 5량가로, 정면과 배면의 平柱 위에 대들보를 건너지르고 동자주를 세운 후 종량을 건 다음, 종량 위로 판대공을 세우고 종도리를 얹은 것은 일반적인 조선후기의 樓 구성과 같다. 단, 우물반자와 빗반자로 구성된 현재의 천장은 후대에 가설된 것으로 보인다.[77)]

주불전 앞에 樓가 배치되는 바는 조선후기 사찰에서 일반적으로 볼 수 있는데, 특정 공간의 전면에 루를 배치하는 것은 관아·향교·서원 등과 같다. 그러나 이들 공간에 조성된 루는 각 기능에 따라 조형이 조금씩 다르다. 더구나 천보루의 경우 일반사찰 건축에서 볼 수 없는 요소들이 적지 않다. 그 내용을 살펴보면 다음과 같다.

첫째, 전면의 아래층은 아래로 갈수록 넓어지는 사다리꼴 모양의 石柱가 넓은 초석 위에 세워져 있다는 점이다. 이 석주 위로는 길이가 짧은 원형기둥이, 짧은 원형기둥 위로는 위층의 원형기둥이 세워져 있다. 길이 2.2m의 석주 6개가 나란히 세워진 천보루 전면은 좌우의 행랑채 기단과 함께 장엄한 인상을 주고 있어 일반사찰의 루와 다르다.(도 3, 도 5, 도 12)

도 15-1. 천보루 아래층

도 15-2. 천보루 위층

도 16. 창경궁 숭문당

도 17. 천보루 측면 난간

둘째, 상하층 모두 내부에 기둥이 세워지지 않았다는 점이다.78)(도 15-1, 도 15-2) 대웅보전 앞마당으로 향하는 아래층 통로에는 2개의 기둥만 전면과 같은 구성이고 나머지 2개는 높이 50cm인 초석 위에 짧은 원기둥을 올린 모습이다. 門이 달렸던 흔적이 보이지 않아 관아·향교·서원의 루 아래층에 문이 달려 門樓로 활용되는 것과 대조적이다.79) 조선후기 사찰의 루 대부분이 門樓는 아니지만 아래층에 기둥이 세워져 있어 용주사 천보루와 다르다.

셋째, 천보루 위층 출입에 양측 면의 목조계단을 이용한다는 점이다.(도 6, 도 14) 일반적인 불교사찰의 루는 주불전과 마주하는 면, 즉 루의 배면에서 출입할 수 있다. 천보루처럼 측면 계단으로 진입하는 방식은 궁궐 내전에서 확인할 수 있는데 창경궁 崇文堂이 대표적이다.80)(도 16) 따라서 이러한 출입 방식은 앞서 살펴본 바와 같이 정조의 용주사 행차와 관련하여 도입된 궁궐건축 요소로 볼 수 있다.

넷째, 천보루 전면에서 좌우의 나유타료 및 만수리실과 이어진 부분이다.(도 14) 이 부분에 문이 나 있어, 들어서면 천보루로 드나들 수 있는 나무계단과 나유타료 및 만수리실로 이어지는 출입문이 형성된 공간이므로 이른바 門間이라 할 수 있다.[81] 이 공간으로 인해 천보루와 나유타료 및 만수리실은 외삼문 쪽에서 바라보았을 때 천보루를 중심으로 행랑이 좌우로 연결된 모습으로 인지된다. 따라서 이 부분은 용주사의 위용을 드러내는 건축요소라 하겠다.

다섯째, 정면과 측면으로는 쪽마루를 구성하고 그 둘레에 난간이 가설되어 있다는 점이다.[82] (도 12)

여섯째, 지붕 용마루와 내림마루에는 용두를 설치하고 사래에는 토수를 끼운 점이다.(도 18) 대웅보전 지붕이 용마루에 취두, 내림마루에 용두가 설치되고 마루마다 양상도회로 마감된 바와 대조적이다. 불전의 위계상, 대웅보전이 높지만 왕이 출입하는 천보루에는 양상도회 대신 궁궐건축에 주로 쓰이는 용두와 토수를 가설하여 권위를 갖춘 것으로 보인다.

도 18. 천보루 지붕의 용마루·내림마루·추녀마루의 용두·사래·토수 (명칭은 필자 표시)

Ⅳ. 맺음말

앞에서 살펴본 바와 같이 용주사의 독특한 조형은 용주사의 남다른 寺格에서 비롯된 것으로 여겨진다. 용주사의 사격은, 현륭원의 조포사로 창건되기 시작하였지만 완공 이후 "顯隆園의 齋宮"이라 정의된 바에서 실마리를 찾을 수 있다. 일반적으로 재궁은 "무덤이나 사당 옆에 제사 지내기 위해 지은 집"을 의미하지만 정조년간에 '齋宮僧侶' 또는 '莊陵의 齋宮, 寧越 報德寺'라 한 바를 통해[83] 재궁에는 陵寢寺刹이라는 의미도 내포되어 있었다는 것을 알 수 있다. 그러나 조선시대에 능침사찰이라 한 바는 전기에만 확인되고[84] 후기 들어서는 능침사찰 대신 '조포사'라 한 바가 정조년간에 다수 확인된다. 따라서 정조년간에 陵·園 옆의 사찰을 '재궁'이라 한 바는 조포사의 격조 높은 표현이라 할 수 있으며, 일반적인 왕실원찰과는 건축조형 및 물자후원 면에서 차별화되었을 것으로 보인다. 이러한 용주사의 건축사적 의미를 정리해보면 다음과 같다.

첫째, 조선후기 들어 국왕의 발원으로 공식 창건된 유일한 왕실원찰이라는 점이다. 조선전기에는 태조와 세조 등에 의해 陵·園을 돌보고 명복을 비는 왕실원찰이 다수 창건되었으나 조선후기에 국왕의 발원을 담아 창건된 사찰은 용주사 외에는 없기 때문이다.

둘째, 1790년 8개월에 걸친 공사 끝에 一時에 완성된 불교사찰이라는 점이다. 조선후기 들어서는 왕실원찰일지라도 창건되는 경우는 드물고 기존에 있던 사찰이 원찰로 지정되는 경우가 많았다. 따라서 용주사처럼 한꺼번에 불전이 조성되는 것은 매우 이례적인 불사 창건 사례라 하겠다.

셋째, 전국 각계각층의 시주로 조성된 불교사찰이라는 점이다. 억불숭유의 조선시대에 전국의 각계각층에서 佛事를 후원하도록 한 바는 이례적이기 때문이다.

넷째, 국가에서 창건역을 관리·감독하고 관계자들을 시상하였다는 점이다. 용주사 창건역에 현륭원과 화성성역의 장인들이 참가하였을 뿐만 아니라, 이들에 대한 관리감독 및 시상을 국가에서 하였다는 바는 용주사 창건역이 국가적 공역이었음을 시사하는 것이다. 즉, 현륭원 공역에서 비롯된 일련의 공역들이 정조의 마스터플랜에서 비롯되었고 용주사 창건역은 그 일환이라고 하겠다.

다섯째, 궁궐과 종묘를 비롯한 국가 제사시설의 건축조형을 융합하여 조성된 불교사찰이라는 점이다. 3벌대 기단 위에 천보루와 그 좌우로 행랑처럼 연결된 요사가 이루는 외관을 비롯하여 천보루의 石柱·지붕·출입형식 등은 궁궐건축에서 차용한 형식이고, 대웅보전을 비롯한 불전을 받치는 축대가 동서로 가로지르는 바와 축대의 석루조 설치는 종묘 정전과 동일하다. 또한 대웅보전 좌우의 明火石 배치는 강화부 행궁에서 숙종 어진을 봉안하였던 장령전과 같고 대웅보전의 지붕 양상도회는 궁궐·국가 제사시설·관아의 조형과 동일하다.

여섯째, 천보루·만수리실·나유타료·호성전 등의 명칭에 정조의 기원이 담겨 있다는 점이다. 조선후기 사찰에서는 거의 쓰이지 않은 천보루·홍제루·만수리실·나유타료라는 명칭은 하늘의 보호[天保] 아래에 헤아릴 수 없는 시간 동안[那由他], 정조 자신이[弘濟=弘齋] 지혜를 추구하며[曼殊利] 아버지를 지키고 보호하는[護聖] 공간이라는 의미가 부여된 것으로 해석할 수 있기 때문이다.

이상과 같이 용주사는 왕실원찰이지만, 그 전형이라 하기는 어려운 독특한 조형으로 구성되었는데, 이러한 용주사의 조형은 19세기 들어 빈번해지는 왕실후원 사찰건축에 영향을 주었던 것으로 여겨진다.

주

1) 능침사찰은 陵과 園에 조성되는 것이 일반적이다. 그러나 宣祖의 私親이면서 왕으로 追尊되지 못한 德興大院君의 墓 인근에 자리한 남양주 興國寺도 개념상으로는 능침사찰에 해당되므로, 이글에서는 능침사찰이 세워지는 무덤의 범주를 넓혀 능·원·묘라 정의하였다.

2) 원당은 願主의 초상화와 위패를 모시고 명복을 기원하는 한편, 後孫의 多福長壽를 기원하는 사찰이나 그러한 용도의 건물을 의미한다. 조선시대 들어서는 억불숭유정책에도 불구하고 왕실의 기복신앙으로 인해 빈번하게 조성되었다. 영조대에는 원당을 조성하거나 유지하는 것을 금지하고 이를 어길 시 陵官을 엄중히 문책한다는 법령이 제정되기도 하였다.『大典會通』卷之三, '寺社'條, "陵寢至近之地創寺剎者嚴禁陵官不禁者重勘"

3)『正祖實錄』1卷, 正祖 卽位年 6月 14日(癸丑).

4) 정조가 즉위 직후 思悼世子의 尊號를 '장헌'이라 하고, 그의 무덤인 垂恩墓의 封號를 '永祐園', 祠堂을 '景慕宮'이라 정하였기에, 이 글에서는 '사도세자'를 '장헌세자'로 칭하고자 한다.『正祖實錄』1卷, 正祖 卽位年 3月 20日(辛卯).

5)『日省錄』正祖 13年 10月 17日(己巳).

6) 정조는 재위 24년 동안 66회의 능행을 하였다. 김문식,「18세기 후반 정조 능행의 의의」『한국학보』88집(일지사, 1997), pp.57~58.

7)『日省錄』正祖 13年 10月 17日(己巳).

8)『顯隆園園所都監儀軌』卷一 秦啓.

9) 생몰년은 알려져 있지 않으나 昌寧曺氏 曺命協(1701-1755)의 庶子이며, 배우자는 潘南朴氏(父 朴弼謙, 曾祖 朴世城)이다. 墓는 경기도 고양 송산면에 있다. 그는 현륭원 공사와 水原新邑 조성공역 등에 참여한 이래로 용주사 창건역에서는 都看役을 맡았다. 華城城役에서도 주요 건축물 감독을 맡아 그 공로를 인정받았다. 그 결과 振威縣令에 임명되었고 그곳에서도 마을 조성에 큰 공을 세워 마침내 安城郡守에 임명되었다.『水原下智草綠』;『日省錄』正祖 17年 9月 16日(丙午);『日省錄』正祖 18年 3月 6日(癸巳);『承政院日記』正祖 19年 3月 6日(癸巳). 용주사 터를 정할 때 정조가 직접 불러 형편을 물어 본 바와 함께 활약상을 고려해보면 조윤식은 건축 일을 잘 아는 하급관리였다가 도간역을 맡게 된 이후로도 업무를 잘 처리하여 현령과 군수에 차례로 임명되었던 것으로 보인다. 조윤식의 家系는 김민규박사(동국대)가 제공해준 것이다. 지면을 빌어 감사의 마음을 전한다.

10)『日省錄』正祖 14年 2月 10日(辛酉).

11)『日省錄』正祖 14年 2月 10日(辛酉) "....輿出齋殿從田間小路詣佛寺浮圖舊址看審召曹允植等詢問建寺形便對以峯頂古址建寺六十年仍爲廢壞僧徒皆以田間平地改構南向爲宜云矣命入圖形覽訖"

12) 관찬 기록을 제외한 용주사 관련 기록에는 대체로 일제 강점기에 정리된 바가 인용되어 있다.

13) 李能和,『朝鮮佛敎通史』(新文館, 1918), p.564.

14)『廟殿宮陵園墓造泡寺調』p.63, "1600여 년 전 葛陽寺라 불리던 古刹로서 正祖가 父王 莊祖의 陵寢을 갈양사 부근으로 遷奉한 후, 이 절을 顯隆園의 造泡寺로 삼고 정조의 命으로 龍珠寺로 改稱하였다."

15) 權相老,『韓國寺刹全書』下 (동국대학교출판부, 1979), pp.882~883, "龍珠寺沿革 新羅文聖王十六年 甲戌廉居禪師初創號葛陽寺"

16) 용주사 편저,『효심의 본찰 용주사』(사찰문화연구원, 1993), p.68.

17) 劉濟民,「憶回勝探 龍珠寺 見聞記」『地方行政』1권 9호(대한지방행정공제회, 1952) p.105.

18) 용주사 편저, 앞의 책, pp.11~18 및 용주사 홈페이지(http://www.yongjoosa.or.kr/)의 '사찰소개' 참조.

19) 염영하,『韓國 鐘 硏究』(한국정신문화연구원, 1988), pp.310~311; 이강근,「용주사의 건축과 18세기의 창건

역」『미술사학』 31집(미술사학연구회, 2008), pp.104~105.

20) 『梵宇攷』 "盤龍寺在各舍南今廢"

21) 정해득, 『정조시대 현륭원 조성과 수원』 (신구문화사, 2009), p.200.

22) 『日省錄』 正祖 13年 10月 17日(己巳) "文源啓言新園所不可不設置造泡寺依他陵園例帖加與勸善預爲出給然後可以營作敢此仰達矣從之"

23) 『日省錄』 正祖 13年 11月 25日(丁未) "鍾秀啓言顯隆園造泡寺營建時空名帖成給事旣有成命矣向來齊厚陵字內▣慶寺重創時空名帖一百張成給後以物力不足五十張加數成給矣新建比重創功力似當倍入空名帖二百五十張請爲先成給從之"

24) 이덕무는 老論系 奎章閣 閣臣으로 불교를 신앙하지 않았으나 정조의 命으로 용주사 창건 권선문 외에 佛殿의 柱聯도 16구를 지은데 이어, 板刻 및 거는 것까지 감독하였다. 아울러 1790년 9월 27일부터 30일까지 용주사에 머물면서 불상이 봉안되던 날 봉행된 無遮大會에서 蔡濟恭이 지은 上梁文을 낭독하기도 하였다. 『朝鮮寺刹史料』 上 (朝鮮總督府 內務部 地方局, 1911) p.41, '勸善文'; 민족문화추진회 편, 『標點影印 한국문집총간 259』 卷71 (한국민족문화추진회, 2000) p.317.

25) 위의 책(朝鮮總督府 內務部 地方局, 1911), pp.42~47. 각 宮과 중앙 및 지방관청・시주금액・시주物目・수량 등이 기록되어 있다.

26) 위의 책, pp.54~58. 京畿監司 徐有防을 필두로 각 도의 監司 9명, 郡守・縣監・府吏・萬戶・檢吏 등 지방관료 87명 등 총 96인의 관직과 이름이 수록되어 있다.

27) 『日省錄』 正祖 14年 10月 6日(癸丑) "本府敎鍊官嘉善徐正祐昨年園役伊後邑役今番寺役勤勞最多"

28) 『日省錄』 正祖 14年 10月 6日(癸丑) "龍珠寺祭閣六間中門三內墻垣十六間法堂九間七星閣六間中門一內墻垣十間香爐殿十二間中間一外中門一內墻垣十一間禪堂三十九間僧堂三十九間樓閣十五間三門翼廊竝十七間舂家二間中門三外墻垣二百十二間新鑿石井五十間淵池一處以上一百四十五間中門九墻垣二百四十九間"

29) 朴綺壽, 『華城誌』 卷四 「寺刹」 條. 朴綺壽(1774~1845)는 吏曹判書・漢城府判尹・禮曹判書 등 고위직을 역임하고, 晩年에는 奎章閣提學으로 복무하였다.

30) 앞의 책 (朝鮮總督府 內務部 地方局, 1911), pp.52~53.

31) 李德懋, 앞의 책.

32) 일반적으로 왕실원찰에는 御室閣 혹은 四聖殿 또는 祝聖殿이라는 명칭의 건물이 지어져, 王室의 位牌를 봉안하고 기도를 비롯한 의식이 봉행되었다.

33) 극락천원전에는 觀虛雪訓이 조각한 관음보살상이 봉안되어 있었던 것으로 보이나 현재 행방을 알 수 없다. 시기는 불명확하지만 극락천원전이 소실된 후, 그 자리에 봉황각이 들어섰다가 현재는 1993년에 지은 千佛殿이 조성되어 있다. 용주사 홈페이지 '전각소개'(http://www.yongjoosa.or.kr) 참조.

34) 일반적으로 사찰의 樓에는 <萬歲樓> 또는 <普濟樓>라는 현판이 걸려 있다.

35) 이에 대한 해석은 'Ⅳ장 맺음말; 용주사의 건축사적 의미' 참조.

36) 金守溫, 『한국역대문집총간 46-拭疣集』 (경인문화사, 1993), p.87 및 p.123.

37) 『日省錄』 正祖 14年 10月 9日(丙辰) ; 正祖 15年 1月 14日(己丑) ; 正祖 22年 10月 19日(己酉).

38) 봉은사는 강원도, 봉선사는 함경도, 개운사는 충청도와 경상도, 중흥사는 황해도와 평안도, 용주사는 전라도의 사찰을 관할하였으며, 경기도 사찰은 5규정소가 공동관할하였다. 김영태, 『韓國佛敎史 槪論』 (경서원, 1986), pp.225~226.

39) 용주사 창건공역 완료 후 용주사에 주석하기를 원했던 것으로 보인다. 『日省錄』 正祖 14年 10月 10(丁巳).

40) 용주사 창건역의 화주승은 총 32명인데 都化主 寶鏡堂獅馹을 비롯한 13명은 法名이 法號와 함께 기록되어 있어 주목된다. 특히 觀虛堂雪訓은 조각장 중에서 유일하게 법호가 기재되어 있다는 점에서 주목해야 할 인물이다. 설훈의 이름은 <天寶山佛巖寺重修記>에도 전해진다. 문화재청・(재)불교문화재연구소 編, 『한국의

사찰문화재-인천광역시·경기도 자료집』(2012), pp.198~199.

41) 畵僧인 尙謙·敏(旻)寬·雪訓·戒初에 대해서는 국립문화재연구소 편, 『한국역대 서화가사전』, 상·하(2011) 참조. 단, 상겸은 南長寺에 진하는 1788년(정조 12)의 「불사성공록」에 '京城良工'이라 기록된 바를 토대로 서울지역의 화승으로 추정되고 있는데 1786년(정조 10)의 『文孝世子墓所都監儀軌』에는 구체적으로 "銀石寺" 소속이라 기록되어 있다. 은석사에 대해서는 '5장 서울 돈암동 흥천사의 연혁과 시주'의 주 19) 참조.

42) 한국학문헌연구소 편, 『泰安寺誌』(아세아문화사, 1984) p.83. 곡성 태안사 대웅전은 현재, 정면 5칸, 측면 2칸의 평면으로 겹처마, 팔작지붕 건물로 조성되어 있는데 한국전쟁 당시 소실되어 복원된 것이다.

43) 이에 대해서는 Ⅲ장의 대웅전 설명 참조.

44) 보경사일은 용주사 창건역 당시, 팔도도화주를 맡아 모금뿐만 아니라 불사의 제반 사항을 총괄하였으므로 자신이 잘 아는, 同鄕의 솜씨 좋은 匠人들에게 참여토록 했을 가능성이 높다. 김수현, 「조선후기 범종과 주종장 연구」(홍익대학교대학원 석사학위청구논문, 2008), p.79. 아울러 현륭원의 원당이 설치되었을 뿐만 아니라 현륭원 제향 때 香炭을 바치는 곳이자 용주사의 屬寺로 장흥 보림사가 정해진 바도 보경사일과 관련된 것으로 보인다. 김희태·최인선·양기수 공역, 『역주 보림사 중창기』(장흥문화원, 2001), pp.114~115. 『日省錄』 正祖 16年 5月 25日(壬戌).

45) 「龍珠寺沿革」의 '本寺諸般書畫造作等諸人芳啣'에만 "奇峰堂"이라는 法號가 기록되어 있다. 권상노 편, 앞의 책, p.883.

46) 『日省錄』 正朝14年 10月 6日(癸丑).

47) 『日省錄』 正朝14年 10月 10日(丁巳). 이날 萬謙 역시 표충사 총섭에 차정되었다.

48) 『華城城役儀軌』 卷之三 移文 "甲寅 正月 三十日."

49) 문화재청·(재)불교문화재연구소 編, 『한국의 사찰문화재-경상북도Ⅰ자료집』(2007), p.187 및 p.288; 同編, 『한국의 사찰문화재-경상북도Ⅱ자료집』(2008), p.215; 姜裕文 編, 『慶北五本山古今紀要』(慶北佛敎協會, 昭和12년(1937)) p.37.

50) 문화재청·(재)불교문화재연구소 편(2007), 위의 책, p.209.

51) 『日省錄』 正朝14年 10月 6日(癸丑).

52) 『日省錄』 正朝14年 10月 10日(丁巳).

53) 이밖에 18세기 후반 경상도에서 활동했던 화승 중에도 萬謙이 있어 주목된다. 목수였던 만겸일지, 同名異人일지 단언키 어렵지만 화승 만겸이 참여한 직지사 능여암의 <神衆圖>가 1789년, 부산 摩訶寺의 <現王圖>가 1792년에 조성되었다는 점을 고려해보면, 용주사 창건공역에 참여한 승장 만겸의 활동시기와 무관치 않아 보인다. 기록상의 화승 만겸이 용주사의 만겸과 동일인이라면 그 역시 쾌성과 마찬가지로 경상도 지역 출신으로, 다방면의 능력을 겸비한 '僧匠'이라 하겠다. 국립문화재연구소 편, 앞의 책, 上, pp.637~639.

54) 천왕문의 구체적인 건축년대는 알 수 없으나, 1977년에 건립된 일주문과 같은 시기로 추정된다. 사찰문화연구원, 앞의 책, pp.33~34. 한편, 외삼문 밖의 홍살문은 2008년 6월 24일 복원된 것이다. 용주사 안내문 참조.

55) 『日省錄』 正祖 14年 8月 20日(戊辰) "造泡寺役今幾垂畢基址果好觀瞻亦壯聞晝允植之言樓前廣闊建三門及左右行廊然後可以障蔽前面或於動駕之時且爲人馬容接之所而不能自斷云矣予曰依此爲之之意回報可也"

56) 『日省錄』 正祖 15年 1月 17日(壬辰)

57) 『弘齋全書』 卷55 雜著 「花山龍珠寺奉佛祈福偈」 "寺爲顯隆園齋宮而建也"

58) 조선전기 태종의 명으로 창건된 흥천사나 세조의 명으로 창건된 원각사, 문정왕후의 명으로 창건된 회암사도 이와 같은 조형이었을 가능성이 높지만 모두 현존하지 않아 단언하기는 어렵다.

59) 남양주 흥국사와 돈암동 흥천사의 대방의 평면은 H자형이지만 주불전에서 바라보면 ㅁ자형이다.

60) 폭이 1,580mm여서 궁궐 內殿의 툇마루와 유사하다.

61) 이처럼 주불전 맞은편의 시야를 차단하는 건물군이 ㅁ자형으로 배치되는 것은 용주사에 등장한 이래로 남양주 흥국사를 비롯한 정조대 이후 조성된 근기지역의 왕실원찰에 영향을 준 것으로 보인다.

62) 『詩經』「小雅」 第一 "鹿鳴之什 天保" 詩; 최영은 역주, 『詩經精譯』 上 (좋은땅, 2015) pp.411~414. 신하가 군주를 송축하는 내용이다.

63) 弘齋는 '뜻을 크게 가지라'는 曾子의 가르침으로, 백성을 보살펴야 하는 군주는 세상을 넓게 바라봐야 한다는 뜻이다. 또한, 弘濟는 "널리 구제 한다"라는 의미이다.

64) 정조는 사도세자의 사당과 무덤을 종묘나 왕릉보다 한 단계 위격이 낮게 하라고 하였지만, 현륭원 조성 당시에는 '병풍석 이외의 석물은 광릉 체제를 따르라'고 하였다. 『景慕宮儀軌』 및 『顯隆園園所都監儀軌』 참조.

65) 석루조는 종묘에서도 정전에만 설치되어 있다는 점이 주목된다.

66) 현재 축대의 전면에 화단이 조성되어 있어 잘 인식되지 않고 있다.

67) 조선전기에 조성된 것으로는 양주 회암사지에 설치되었던 것이 남아 있다.

68) 현재, 호성전은 한국전쟁 당시 소실되어 재건된 것으로 알려져 있고 칠성각은 1918년 무렵 크게 수리되었으며, 나유타료와 만수리실도 툇마루가 가설되는 등의 변형이 가해졌고, 명부전은 1884년 조성된 것이므로 여기서는 논의대상에서 제외하였다. 「龍珠寺七星閣 告功式」, 『每日申報』 1914년 11월 25일자, 2면; 사찰문화연구원, 앞의 책, pp.43~80.

69) 몸통은 내부로 돌출되어 있다.

70) 용주사 대웅보전 내부의 별지화를 용주사의 왕실원찰적 요소로 파악하기도 하지만 현무로 보이는 것 외에 학・황룡・주룡 등은 18세기 후반의 사찰에서 대체로 표현되던 것이다.

71) 예컨대 구례 천은사 극락보전(1774년 재건), 강진 백련사 대웅보전(1762년 중창), 영광 불갑사 대웅전(1764년 부분 중수), 나주 불회사 대웅전(1808년 중창) 등의 평면과 장엄요소가 유사하다. 이처럼 호남지역의 주불전과 유사한 바는 호남출신 승장인 문언이 대웅전을 조성한 바와 관련이 있을 것으로 보인다.

72) 『顯隆園園所都監儀軌』 卷二 「賞典」; 『日省錄』 正祖 14年 10月 6日(癸丑) "京石手 都邊首 通政韓時雄 良人崔有土里" 이 두 사람은 화성성역에도 참여하였다. 『華城城役儀軌』 卷四, 工匠條. 그중에서도 한시웅은 1764년 太祖 健元陵 공역에 石手로 일한 이후로, 1864년 垂恩墓, 1786년 文孝世子墓所, 1790년 文禧廟 조성에 모두 석수로 참여한 바가 확인된다.

73) 대웅전의 기단은 현재 전면이 3벌대이고 후면은 외벌대인데, 전면의 제일 아래 단의 장대석은 근래 가공한 것으로 여겨지므로 지대석을 드러내어 외기와 면한 쪽만 다시 쌓은 것이 아닐까 한다.

74) 용주사의 전돌과 기와를 만들었던 장인은 서울의 燔瓦匠 金光孫인데, 역시 현륭원 조성에 참여한 바가 확인된다. 『日省錄』 正祖 14年 10月 6日(癸丑) 및 『顯隆園園所都監儀軌』 匠人條.

75) 2012년 대웅보전 보수공사 이전에 촬영된 사진에는 대웅보전의 양상도회가 없으나, 1920년대 촬영된 사진에는 보이므로, 현재 대웅보전 지붕의 양상도회는 1920년대 이전의 모습으로 복원된 것으로 추정된다. 용주사는 1790년 창건 이후, 1879년(고종 16)과 1900년, 1931년에 중건되었고 1965년에는 대웅보전만 중수되었다. 『承政院日記』 132冊 高宗 16年 11月 15日; 사찰문화연구원, 앞의 책, pp.33~34.

76) 정정남・이혜원, 「의궤에 기록된 건축용어 연구」 『화성학연구』 vol.1 No.2(화성박물관, 2006), p.122.

77) 천장 부재의 형태나 천장 속의 가구재에 단청이 되어 있는 점 등이 판단 근거이다. 『경기도지정문화재 실측조사보고서』 (경기도, 1989), p.308.

78) 현재 아래층의 나무 기둥은 현대 들어 세워진 것으로 보인다.

79) 「水原府邑誌」에 "天保門樓"라 되어 있어 현재 모습이 창건 당시의 현상이라 하기는 어렵다. <표 1> 참조. 한편, 현재 천보루 좌우 협칸에는 室이 구성되어 있으나, 1990년 경기도에서 실측할 당시에는 없었던 것이다.

80) 목조계단은 <東闕圖>에서, 창경궁의 歡慶殿과 景春殿에도 측면에 묘사되어 있으나 현재는 없다. 한국문화재보호협회, 『동궐도』 (1992), pp.152~153.

81) 기록에 보이는 중문 9개 중 4개가 이곳에 조성된 문으로 보인다.

82) 교란형식의 난간은 살대구성이 정면과 측면이 다르게 구성되어 있다. 이밖에, 천보루 위층의 각 칸마다 달린 창문은 현대에 이르러 설치된 것으로 보인다. 국립중앙박물관에 소장되어 있는 천보루 유리원판 사진에는 창문이 없는 모습이기 때문이다.

83) 『日省錄』 正祖 6年 5月 4日(庚子); 正祖 14年 2月 14日(乙丑) 및 5月 9日(己丑).

84) 『明宗實錄』 明宗 4年 9月 8日(甲戌) 및 10月 5日(辛丑); 明宗 5年 8月 19日(庚辰).

3장

남양주 흥국사 만세루방의 변화양상과 의미

Ⅰ. 머리말

도 1. 흥국사 만세루방 전경

경기도 남양주 흥국사는 근대기 畵僧 양성소로 널리 알려져 있다. 넓지 않은 경내에 10여 채의 불전들이 인접해 있는데, 대부분 뛰어난 불화들이 봉안되어 있다.

그러나 실제로 흥국사를 방문하여 가장 먼저 주목하게 되는 바는 주불전의 전면을 가로막은 커다란 건물이다.(도 1) 소위 '大房'이라 하는 이 건물은 전면에서 보면 좌우대칭으로 內樓가 돌출되어 있어, 단정하면서도 권위적인 모습이다. 사찰에서는 현재 '대방'이라 하고 있지만, 이 건물의 내력을 쓴 기문에 '萬歲樓房'이라 되어 있으므로 본고에서는 이를 따르고자 한다.

19세기 들어, 서울·경기지역에서는 주불전 맞은편에 루가 세워지는 자리에 주불전보다 큰 건물이 조성되었는데 그 유형은 조금씩 다르다. 그중에서 흥국사 만세루방은 불길하다는 이유로 기피되었던 H자형이다. 그러나 이 평면을 ㄇ 자형이 전후 대칭으로 조성된 것으로 본다면 사정은 달라진다. ㄇ 자형 평면 역시 좋지 않게 여겨졌지만, 1828년 창덕궁 후원에 조성된 연경당이 이러한 평면이라는 점은 시사하는 바가 크다.

최근 연구결과에 따르면 1828년 창건된 연경당은 의례전용 공간으로 건축된 것이며, 이를 주관한 인물이 효명세자이기 때문이다. 효명세자는 1830년 흥국사 만세루방 건축공사를 허가하였는데, 당시는 조선후기 왕실의 중흥조 덕흥대원군 탄생 3백 주년이 되는 해였다. 따라서 왕실과 흥국사에서는 기념행사를 계획했을 것이고, 만세루방 창건은 그 계획의 일환으로 볼 수 있다.

본고에서는 이러한 가설을 입증하기 위해 흥국사의 연혁을 기록을 통해 정리하고 만세루방의 현상을 살펴 궁궐건축과의 관계를 파악해보고자 한다. 아울러 만세루방의 역사적 추이와 그 의미를 살펴, 조선후기 왕실과 흥국사의 관계 및 19세기 후반 궁궐건축과 만세루방의 관계를 밝혀보고자 한다.

II. 흥국사의 연혁

흥국사는 '덕절' 즉, '德寺'라고도 하는데 德興大院君의 墓寺여서 붙여진 이름이다.[1] 덕흥대원군의 아들인 선조는 자신이 방계혈통이라는 것 때문에 生父의 追崇에 집착한 것으로 알려져 있다. 생부에게 대원군이라는 칭호를 조선왕조 사상 처음으로 부여한데 이어 묘호를 '능'으로 바꾸려 했지만, 신료들의 반대로 실현하지 못하였다. 그럼에도 불구하고 현재 덕흥대원군 묘(경기기념물 제55호)[2] 부근의 지명은 '덕릉마을'이며, 인근의 예비군 훈련소도 '덕릉훈련소'로 불리고 있다. 공식적으로는 '능'이라 칭할 수 없었지만, '능'이라는 입소문이 구전된 결과이다.[3] 흥국사는 덕흥대원군 묘로부터 서북쪽으로 약 400m 떨어진 위치에 있다.[4]

흥국사 관련 자료들은 대부분 19세기의 것인데 宣祖代(r.1567~1608)에서부터 高宗代(r.1863~1907)에 이르기까지 왕실의 후원이 지속된 사실을 담고 있다.[5] 조선후기에는 대부분의 사찰이 紙役이나 산릉역 등을 비롯한 과도한 부역으로 고통을 겪었지만, 흥국사처럼 왕실의 후원을 받아 유지되면서 확장되는 곳도 적지 않았다.[6] 조선왕실이 억불 정책 하에서도 왕과 왕비의 능이나 왕실인사의 묘를 관리하거나 제사를 돕는 사찰을 비롯하여 왕실인사의 위패를 봉안한 사찰, 왕실의 복을 기원하는 사찰 등을 후원하였기 때문이다. 그러나 이러한 사찰에 대한 후원은 지속적인 경우가 거의 없었다. 사찰이 조성될 당시나 어느 한때에 한정하여 잠시 후원하는 경우가 대부분이었다. 더욱이 능이나 원이 아닌 묘, 즉 왕·왕비 혹은 세자·공주가 아닌 인물의 무덤에 부속된 사찰에 왕실이 지속적으로 후원한 바는 매우 드물었기에 흥국사의 연혁에 주목해 보고자 한다.[7]

1. 선조~고종년간

흥국사에 전하는 현판기문과 『櫟山集』, 『興國寺誌』 등을 살펴보면, 흥국사는 599년(신라 眞平王 21) 花郞의 世俗五戒를 지은 圓光法師에 의해 '水落寺'라는 이름으로 창건되었다고 하는데 이후 조선왕조의 宣祖代에 이르기까지 기록은 全無하다.[8] 흥국사의 구체적인 역사는 선조 즉위 이후, 덕흥대원군묘 근처에 願堂이 건립되고 '흥덕사'라 사액되면서 시작된다.[9] 1568년에 덕흥대원군의 願堂이 지어지고 '興德寺'라는 편액이 하사된 것이다.[10] 1626년(인조 4) 들어서는 '興國寺'로 賜額되었다.[11] 이때 역시 선조년간의 사액 때와 마찬가지로 자세한 기록이 전하지 않지만 왕실에서 물적 지원이 있었던 것으로 보인다.[12] 1790년(정조 14)에는 백련사와 함께 公員所로 선정되어 寺格이 높아졌으며[13] 1792년(정조 16)에는 요역을 탕감 받은데 이어 내탕금으로 사찰 전체가 중수되었다.[14] 이러한 정조의 후원에 대해서는 순조의 탄생과 관련이 있는 것으로 해석하기도 한다. 寶鏡獅馹과 城月哲學의 기도로써 순조가 탄생하게 된 것에 대한 報恩的 처사라 보기 때문이다.[15] 이 당시 조성된 佛殿은 大雄殿·冥府殿·說禪堂·寂黙堂·萬歲樓·香閣·正門 등이다. 이때 덕흥대원군의 제각을 설치하고 봄·가을마다 제사를 올리도록 한 것을 보면 당시 불사가 덕흥대원군의 齋寺에 대한 후원 명목으로 이루어졌음을 짐작할 수 있다.[16]

정조년간 조성된 불전들은 대부분 1818년(순조 18)의 화재로 사라지고 만월보전(육면각)과 양로실만 남게 되었다. 이 화재로 인한 피해는 왕실 원찰에 일어난 불행이므로 즉각 왕실에 告知되었을 것이며, 왕실에서는 사친의 묘에 일어난 일이므로 복구 지원을 아끼지 않았을 것으로 보인다. 이를 반증하듯, 1820~1821년 사이에 순조는 기허화상에게 명하여 대웅전과 시왕전을 중건토록 하였다. 또한 1822년 봄에는 왕실의 후원하에 대웅보전에 불상을 개금·봉안하고 『法華經』 7축을 간경하여 낙성연을 벌였다.[17] 여기서 주목되는 바는 공사 완료 후, 『법화경』

을 간행한 것이다. 『법화경』은 참회・추선・정토왕생에 가장 적합하다고 여겨져, 망자 천도를 위해 즉 영산재와 수륙재의 설행을 위해서도 간행되었으므로, 법화경 간행 후의 낙성연은 야외의식으로 봉행되었음을 의미하는 것으로 볼 수 있기 때문이다.[18]

왕실의 후원은 1823년에도 이어져, 순조가 <興國寺>라 쓴 어필과 내탕금을 하사한데 이어, 金彩・金線 등의 불사도 이루어졌다. 그 이듬해인 1824년에도 왕실의 후원으로 화려한 단청불사가 시행되었다.

한편, 1830년에는 대리청정을 하고 있던 효명세자에게 '만세루 터에 요사를 세우려는 계획'을 알리고, 만세루방을 세웠다. 이 계획은 이해 3월이 덕흥대원군 탄생 300주년이라는 점과 관계된 듯하다.[19] 그러나 만세루방 공사는 효명세자의 서거로 중단되었다가 母后인 純元王后의 후원하에 30여 칸 규모로 완성되었다.

1856년(철종 7)에는 은봉대덕이 淸信女 梁氏의 시주로 만월보전을 고쳐지었고[20] 1858년에는 불전과 요사가 퇴락하자 대중 募緣으로 飜瓦불사를 완료했다.

1868년에는 대웅보전 내에 <감로왕도>가 조성 봉안되었고, 이듬해인 1869년에는 흥선대원군 일가 및 상궁 등의 후원으로 만월보전 내에 <석가팔상도>가 조성 봉안되었다.[21]

1870년에는 哲仁王后 김대비와 친정일가의 시주로 시왕전이 중수되었다.[22] 1877년 9월에는 화재가 발생하여 만세루방 30여 칸과 순조대왕의 어필 등이 소실되어 버리자 이듬해인 1878년 봄에 또다시 철인왕후의 시주로 중건 공사가 시작되었다. 그러나 이해 5월 철인왕후가 서거하자 1830년 효명세자 薨逝 당시와 마찬가지로 공사가 중단되었으나, 신정왕후 조대비의 후원으로 이듬해 낙성되었다. 이때 만세루방은 37칸으로 증축되었다.

1879년에는 서울에 거주하는 남자 신도 金相舜의 시주로 만세루 법당의 철물이 새로 단장되었으며, 1888년에는 상궁 신씨의 시주로 대웅전이 중수되고 단청을 새로 칠해졌다. 1892년에는 제암대덕의 모연으로 영산전이 세워졌으며 1904년에는 상궁 최씨의 시주로 각 불전의 기와·도배·장판 등이 새롭게 되었다. 3년 뒤인 1907년 3월에는 궁내부대신 姜在喜(1860~1931)의 후원으로 대웅전의 삼존상이 개금되고 여러 불전들이 중수·번와 되었다.[23]

이상에서 살펴본 바와 같이 왕실에서 후원하여 유지되던 흥국사의 모습은 다음의 글을 통해서도 파악할 수 있다.

> ....우리 절이 그전에는 크게 興旺하여서 자근 大闕이라고도 하엿답니다. 우에서 傳教가 각금 네리시고 尙宮 쏘는 貴族夫人의 彩轎가 絡繹不絶한 까닭이라고요. 이것은 모다 寺域 內에 德興大院君墓所가 잇는 關係로 朝家에서 優禮崇奉하든 餘澤이지요...[24]

위의 글은 안진호화상이 경기도 각 사찰의 寺誌 편찬을 위해 양주지역의 사찰을 순례하던 중 흥국사에 이르러 당시 주지이던 박범화화상과 대담한 내용이다. 이를 통해 흥국사가 덕흥대원군묘의 능침사찰로 조성되어 왕실의 후원을 지속적으로 받아왔고 그 결과 '작은 대궐'이라 불릴 정도로 규모와 격식이 갖추어져 있었으며, 상궁이나 귀부인들의 출입이 잦았던 곳이었음이 알 수 있다.

2. 일제강점기

흥국사는 1907년 고종황제 재위기간까지 황실의 후원을 받았으나, 일제강점기 들어서는 유력한 후원자가 없어 어려움을 겪었다. 사찰의 관리뿐만 아니라 유지까지 모두 흥국사에 주석하던 승려들의 몫이 되었기 때문이다. 다음의 기사내용은 이러한 정황을 잘 보여주고 있다.

> 金君이 스님— 덕절이 참 좃습지요. 建物이 훌륭한 同時에 道場도 퍽은 깨긋허옵디다. 홍— 그것은 모다 現 住持和尙의 苦心한 結晶이라네. 건물이야 曾前부터 잇든 것이지마는 만치 못한 同侔로 道場을 그만치 거두워가기는 썩 어려운 것일세. 그리고 나는 그 절에서 세 가지 感想을 이르켯네. 距今 三十年 前에 잇서 京山 各寺에 이런 말이 流行되엿느니 卽 望月 負木이 告香偈 짓고 덕절 負木이 十王草 낸다고. 그때로 말을 하면 절절이 僧數가 만흘샏 外라 魚會를 하느니 習畵를 하느니 하야, 모든 것이 우리 佛家에 正當한 藝術이다 微妙한 音聲供養이다하야 贊成이 藉藉하엿지마는, 只今이야 負木은 姑捨하고 沙彌僧이나 잇서야 習畵를 하지안켓나. 畵員만키로 유명하든 덕절이 사미승이라고 하나 볼 수 업스니 將來 幀畵佛事에는 아마 古物商에 가서 모서오거나 莫重한 佛母의 責任을 俗人에게 向하야 苟且한 소리를 할 듯하네. 이것은 그래도 僧家에 現狀이라고하겟지마는 各 法堂을 拜觀할 적에 海藏殿에 倒着할 時는 未安한 생각이 적지 안엇네. 그곳에는 彌陀經塔·彌陀經·蓮宗寶鑑 等 淨土事業에 關係 經板을 모서두지안엇든가. 또 그—塔板由緒를 詳考하면 蘗庵和尙께서 指血을 가저 글짜마다 三圍繞三禮拜하고 쓴것일세. 所重이 自別함도 不拘하고 한칸이 될낙말낙한 法堂 안에 各種 經板을 混同雜置할 샏더러 煤塵이 重疊되고 各 法堂 燃燈器具 卽 石油桶 과 람포 等物을 거게다 드려노코 甚至於 門돌저구 까지 빠저 잇는 것을 보왓스니 아마 四生慈父이신 佛陀만 아르시고「一切諸佛從此經出」은 들 생각한모양이데. 또 大房 前面 横閣에 闕內에서 賜送하엿다는 屛風을 보지안엇나 ....御筆이라는 關念이 잇서 그러한지는 모르거니와 우리 眼目에는 그 筆法이 龍蛇飛騰이라 할 수 잇데. 그러한 寶物이 조각조각으로 아모데나 노여잇는 것을 보니 넘어나 寒心하데 梵華스님이 數年以來로 大雄殿 佛糧까지 自擔하여 가면서 그만흔 建物을 獨力으로 看護하느라니 餘暇도 업지마는 海藏殿을 監督하거나 御屛을 保管함에 그다지 큰힘들지 안흘것일세....[25]

이 기사는 1927년 당시의 흥국사 상황을 전하고 있는데, 필자 안진호화상이 언급한 3가지 감상 중 2가지는 현재 흥국사 현황과 달라 주의를 요한다.[26] 이중, 불교건축과 관련하여 주목되는 바는 경판을 보관한 '海藏殿'이 있었고 대방 즉 만세루방 앞에 연지가 조성되어 있었다는 점이다. 위의 인용문에 따르면 해장전은 <미

타경탑>・<미타경>・<연종보감> 등 정토 관계 경판이 보관되어 있는 한 칸 규모의 건물로, 대웅보전 뒤편에 자리하였다는 것이다. 이 작은 불전에 경판뿐만 아니라 연등이나, 남포등물도 함께 둔 데다, 출입문 경첩마저 빠져버려, 경판 보관상태가 심각하다고 하였다. 동 저자가 편집한 『흥국사지』에도 경판은 해장전에 봉안되어 있다고 하였지만, 현재 대웅보전 뒤편에는 독성각과 칠성각・만월보전 등이 자리하고 있을 뿐, 해장전의 자취는 찾을 수 없다.[27] 안진호화상이 직접 방문하고 쓴 기록이라 오류라 보기는 어렵지만, 건물 흔적은 파악되지 않는다. 2회로 나뉘어 수록된 이 기사는 전반부에 "큰방 전면에 연지"가 있다고 되어 있다.[28] 그러나 현재 흥국사 경내에는 연지나 연지의 흔적은 보이지 않는다.[29]

한편, 1940년에 이르러서는 박범화화상의 사유재산 희사로 만일회가 결성되었다. 이로써 도량을 정비하고 건물을 수리하였는데 만세루방이 염불당으로 쓰인 것은 이 무렵부터라 할 수 있다.[30] 그리고 이때, 1927년 당시 안진호화상과의 대담에서 박범화화상이 언급한 흥국사의 문제점도 극복되었다.[31] 비록 물과 돌이 없는 환경적 요인은 해결하지 못했지만, 재원이 없어서 염불원・강원・선원을 두지 못하는 점과, 인근의 삼림이 덕흥대원군家의 것이어서 손도 못 댄다는 문제를 자신의 재산희사로 해결하여, 그동안 염원했던 만일회를 개최하였던 것이다.

이상에서 살펴본 흥국사의 연혁을 정리하면 표 1과 같다.

〈표 1〉 흥국사의 연혁

시기	내용	전거	후원자
1568년 (선조 원)	덕흥대원군 원당 건립 '興德寺' 라 賜額	「興國寺寺蹟」	宣祖
1624년 (인조 4)	'興國'이라 사액	「興國寺大雄殿重建及佛像改金記文」	仁祖
1792년 (정조 16)	불전과 승사 보수, 증축	〃	正祖
1793년 (정조 17)	왕명으로 중수	「興國寺寺蹟」	〃

시기	내용	전거	후원자
1821년 (순조 21) ~ 1822년 (순조 22)	대웅전, 시왕전, 대방료 낙성 『法華經』 7축 간행	〃	純祖
	어필 <흥국사> 하사 명부전・대웅보전 중건 및 단청 金彩・金線 불사 조각 새긴 그릇 하사	「興國寺大雄殿重建及佛像改金記文」 <楊洲水落山興國寺法堂丹靑記文>	〃
1830년 (순조 30)	만세루 터에 요사 짓고 '만세루방'이라 명명	「興國寺萬歲樓房重建記功文」	孝明世子/ 王室
1856년 (철종 7년)	만월보전 개건	「興國寺寺蹟」	淸信女 梁氏
1858년 (철종 9)	불전과 요사 飜瓦	〃	
1868년 (고종 5)	대웅전 내 <감로왕도> 조성	<감로왕도> 畵記	
1869년 (고종 6)	만월전 내 <석가팔상도> 조성	<석가팔상도> 畵記	興宣大院君 一家
1870년 (고종 7)	시왕전 중수 만세루방과 순조 어필 燒失	<興國寺十王殿重修記> <楊洲水落山興國寺十王殿重修記>	哲仁王后와 친정 일가
1878년 (고종 15)	소실된 불전 중건 만세루방 37칸으로 중창	「興國寺寺蹟」	趙大妃
1879년 (고종 16)	만세루방 철물 새로 단장	〃	서울 거주자 金相舜
1888년 (고종 25)	대웅전 중수, 단청	〃	尙宮 申氏
1892년 (고종 29)	영산전 창건	〃	濟庵大德 모연
1904년 (제국8)	각 불전의 기와, 도배, 장판 바꿈	〃	尙宮 崔氏
1907년 (제국10) (순종 1)	대웅전 삼존상 개금, 불전 중수・번와	「興國寺寺蹟」 「興國寺佛像改金與飜瓦重修記文」	姜在希
1940년	萬日會 결성	『韓國寺刹全書』下	朴梵華和尙

Ⅲ. 만세루방과 궁궐 침전

1. 만세루방의 현상

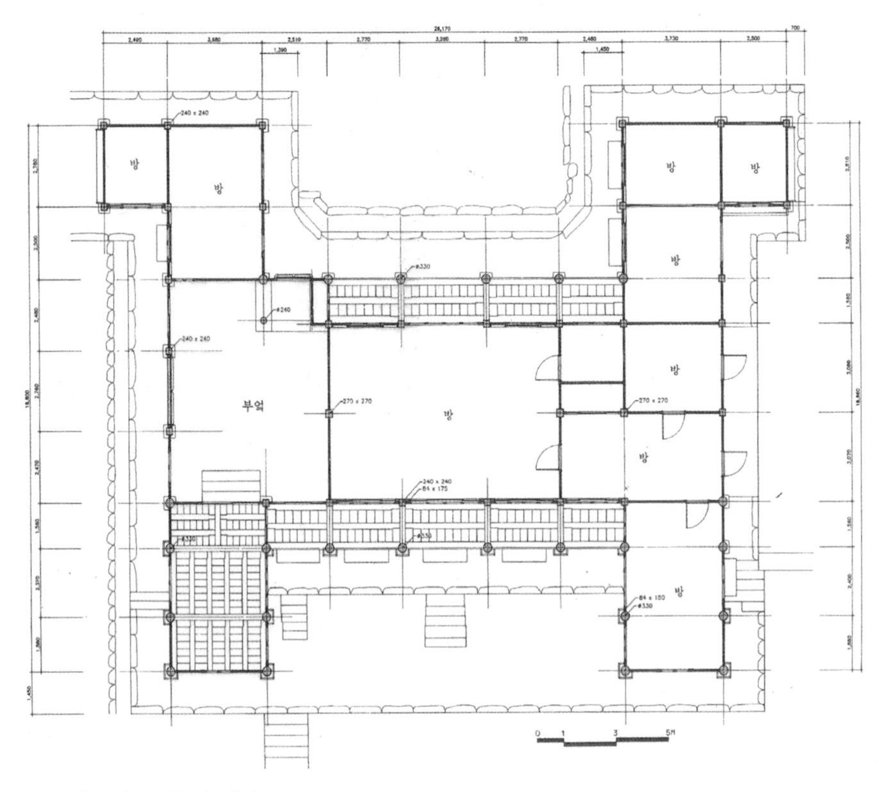

도 2. 흥국사 만세루방 평면도 (『경기도지정문화재실측조사보고서』,1996,인용)

흥국사 만세루방은 정면 7칸 측면 8칸의 H자형 평면 건물이다.[32](도 2) 경사진 대지에 자리하고 있어 전면에서는 이중기단 위에, 후면에서는 단층기단 위에 서 있는 모습이다. 전면 기단은 다듬은 장대석이 아래로 4벌대, 그 위로 4벌대로 구성되어 있어 장중한 인상을 더하고 있다.(도 1)

평면을 살펴보면 정면 5칸 · 측면 3칸의 一자형에, 정면 1칸 · 측면 7칸의 ㄱ자형 평면이 좌우대칭으로 결합되어, 각 면마다 다른 모습이다.(도 3) 좌우대칭을 이루며 전면으로 돌출된 內樓는 아랫부분의 석조기둥과 함께 권위적인 모습이다.

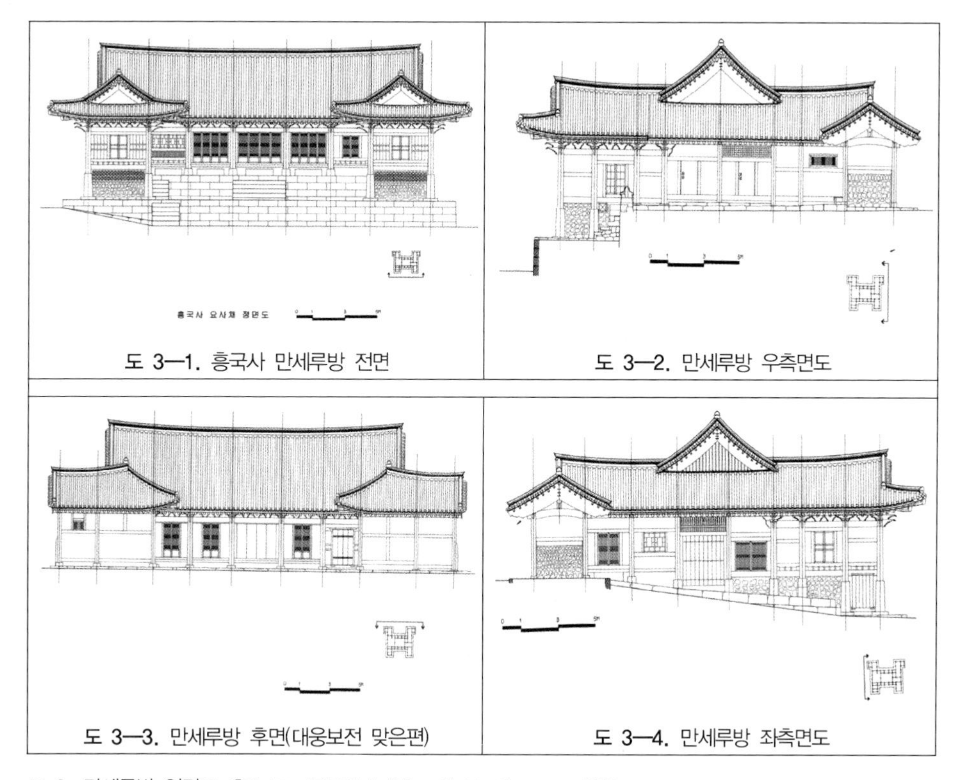

도 3—1. 흥국사 만세루방 전면

도 3—2. 만세루방 우측면도

도 3—3. 만세루방 후면(대웅보전 맞은편)

도 3—4. 만세루방 좌측면도

도 3. 만세루방 입면도 (『경기도 지정문화재 실측 조사 보고서』, 1996, 인용)

후면은 주불전인 대웅보전과 마주하고 있는데, ┏자형 부분의 돌출 부분은 벽으로 조성되고 좌우대칭을 이루면서 마주하는 면에는 두 짝 출입문이 나 있다. 一자형 평면 부분은 현재 고정된 유리창과 유리문이 가설되어 있다.(도3-3)

좌우측면은 ┏자형 부분에 해당하는데, 각기 구성이 다르다. 좌측은 6칸에 부엌이 조성되어 있었기 때문인지 기둥 열이 우측과 일치하지 않는다. 좌측 내루는 마루로 되어 있었으나 현재는 방으로 개조되어 있다. 우측은 내루를 포함해 모두 방으로 조성되어 있다. (도3-2, 도3-4)

1995년 실측조사 당시의 평면도를 살펴보면 一자형 부분에서 6칸 규모의 중앙부는 방으로 되어 있고, 전면으로는 5칸이, 후면으로는 4칸이 툇마루로 구성되어 있었다.(도 2) 전면의 내루는 향우측만 방으로 개조되어 있었다. 그러나 1998년, 부엌・6칸의 통칸・내루・툇마루 등으로 나뉘어 있던 공간이 통합되어 큰 방으로 개조된 이후, 좌측 내루에는 신중단이 조성되어 있다. 2010년 현재 만세루방은 설법전으로 활용되고 있다.[33)]

지붕구성은 배면의 대웅보전과 마주하는 쪽은 맞배지붕이나, 나머지 면은 팔작지붕에 겹처마 형식이다. 벽과 창호구성은 一자형 부분의 전면은 4짝 띠살분합문으로, 내루의 전면은 판장문과 판벽으로 구성되어 있다. 판벽은 방재를 이중으로 가로질러 크게 상하로 나누고 방재 사이에 작은 면을 두어 총 3면으로 되어 있다. 판재는 방재의 안쪽에서 수직으로 끼워져 있다.

내루의 창호는 좌우가 다르다. 좌측 내루의 우측은 전면 쪽으로 2짝・대방 쪽으로 4짝의 유리문이 끼워져 있고, 내루 뒤 칸에 해당하는 위치에 판장문이 달려있지만 판자로 막아 놓았다. 내루 아랫부분은 장대석 기둥 사이를 화방벽으로 막고 좌측에 판장문을 달아 보일러실로 쓰고 있다. 우측 내루의 좌측면은 전면 쪽으로 3칸과 그 뒤 칸의 4칸에 띠살 분합문이 달려 있다. 우측 내루의 우측면 앞 칸은 회벽인데, 뒤 칸은 가운데에 2짝의 정자살 미닫이창이 달려 있다.(도 3-1)

후면과 좌우측면의 창호는 1995년도의 실측도면과는 차이를 보인다. 가장 큰 변화를 보이는 곳은 후면의 중앙 부분이다. 기존의 벽체와 창호를 철거 후 벽체가 가설되지 않았던 퇴칸 전면에 통유리창과 유리미서기문을 달았기 때문이다.(도 3-3)

좌측면의 벽과 창호를 1995년도의 실측도면과 비교해 보면 창문이 달려 있던 곳은 판장으로 막았지만 문이 있던 곳은 그대로 두어, 부엌 출입문이던 판장문과 그 위의 홍살은 남아 있다.[34] 또 외부에서 방으로 통하는 문도 그대로 남아 있는데, 후면 쪽으로 돌출된 부분의 외부와 면하는 부분에는 4짝 띠살여닫이문이, 이와 직교하면서 연결되는 부분에는 2짝 띠살여닫이문이 달려 있으나 그 옆 벽면에 나 있는 두 짝의 미닫이창은 판자로 막아놓았다.(도 3-4)

한편, 우측면의 창호구성은 다른 면과 차이가 있다. 一자형과 연결되는 두 칸은 가로로 이등분된 다음 다시 세로로 3등분되어 가운데 면에만 외짝 여닫이문이 달려 있었고 이 두 칸 중에서 후면 쪽에는 가로로 이등분되어 위쪽으로 교창이 설치되어 있었으나, 현재는 두 짝 미닫이문만 달려 있는 모습이다. 이 칸과 연접하여 후면 쪽으로 돌출된 방과 직교하는 두 칸도 벽면이 상하로 양분되었는데 문이 설치되지 않아 방재의 높이는 면의 중앙 부분에 위치한다. 이중 뒤 칸에 해당하는 면에는 방재의 윗부분에 벼락닫이창이 달려 있다. 후면으로 돌출된 부분 뒷면에 해당하는 칸의 중앙에 2짝 띠살여닫이문이 달려있고 나머지는 회벽으로 처리되어 있다. 창호 위쪽에는 모두 벽화가 그려져 있다.[35](도 3-2)

기둥은 전면과 후면의 가운데 5칸과 정면 좌우로 돌출된 내루 부분에만 원형이 쓰였다.(도 2) 가구는 2고주 7량가로 구성되고 종도리에 운룡이 그려져 있지만 현재는 반자를 치고 벽지를 발라 볼 수 없다.[36]

공포는 전·후면의 一자형 부분과 내루 부분에만 이익공 살미가 결구되어 있고 나머지 부분은 민도리이다.[37] 익공의 외부는 연꽃이나 연봉장식이 없는 수서형 살미인데, 내부에서는 보아지로 구성되어 있다. 기둥과 기둥 사이에는 창방 위로 화반이 일정한 간격으로 놓이고 화반에는 소로를 끼우고 다시 운공을 결구하여 입면에 율동감을 주고 있다.

내부에는 큰방과 부엌·내루·작은방 등을 구획하던 기둥이 남아 있어 원래의 공간을 가늠해 볼 수 있다. 부엌이 있던 자리에는 <석가팔상도>와 관음보살상을 봉안한 불단이 마련되어 있다.[38]

2. 만세루방과 궁궐침전

만세루방은 38칸, 68.5평에 달해, 주불전인 대웅보전을 압도하고 있다.[39] 이처럼 주불전 맞은편에 위치한 대방이 주불전 보다 크게 조성되는 것은 19세기 중반 이후 중수·중창되는 한양 도성 인근 사찰의 일반적인 경향이다.[40] 그런데 만세루방은 일반적인 대방건축에 비해 규모가 클 뿐만 아니라 기단·석주·내루·중앙부의 통칸·이익공 등의 조성이 19세기 중반 이후 조영된 궁궐침전과 매우 유사하다.[41] 19세기 들어 조성된 근기지역 사찰의 대방에서도 다듬은 석재와 내루의 존재가 확인되지만 만세루방처럼 세부적인 모습까지 유사한 경우는 드물다. 이 장에서는 만세루방과 궁궐침전의 건축형식을 비교해 보고자 한다.

1) 기단

여러 벌의 다듬은 장대석 기단은 궁궐건축의 일반적 요소이다. 몇 벌대 기단을 쌓는 가로 건물 주인의 위계를 가늠할 수 있을 정도로, 기단의 높이는 건물의 위계와 관계가 있다. 만세루방은 경사진 지형으로 인해 기단이 이중으로 조성되어 있는데 아랫단은 4벌대, 윗단은 3벌대로 구성되어 있다. 궁궐침전에서는 조대비를 위해 1888년 다시 지은 경복궁 자경전이 4벌대로, 후궁들을 위해 지은 경복궁 집경당과 함화당은 3벌대로 조성되어 있어 참고가 된다.(도 4, 기단)

2) 內樓

일반적으로 '내루'는 궁궐이나 주택에 조영되며, 좌우대칭의 장엄한 균제미를 보여주는 조형요소이다. 만세루방에도 잘 다듬은 장대석 초석 위에 기둥을 세우고 삼면으로 창문을 내, 주변 경관을 조망할 수 있는 '내루'가 조성되어 있다.(도 4, 내루)

내루는 '다락'이라고도 하는데 조선 초기부터 궁궐에 조성되었던 것으로 추정되며 조선후기로 갈수록 루(정)건축이 보편화되면서 더욱 증가한 것으로 보인다.[42] 그러나 사찰에서는 대체로 장대한 루가 별도로 조성되므로 내루를 특별히 조성할 필요가 없었기 때문인지, 조성 사례를 찾기 어렵다. 따라서 만세루방에 내루가 조성된 것은 불교계 내적 요인에 의한 것이라기보다는 외적 요인에 의한 것으로 볼 수 있다.

도 4. 만세루방과 자경전 건축요소 비교

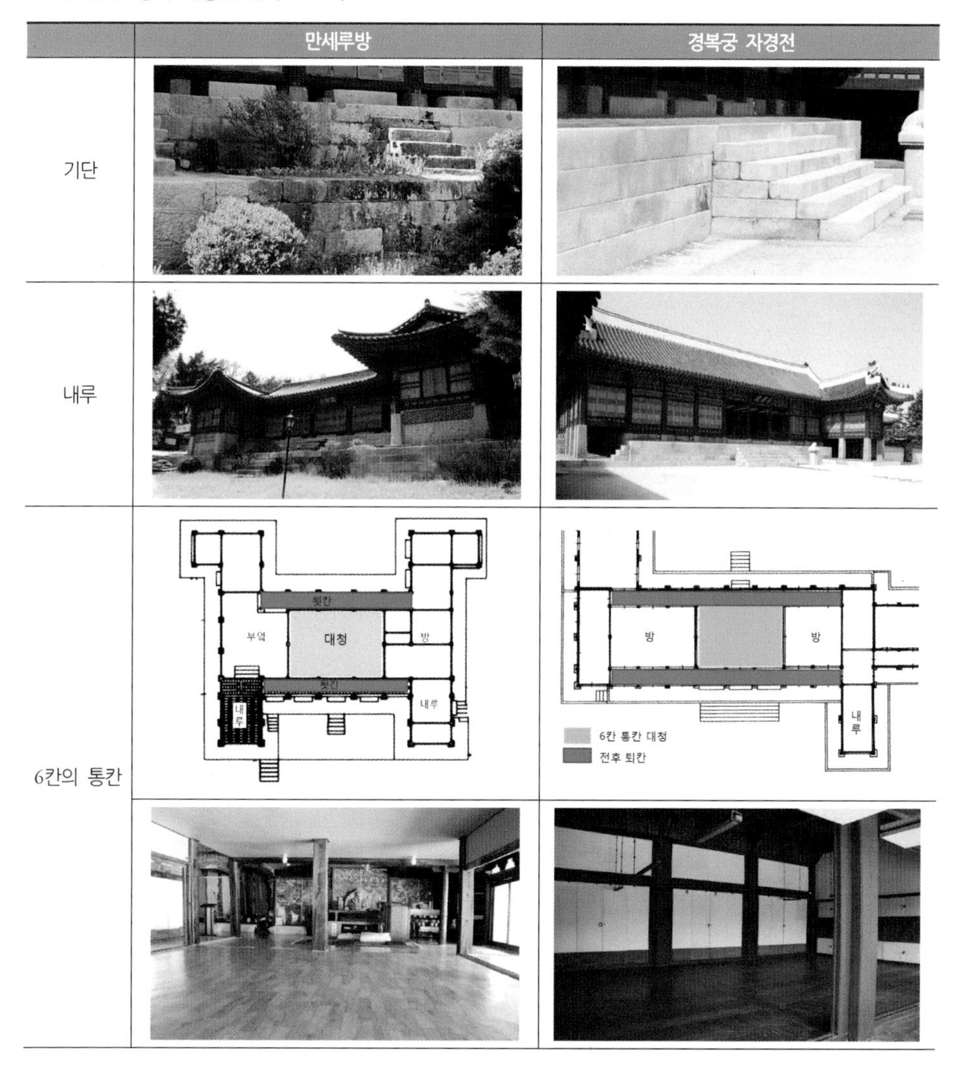

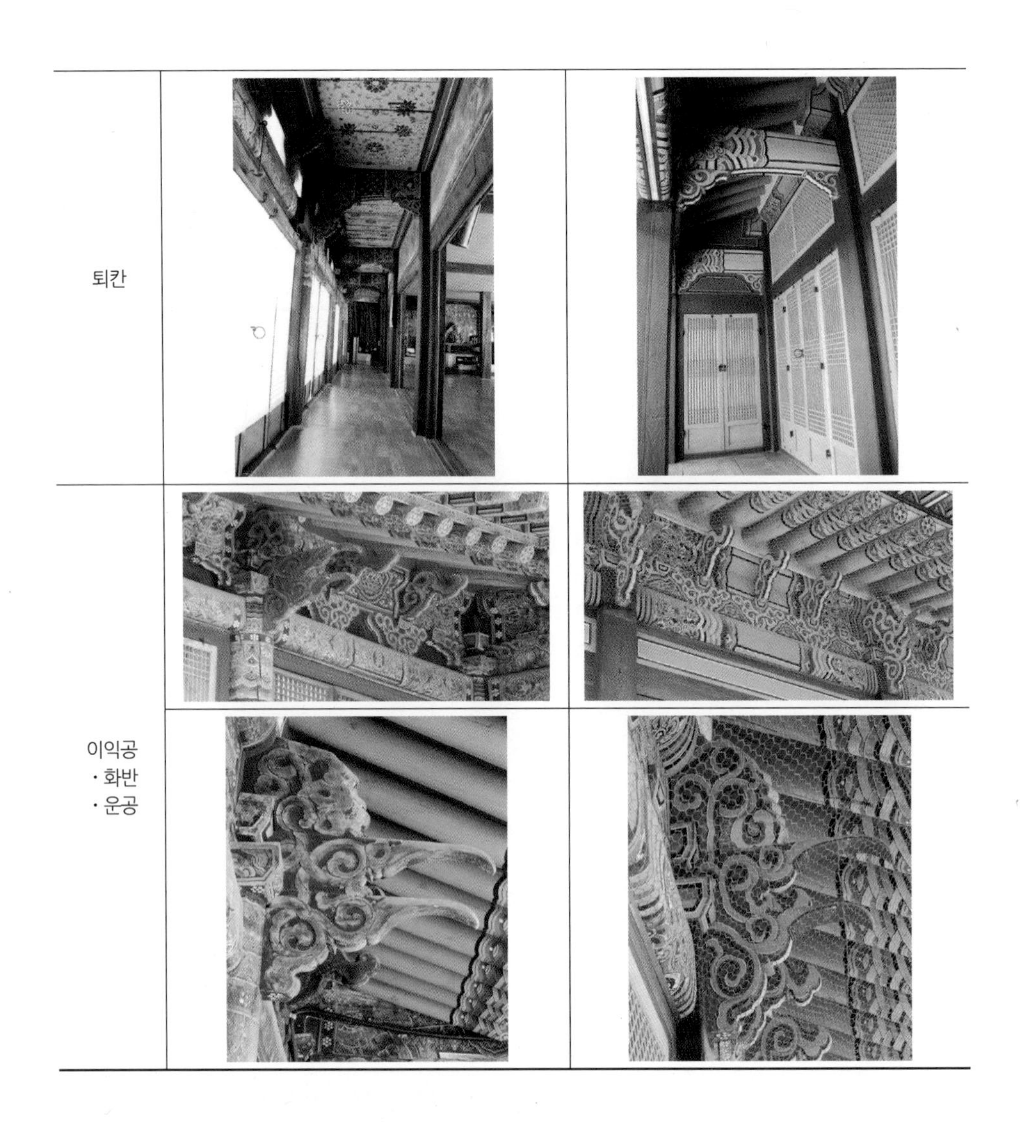

19세기 중반 조성되는 건물 중 궁궐침전은 물론, 주택에도 내루가 조성되므로 내루 조성은 당시 건축계의 보편적 현상이 아니었을까 한다. 특히, 주택에서는 조선후기로 갈수록 사랑문화의 발달로 사랑채에 내루 가설이 증가하여 상류층 가옥뿐만 아니라 중인들의 가옥에도 조성될 정도였다.[43]

도 5—1. <동궐도>의 연영합

도 5—2. <동궐도>의 천석정

1830년 이전, 궁궐 내루 조성 예는 <동궐도>에서 확인된다.[44] 창덕궁 延英閤과 후원의 주합루 오른쪽에 그려진 千石亭 등이 내루가 조성되어 있는 모습으로 그려져 있다.[45](도 5—1, 도 5—2) 이들은 모두 현존하지 않지만, 방과 연접하여 내루가 조성되어 있던 19세기 초반 당시의 궁궐건축 모습을 잘 보여주고 있다.

현존하는 궁궐 건물 중에서는 경복궁의 강녕전과 교태전, 창덕궁 후원의 연경당 본채 좌우측면에 내루가 연접되어 있으며, 창덕궁 낙선재와 경복궁 자경전·집경당·함화당 등에는 만세루방과 마찬가지로 내루가 전면으로 돌출되어 있다.[46] 이러한 양상을 통해 흥국사 만세루방의 내루는 19세기 당시 궁궐침전에 보편적으로 조성되던 내루 조성 경향과 그 건축형식을 수용한 결과라 할 수 있다.

3) 어칸의 통칸 구성 및 좌우대칭

만세루방은 앞에서 보면 정면 7칸 측면 7칸이지만 뒤에서 보면 정면 9칸 정면 7칸이나 되는 장대한 모습이다.(도 3) 불교 사찰에서 만세루방과 같은 장대한 불교건축은 고대 이후로는 거의 조성된 바가 없다.[47] 그런데 만세루방처럼 정면의 칸수가 넓으면서 장대한 건물은 이 시대 궁궐건축에서 확인된다. 경복궁 침전인 강녕전 및 교태전, 창덕궁 침전인 대조전, 창경궁 침전인 통명전 등은 모두 19세기 들어 정면이 8~11칸, 측면이 4~6칸에 이르는 장대한 규모로 조성되었다. 또한 19세기 들어 조성된 경복궁 수정전이나 종친부건물과 같은 관청 건물 역시 정면이 7칸~10칸, 측면이 4칸에 이르는 장대한 규모이다.[48] 더구나 이들은 모두 중앙 부분이, 4칸 혹은 6칸의 통칸 마루(6간대청)로 구성되어 있다. 이러한 공간구성은 만세루방에서도 확인된다. 중앙 부분인 6칸이 기둥이 배치되지 않은 통칸이며, 전후로는 퇴칸이 구성되어 있다.(도 4, 6칸의 통칸 평면도) 현재 이 6칸의 통칸은 퇴칸과 더불어 방으로 개조되어 있지만, 1998년 이 건물의 내부 개조 전에는 대청이었을 것으로 보인다.

4) 퇴칸

퇴칸이란 '주칸에 툇기둥을 세우고 지붕처마를 길게 내어, 형성된 반칸 이하의 공간'으로, 차양처럼 지붕처마를 길게 내어 햇빛을 조절하기 위해 고안된 것이라 할 수 있다. 조선시대 들어서는 퇴칸의 기능이 보다 발전되고 보편화된다. 현존하는 조선시대 건축에서 퇴칸은 방과 방 사이의 연결통로나 방과 마당을 연결하는 轉移空間으로 사용되었음이 확인된다. 즉 창호의 발달과 더불어 방과 방, 방과 마당의 연결이 보다 긴밀해짐에 따라 발달한 것으로 추정된다.[49]

궁궐 침전에서는 대청 좌우로 방을 배치하였고, 방의 앞뒤와 좌우로 퇴칸을 두었다.[50] 이렇게 형성되어 있는 퇴칸은 모두 마루가 깔려 있어 복도로 활용되었다. 만세루방에도 중앙一자형 부분의 앞뒤로 퇴칸이 조성되고 마루가 깔려 있었다.(도 4, 퇴칸) 궁궐침전에는 퇴칸과 실내공간을 나누는 벽에 조성된 출입문 위로 광창이 마련되어 있는데 만세루방에는 벽이 형성되어 있다. 1976년 벽화를 그릴 당시 개조된 것으로 보인다.

한편, 만세루방 퇴칸의 폭은 약 1.54m인데, 궁궐 침전 역시 이와 유사한 수치로 조성된 바가 확인된다.[51]

5) 포의 구성 ; 이익공・화반・운공

만세루방의 공포는 앞뒷면의 퇴칸과 좌우측면 내루에만 결구되어 있다. 모두 2익공이며 창방 위에 화반을 조립하고 여기에 다시 소로수장을 하고 운공을 결구하였다.(도 5, 이익공・화반・운공) 이와 유사한 모습을 경복궁에서는 강녕전・자경전・수정전, 창덕궁에서는 희정당・대조전, 창경궁에서는 통명전 등에서 확인할 수 있다. 따라서 얇고 평평한 익공이 화반 및 몰익공과 결구되는 방식이나 형태가, 궁궐침전과 거의 동일하다는 것은 만세루방이 궁궐침전 형식으로 지어졌음을 시사고 있다.

Ⅳ. 만세루방의 변화양상과 의미

앞에서 살펴본 바와 같이 만세루방은 순조를 대신하여 정사를 돌보던 효명세자(익종 추존)의 허락과 왕실의 지원으로 지어진 건물이다. 당시 지어진 모습을 명확히 알 수는 없으나, 기록을 통해 창건 당시는 30여 칸, 화재 후 재건되면서는 37칸으로 증축되고 이 과정에서 건물의 명칭도 바뀌었다는 것을 알 수 있었다. 이번 장에서는 이러한 사실에 주목하여 그 변화상과 의미를 추론해보고자 한다.

1. 만세루방의 추이

1) 만세루방

만세루방이 세워지기 전, 만세루방 자리에는 정조년간 지어진 만세루가 자리하고 있었다. 그러나 1818년 소실되어 10여 년간 터만 남아 있다가 1830년 들어, 만세루에 방을 들이는 이른바 '만세루방' 건축계획을 효명세자에게 알려 허락을 받았다.[52] 이 공사 진행되는 도중 효명세자가 서거하여 중단되었다가 어머니 순원왕후의 지원을 받아 30여 칸으로 완성되었다는 것은 앞에서 살펴보았다. 만세루에서 만세루방으로의 변화에 있어 가장 먼저 염두에 두어야 할 것은 1830년이라는 해이다. 연혁에서 살펴보았듯, 이 해는 덕흥대원군 탄생 3백 주년이 되는 해였다. 따라서 왕실주관으로 이를 기념하는 제사를 올렸음은 물론이고 그 후손들 역시 기념행사를 했을 것이다. 그렇다면 덕흥대원군의 齋寺인 흥국사에서 이 일을 간과했을 리 만무하다. 그리고 그 기념은 단순히 祭享을 봉행하는 차원이 아니라 보다 적극적으로 진행하고자 했을 것이다. 이렇게 되면 1818년 소실 후 오랫동안 빈터로 남아 있게 된 이유와 1830년이라는 건축년대는 이해가 된다. 그런데 소실되기 전에 루가 조성되어 있었던 위치에, 일반적인 사찰에서도 대부분 루가 조성되던 위치에, 방과 루를 결합하여 지은 이유는 무엇일까? 그것은 아마도 당시, 흥국사에 새로운 기능을 수용할 공간이 필요해졌기 때문이 아닐까 한다.

도 6—1. 흥국사 감로왕도
(『한국의 불화33-봉선사 본말사편』 인용)

도 6—2. 흥국사 감로왕도 세부 — 만세루부분
(『한국의 불화33-봉선사 본말사편』 인용)

만세루방의 공간구성과 기능을 고려할 때 간과할 수 없는 자료는 현재 대웅보전 내에 봉안되어 있는 <감로왕도>이다.(도 6-1) 1868년(고종 5) 제작 봉안된 이 그림은 이전 시대의 감로왕도에 비해 의식장면이 확대되고 시정 풍속이 묘사되어 있어 주목된다.53)

여기서는 특히 좌측 중간 부분에 건물이 그려져 있고, 그 편액이 '만세루'라는 점을 주목해 보고자 한다.(도 6—2) 그림 속의 만세루는 팔작지붕에 다포형식으로 결구되어 있고 기둥 밖으로 난간이 둘러져 있는데, 기둥 사이로 앉아 있는 사람들이 건물 밖에서 봉행되는 재를 바라보고 있는 모습이다.54) 사람들 뒤로 문이 묘사된 것을 보면 사람들이 앉아 있는 곳이 내루이거나 툇마루라는 것을 짐작할 수 있다. 그리고 난간 아래로 표현된 기단이 자세하게 묘사되지는 않았지만, 다듬은 돌로 보인다. 따라서 <흥국사 감로왕도>에 묘사된 만세루는 1830년 조성된 만세루방을 묘사한 것으로 볼 수 있다.55) 만세루방은 전면뿐만 아니라 후면도 좌우 측이 돌출되어 있어 H자형 평면을 이루고 있다. H자형은 앞에서도 살펴보았듯이, ㄱ 자형이 전후 대칭으로 형성된 것으로 볼 수 있다.

도 7. 1828년 <동궐도>상의 연경당,
(『동궐도』, 한국문화재보호재단,1991, 인용)

도 8. 연경당의 왕실극장 추정도
(『동아일보』 2008년 2월 28일자 기사 인용)

┌┐자형 평면은 <동궐도>상의 창덕궁 연경당에서도 확인된다.[56] 최근 연구결과, 1828년의 연경당은 의례공간으로 창건되었다는 것이 밝혀졌다.[57] 연경당 평면이 ┌┐자형인 것은 공연에 적합한 공간으로 계획된 결과이며[58](도 7) 건물이 좌우로 돌출된 것은 중앙의 마당에서 공연이 펼쳐지면 건물 내부에서 바라볼 수 있게 하기 위해서였다는 것이다.(도 8) 따라서 덕흥대원군 탄생 3백 주년 기념행사를 봉행하고 이를 참관하는 왕실인사들을 위해, <흥국사감로왕도>에 묘사된 바와 같이, 만세루방을 ┌┐자형으로 조성하게 한으로 추정해 볼 수 있다.

2) 大房(寮)

만세루방은 1830년에 지어졌으나 1877년 화재로 전소되고 말았다. 이듬해 철인왕후 친정 일가의 후원으로 재건되던 중 철인왕후의 서거로 공사가 중단되었다가 신정왕후 조대비의 후원으로 공사가 완료되었다. 이때 37칸으로 확장되었다.[59]

그런데 1920년대 후반 흥국사 자료가 정리되고 기록될 당시에는 만세루방이 대방(료)으로 인식되고 있었다.[60] 언제부터 '만세루방'이라는 용어를 사용하지 않게 된 것인지, 그 이유는 무엇인지, 30여 칸에서 7칸이나 증가된 이유 등에 대해서는 자료가 전하지 않아 명확히 알 수 없다. 다만 이렇게 증축된 이후, 현재에 이르기까지 큰 변화는 없었던 것으로 보이므로 1878년 중건 모습이 현재 건물의 근간이라 할 수 있다. 그리고 이 모습은 앞장에서 살펴본 바와 같이 궁궐 침전과 매우 유사하다.[61] 그렇다면 확장된 부분이 어디인가 하는 문제가 남는다. 기록은 없지만 만세루방의 현상을 기준으로 보면, 대웅보전의 전면과 마주하고 있는, 만세루방 후면에서 ┐자와 ┌자로 마주하고 있는 방들로 추정된다. 이 부분은 전면에 비해 높이가 낮고 맞배지붕으로 조성되었으며 문도 띠살창호여서 검박한 모습이다. 좌우로 3칸씩 방이 조성되어 있는데 방은 외부에서 출입할 수 있는 방과 내부로 출입할 수 있는 방으로 나뉘어져 있다. 이러한 출입형식은 흥국사가 공원소여서 관리들이 출입하는 곳인 동시에 왕실발원 기도를 대행하는 상궁들도 출입하는 곳이라는 점이 작용한 결과가 아닐까 한다.

한편, 만세루방이 대방으로 인식된 데에는 말 그대로 커다란 방이 조성되어 있었기 때문이 아닐까? 그리고 여기에 부엌이나 방과 같은 생활공간이 부가되어 있기에 요사채라는 의미가 더해져 대방료라 했던 것이 아닐까 한다.

3) 만일염불회당(염불당)

지금까지 살펴본 바에 따르면, 만세루방이 염불당 용도로 창건되지 않았음은 분명하다. 그럼에도 불구하고 19세기 들어 조선 불교계에 염불신앙이 성행되었다는 사실만으로, 근기지역 사찰에 萬一念佛會가 결성되고 그 공간으로 염불당이 조성되었으며 흥국사도 그러한 양상을 따른 것으로 여겨지고 있다.[62] 그러나 만세루방 유형의 건물이 세워져 있는 근기지역의 사찰을 살펴보면 대체로 20세기 이후 만일염불회가 결성되었음이 확인된다. 그 내용을 정리해 보면 다음의 표와 같다.[63]

표 2. 서울 · 경기지역의 만일염불회

시기	사명 및 만일회명	전거
1904년	경기도 고양 흥국사 만일회	「漢美山興國寺萬日會碑記」 『韓國佛敎最近世百年史』 제1책, 法式本寺
1910년 12월	서울 화계사 만일회	「三角山華溪寺萬一會創設記」 『韓國佛敎最近世百年史』 제1책, 法式本寺
1912년 2월	서울 봉원사 만일회	『朝鮮佛敎月報』 2호, 1911년
1912년 4월	서울 개운사 만일회	〃 「萬日會創立主淸信女李氏寶蓮行頌德碑」
1913년	경기도 파주 보광사만일회	「京畿道楊洲郡白石面古靈山普光寺念佛堂重修施主名付錄」 『朝鮮佛敎 月報』 17호,

시기	사명 및 만일회명	전거
1925년	경기도 의정부 망월사 만일참선결사	「万日参禪結社會創立記」 『龍城禪師語錄』 卷下
1939년 2월	서울 소림사 만일염불회	『佛教時報』 37호, 1938
1940년 7월	남양주 흥국사 만일회	『韓國寺剎全書』, 1940
1941년 1월	서울 봉은사 만일염불회	『佛教時報』 66호, 1941

위의 <표 2>에 정리되어 있는 사찰에는 대체로 만일회 결성 이전에 만세루방 유형의 건물이 조성되어 있었다. 만세루방 유형의 건물이 만일회당 용도로 지어지지 않았지만 만일회 장소로 활용되었던 것으로 보인하다. 다음의 기사는 이러한 내용을 잘 전해주고 있다.

… 이 노승은 구한말 고종황제 계비 엄비의 청에 따라 쓰러져 가는 왕가의 안녕과 아드님 英親王 李垠씨의 평안을 올리는 '萬日祈禱會'(약 28년간)를 주관했던 前 興國寺 주지 海松(91)스님. 嚴妃가 유례 드문 이 기나긴 불공을 결심한 것은 英親王이 8살 나던 1904년 가을. …일제의 마수에서 사랑하는 아드님을 지키려는 모성애에서였다. 이 길고도 어려운 불공을 주관해 줄 스님을 찾던 엄비는 때마침 금강산 건봉사에 들어가 10년을 수도, 楞嚴經에서 華嚴經까지 통달한 海松(당시 29세, 본명 全孝烈)이란 스님이 진관사에 있다는 소식을 듣자 해송을 1천3백 년 전 원효대사가 창건한 홍국사 주지로 앉히고 약사전 앞 미타전을 25칸으로 증축, 그해 11월부터 장장 28년에 걸친 대기도회를 시작했다.

봄여름 없이 매일 새벽 인(寅)시에 일어나 漢美山 기슭 바위틈의 맑고 찬 석간수에 목욕재계한 기도승 7명이 彌陀殿 넓은 방에 향과 촛불을 밝히고 재단 아래 가부좌(跏趺坐)하고 '나무아미타불'을 하루 1만 번씩 합송했다. 嚴妃는 손수 기도에 참석하지는 않았으나 張妙心, 金淨德, 鄭大德 등 세 상궁을 보내 매말 쌀 3가마와 향・초 기타 비용 등을 댔다. 특히 초하루 보름에는 인근 절의 스님들과 궁인들 5, 60명이 모여들어 염불을 합송하기도 했다.[64]

이 기사는 20세기 초, 만일회가 어떻게 준비되고 이루어졌는지를 상세하게 기록하고 있어 주목된다. 嚴妃에 의해 추진된 고양 흥국사의 만일회는 기도할 스님을 먼저 구하고 주불전인 약사전 맞은편에 있던 미타전을 증축함으로써 준비를 마쳤다. 미타전은 만세루방처럼, 주불전의 맞은편에 조성되어 있던 전각이었는데 만일회가 결성되자 증축되어 만일회 장소로 활용되었던 것이다. 만세루방 유형의 건물이 만일회 장소로 활용된 사실을 기록한 자료로는 현재, 이 기사가 유일하지만, 다음 기록에도 그러한 사실을 유추할 수 있는 구절이 있어 주목된다.

戊寅之五月十二日 本寺住持 朴梵華和尚蔣臨終諗于衆曰 興國寺之殿寮典型雖存 是時也人財俱闕 將爲荒凉廢墟 未可知己, 惟吾遺産中 在楊州及高城稻田, 合計三萬三千六百四十三坪地價三萬鍰者 願供本寺三寶 唯吾諸君 照斯若衷圖延禪講念佛之叢林, 薦諸冥福 回向法界言己 逌然逝之 世壽七十五 及于庚辰(1940)七月始改 萬日會淨土法門于本寺 以桭宇鍾浩爲化主 同年九月 住持漢月宇炅 改築道場 別繕堂宇[65]

위 인용문의 밑줄 친 부분을 통해, 1940년 흥국사에서 만일회가 결성된 사실과 이를 위해 경내가 정비되고 전각이 보수되었음을 알 수 있다. 고양 흥국사에서는 기도승부터 구했지만, 남양주 흥국사에서는 경내에 스님이 거주하므로 이 과정은 생략한 채, 기금이 마련되자 공간을 정비하였던 것이다. 그리고 이때 만세루방이 그 장소로 활용된 것이다. 이러한 사실은 1927년 당시 안진호화상과 박범화화상이 대화를 나눌 때, 만세루방을 어떠한 용도로 쓰면 좋겠다는 희망사항과 그렇게 할 수 없는 흥국사의 어려움을 토로한 바로써 유추할 수 있다. 그 내용은 다음과 같다.

큰 房은 정말 좃습듸다. 거게서 禪房・念佛房・講堂 이 세가지 중에 하나를 經營하엿스면 오즉이나 훌륭하오릿가. 누가아니람니가. 그러나 이절은 亦是 세가지의 缺點으로 될수업습니다. 쳣재로 寺中收入이라고는 正租三十石이 못되는 것으로 六法堂을 거두어가며 各任員을 置하야 維持하여 가느라니 무슨 餘裕가 잇슴닛가 둘재는

燃料가 업습니다 四山全部가 都庄宮 所有이기 째문에 或 慶節을 당하야 松餠을 비저먹으려하나 松葉을 건듸릴수 업서 公論만하다 그만두게 되옵니다. 셋재는 큰 關係될것은 업다하지마는 寺院이라고 水石이 좀 잇서야되지 안습닛가 夏節을 當하여도 발쓰슬 곳하나 변변치 못하옵니다 工夫하느니기로 무슨 趣味가 잇겟슴닛가[66]

안진호화상이 먼저, 큰방 즉 만세루방을 선방이나 염불당 혹은 강당 중 하나의 용도로 활용하면 좋겠다고 하자, 당시 흥국사 주지 박범화화상은 흥국사가 처한 3가지 문제로 인해 불가능하다고 하였다. 즉, 사중수입이 적어 유지하는데 어려움이 있는데, 땔감도 없고 입지환경도 좋지 못해 염불선강의 총림이 되지 못한다는 것이다. 이는 다시 말하면 이 3가지 문제가 해결되면, 만세루방을 선방이나 염불당 혹은 강당으로 사용할 수 있다는 것이다. 따라서 앞서 살펴본『한국사찰전서』에 전하는 바와 같이, 박범화화상이 임종 시 사유재산을 흥국사에 희사하여 만일회를 결성하도록 했다는 것은 결과적으로 만세루방이 염불방으로 활용되었음을 의미한다.

2. 만세루방의 의미

앞에서 살펴본 바와 같이 만세루방은 1830년 창건에서부터 1940년 만일회당이 되기까지의 약 100년의 시간 동안 대략 3가지 용도로 활용되었음을 알 수 있다. 여기서는 그 의미에 대해 추론해보고자 한다.

첫 번째는 1830년 만세루방으로 지어진 의미이다. 이때 고려해야 할 인물은 효명세자와 덕흥대원군이다. 효명세자는 능행이나 연행 등의 왕실행사를 활성화하여 왕실의 정통성과 권위를 회복하려고 하였다.[67] 그리고 덕흥대원군은 조선후기 왕실의 중흥조이지만, 위차상 정통이 아니므로 종묘에 배향되지 못하였다. 이에 왕실에서는 불교사찰의 천도의례로서 조상숭배를 하고자 했을 것이다.[68] 따라서 덕흥대원군 탄생 3백 주년이던 1830년에 효명세자의 허락으로 지어진 만세루방은, 왕실의 정통성 확립과 유교식 예제로 봉향할 수 없는 중흥조 덕흥대원군을 추숭한다는 두 가지 목적에서 건축된 것으로 이해할 수 있다.

두 번째는 만세루방 건축형식의 의미이다. 효명세자는 1827~1830년이라는 짧은 대리청정 기간 동안 20여 종에 이르는 다양한 정재를 창작하였을 뿐만 아니라[69] 창덕궁 후원에 의례전용 공간으로 연경당을 창건하였다. 이때의 연경당은 ㄇ 자형으로 지어져 마당에서 행해지는 행사를 어느 곳에서나 관람할 수 있도록 고안된 창의적인 공간이었는데, 왕실에서도 가족과 가까운 친지만 초대하였던 소규모 공간이었다.[70] 흥국사 역시 왕실과 덕흥대원군 후손들이 주로 참석하는 의식을 야외에서 봉행해야 했으므로, 당시 궁궐 내에 새롭게 조성되어 있던 왕실 전용 의례공간을 염두에 두었을 것이다. 따라서 1830년 창건된 만세루방의 건축형식은 1828년 지어진 창덕궁 연경당을 고려하여 지어진 것으로 볼 수 있다. 그리고 <흥국사감로왕도>의 만세루는 바로 그러한 공간과 장면으로 묘사된 것이라 할 수 있다.

세 번째는 1878년 중건 당시 7칸이 확장된 의미이다. 덕흥대원군의 능묘수호사찰로서의 기능이 유지되는 한 만세루방의 기능도 기본적으로는 유지되었을 것이다. 따라서 1877년 소실되어 다시 지어질 당시, 창건 당시와 크게 다르지 않은 모습이었을 것이다. 다만 7칸이 증축되었고, 이후 다시 지어졌다는 기록이 없는 것을 보면, 이 당시 지어진 건축이 현존하는 모습이라 할 수 있다. 그렇다면, 늘어난 7칸은 건물의 전면보다는 후면, 그중에서도 대웅보전과 벽을 마주하는 방들이라 할 수 있다. 이들이 방으로 조성된 것은 왕실발원 기도를 하는 상궁이나 여인들에게 편의공간으로 제공되었기 때문이 아닐까 한다. 따라서 만세루방이 궁궐침전과 유사하게 조성하게 된 것도 이러한 맥락으로 이해할 수 있는 것이다.

네 번째는 1940년 만일회당으로 쓰이게 된 의미이다. 조선왕실의 원찰이었으므로, 일제에 의해 강제병합된 이후 흥국사의 사세는 많이 기울었다. 그런데 이때 마침, 근기지역 사찰에서는 만일염불회가 성행하여, 재원과 신도를 확보해 나갔다.

더욱이 이들 사찰에는 만일염불회당으로 쓰일 만한 공간 즉 '대방'이 이미 조성되어 있었기에 박차를 가할 수 있었다. 그러나 1927년 당시의 흥국사는 재원이 없을 뿐만 아니라 주위의 산과 나무들이 모두 덕흥대원군 후손 소유일 뿐만 아니라 계곡이나 바위 같은 수행의 방편도 없어 훌륭하게 지어져 있는 만세루방을 활용하지 못하였다. 주지를 맡았던 박범화화상이 1938년 임종하면서 재산을 희사하여 그동안 소원하던 만일염불회를 개최하게 되었고, 그 공간으로 만세루방이 활용되었던 것이다. 이러한 일련의 과정은 일제강점기 당시 근기지역 불교사찰의 존재양상과 신앙경향을 알려 준다는 점에서 의미가 있다고 하겠다.

V. 맺음말

흥국사 만세루방에 주목하여, 이 건물이 19세기 근기지역에 일반적으로 조성되던 대방과 달리, 왕실의례 공간으로 조성되었음을 추론해 보았다.

만세루방이 지어진 1830년은 조선후기 왕실의 중흥조 덕흥대원군 탄생 3백 주년이 되는 해였다. 이때 마침 대리청정을 하던 효명세자는 능행과 연향 등으로 왕실의 정통성과 권위를 확립하고자 하였다. 그 결과 효명세자의 승인으로 궐 밖의 왕실의례 공간으로 지어진 만세루방도 연경당처럼 ㄇ 자형으로 건축된 것으로 보았다. 따라서 <흥국사 감로왕도>에 묘사된 만세루는 의례 공간으로서의 만세루방을 그린 것으로 추론할 수 있다.

만세루방은 1877년 화재로 전소되어 1878년 다시 지어지면서 7칸이 증축되었는데 ㄇ 자형 평면이 전후로 대칭을 이루는 H자형으로 바뀐 것으로 추론해보았다. 이 모습은 현재 모습의 근간으로 보이는데, 6칸의 통칸·내루·퇴칸의 공간구성과 이익공·화반·운공의 결구가 궁궐 침전과 매우 유사하다. 구체적인 기록은 전하지 않지만 만세루방은 궁궐을 짓던 장인에 의해 궁궐건축처럼 지어진 것이다. 1927년 이후의 기록들에는 만세루방이 '대방(료)'이라 되어 있는데, 이는 6칸의 통칸이 큰방으로 인식되면서 건물을 통칭하게 된 것으로 보인다.

한편, 그동안 염불당으로 인식된 것은 시간에 따라 바뀐 만세루방의 기능 중, 가장 늦은 시기의 변화에 의한 것임을 밝혔다. 근기지역의 만일회는 대체로 20세기 들어 결성되었는데 흥국사에서는 1940년에서야 가능했다. 만세루방이 염불당으로 쓰인 것은 바로 이때였던 것이다.

이 글은 남양주 흥국사 만세루방이라는 건물을 통해, 조선왕실과 흥국사의 관계, 궁궐건축과 불교건축의 관계, 만일염불회의 지역적·시기적 경향의 일단을 밝혔다는 점에서 의의가 있다고 하겠다.

주

1) 德寺는 덕흥대원군 齋宮으로 여겨졌다. 『肅宗實錄』 13卷 肅宗 8年 2月 25日(癸卯).

2) 선조의 生父인 덕흥대원군 李岧(1530~1559)의 묘이다. 덕흥대원군은 中宗의 제7남으로 昌嬪安氏 소생이다. 1567년 明宗이 후사 없이 승하하자 덕흥대원군의 3남인 河城君 李均이 즉위하여 선조가 되었다. 선조는 生父 이초를 1569년(선조 2)에 大院君으로 추존하였다. 『宣祖修正實錄』 3卷, 宣祖 2年 11月 1日(庚午). 이때부터 왕이 아닌 왕의 아버지를 대원군이라고 하는 제도가 시작되어, 定遠大院君(인조의 생부), 全溪大院君(철종의 생부), 興宣大院君(고종의 생부)이 존재하게 되었다.

3) 선조가 생부의 묘를 왕릉으로 추존하고 싶었으나 대신들의 반대에 부딪쳐 번번이 실패하자 한 내시가 궁여지책으로 '나무꾼들이 나무를 지고 오거나 숯을 팔기 위해 고개를 넘어오면 어디서 왔냐고 물어본 뒤 덕릉고개를 넘어왔다고 하면 밥과 술을 대접하고 값도 후하게 쳐주자'고 하여 이를 실행한 결과, 덕릉이라는 입소문이 나, 덕흥대원군묘를 덕릉이라 하게 된 것이라 전해진다. 한국학문헌연구소 편, 『奉先本末寺誌』 (아세아문화사, 1978), p.67.

4) 덕흥대원군묘와 흥국사 사이에는 德興祠가 자리하고 는데, 정면 6칸 측면 3칸의 "ㄱ"자 건물로 정면에 <德興祠> 편액이 걸려 있다. 덕흥사는 덕흥대원군의 사당인데, 선조의 할머니인 昌嬪安氏와 河原君 李鋥(1545~1597) 등의 위패도 함께 봉안하여 제사를 지내고 있다. 원래는 덕흥대원군의 묘를 관리하던 관원들이 지내던 곳이었으나 1950년대 덕흥대원군의 사저인 도정궁이 소실된데 이어, 그 터전마저 도시개발 되자 위패를 이전·봉안하게 된 것이다.

5) 특히 19세기 들어 기록이 증가하는데 이는 서울·경기지역 일원의 사찰들에 공통적으로 나타나는 현상이다. 천주교 전래 이후 집권층이 불교에 유화적이거나 묵인하는 분위기가 형성되고, 사상계에서는 불교풍이 유행할 수 있는 터전이 마련되어 불교에 대한 거부감이 상쇄된 결과로 여겨진다. 조성산, 「19세기 전반 노론계

불교인식의 정치적 성격」『한국사상사학』 제13집 (한국사상사학회, 1999), p.332.

6) 김준혁, 「조선후기 정조의 불교인식과 정책」『중앙사론』 제12·13집 (중앙대학교사학과, 1999), p.50.

7) 흥국사를 후원하는 것이 왕실의 권위와 정통성을 정립하는데 일조했기 때문이 아닐까 한다. 태조의 원당 석왕사가 조선초기부터 후기에 이르기까지 지속적으로 후원된 것도 그러한 맥락으로 이해되고 있다. 탁효정, 「조선후기 왕실원당의 사회적 기능」『청계사학』 19 (한국정신문화연구원, 2004, 12), p.175.

8) 흥국사의 창건 당시 명칭인 '水落寺'가 흥국사의 前身일 가능성이 희박하다고 보는 견해도 있다. 정조~순조 년간에 편찬된 것으로 추정되는『양주읍지』에 수락사가 폐사되었다고 기록되어 있기 때문이다. 최완수, 『명찰순례』 3 (대원사, 1994), p.15. 아울러 흥국사가 수락사의 後身이며 또 다른 이름은 金谷寺였다고도 전해진다. 권상로 편, 『한국사찰전서』下 (동국대학교출판부, 1979), p.1210. 한편, 18·19세기 문인들의 詩에는 '수락사'가 많이 등장한다. 그러나 1872년 제작된 <양주읍지도>에는 '수락사'가 아닌 흥국사와 德寺가 같은 局內에 표기되어 있다.

9) 왕실의 능이나 원·묘 인근에 지어져 이들을 수발하는 사찰을 '능침수호사찰이라 하는데, 조선후기로 갈수록 지정 건수가 줄어든다. 유신들의 반대로 공식 지정이 줄어든데 이어, 유교식 진전이 늘면서 그 역할이 축소되었기 때문이다. 그러나 조선후기로 갈수록 위차 상 종묘에 배행되지 못하는 선조들을 위해서는 불교식 조상숭배 시설을 이용했던 것으로 보인다. 즉 유교식 예제로 해결할 수 없는 문제 해소를 위해 불교사찰을 활용한 것이라 하겠다. 탁효정, 앞의 논문, p.163 및 p.194.

10) 이 당시 원당이라 하는 건물 한 채만 지어졌는지, 아니면, 주불전을 중심으로 하는 사찰에 원당건물이 부속된 모습이었는지 명확히 알 수 없으나 봉선사나 정인사·신륵사 등 조선전기 陵·園·墓에 조성된 원찰을 고려해보면, 흥국사도 그와 유사한 형식으로 창건된 것이 아닐까 한다. 손신영, 「수국사의 역사적 추이와 가람배치」『강좌미술사』 30호 (사.한국미술사연구소·한국불교미술사학회, 2008), pp.285~288.

11) 흥국사로 바뀐 것은 "덕흥대원군의 諱字를 모든 公事에 쓰지 말라"라는 인조의 명에 따른 결과로 보인다. 『仁祖實錄』 14卷 仁祖 4年 12月 21日(己未). 한편, 興國寺로 賜額된 것은 興德이라는 寺名이 廟號에 너무나 저촉되기에 慶國·奉國·守國 등의 절 이름 사례에 의거한 것이라 보기도 한다. 한국문헌학연구소 편, 앞의 책, p.63. 그러나 덕흥대원군이 化家爲國의 중흥조라는 의미를 강조하려는 의도가 개입되었을 가능성도 배제할 수 없다. 최완수, 위의 책, p.16.

12) 선조 말년부터 인조 재위 연간에는 임진왜란·정유재란·병자호란 등으로 사찰의 피해가 막대했던 때이다. 흥국사 관련 기록에 전란의 피해 양상은 기록되어 있지 않지만, 사액 당시 전란으로 인한 피해 복구 지원도 함께 이뤄졌을 것이다.

13) 公員所는 五糾正所를 補益하는 역할을 맡았으나 공원소와 규정소의 寺勢가 막상막하일 정도여서 오규정소에 더해 七糾正所라 하기도 했다고 한다. 한국문헌학연구소 편, 앞의 책, pp.66~67.
오규정소는 1788년(정조 12) 8도에 있는 사찰을 관리하기 위해 마련되어 19세기 내내 유지되었는데, 국가에서 임명한 관리들이 머물며 전국의 사찰을 5개 사찰에서 나누어 관리·감독하면서 왕실의 안녕을 비는 곳이기도 했다. 사찰마다의 관할지역을 살펴보면, 광주 봉은사는 강원도·양주 봉선사는 함경도·남한산 개원사는 충청도와 경상도·북한산 중흥사는 황해도와 평안도·수원 용주사는 전라도이며 경기도는 오규정소가 공동으로 관할했다. 관할 지역 이외의 지역에서 불사와 관련된 협조를 얻기 위해서는 규정소의 통유가 발급되어야 했다. 이런 사실은 1878년 건봉사 화재로 인한 중건불사에 오규정소의 통유가 발급된 것을 통해서도 확인할 수 있다. 한국학문헌연구소 편, 『건봉사본말사적』 (아세아문화사, 1997), p.22. 한편, 규정소로 선정된 사찰의 격은 현대의 曹溪宗 本寺보다 높았던 것으로 추정되고 있다. 신대현, 『한국의 사찰 현판』 1 (혜안, 2002), p.166.

14) 흥국사는 정조의 큰아들 文孝世子(1782~1786)의 묘소 조성 시 화계사·불암사 등 경기도 양주 소재 사찰들과 함께 묘소도감이 정한 浮莎軍과 補土軍의 역을 담당했다. 『日省錄』 正祖 10년 윤7월 12日(癸未). 그러나 1792년 왕실의 후원을 받으면서 요역을 탕감 받은 이후로는 산릉역에 동원되지 않은 것으로 보인다.

15) 최완수, 앞의 책, p.28. 정조년간의 왕자탄생 발원기도는 전남 순천 선암사와 서울 삼각산 금선암·경기 수락산 내원암 등에서도 봉행된 것으로 보인다. 순조 탄생 이후 이들 사찰에 기도 전각이 다시 지어지고 御筆이

하사되었기 때문이다. 이런 관점에서 본다면 정조의 지원과 순조의 사액은 남양주 흥국사에서 왕자 탄생을 발원하는 기도가 봉행되었음을 視事하는 것으로 볼 수도 있다. 한편, 보경사일과 성월철학은 용주사 창건 당시 주역을 맡았던 이들이라는 점에서 주목된다. 2장 '화산 용주사의 배치와 건축' 참조.

16) 한국학문헌연구소 편, 앞의 책(1978), 「興國寺萬歲樓房重建記功文」, p.61 "自上特敎佛殿僧舍一新修改兼設祭閣奉享春秋"

17) 그러나 현재 이 『법화경』의 존재 유무는 알 수 없다. 현재 흥국사 내에서 경판은 영산전 내부, '藏經閣'이라는 글자가 쓰여 진 장에 보관되어 있는데, 경판 등부분에 '彌'와 '宗'이라 씌어 있다. 이중 '彌'라 쓰인 경판은 <彌陀經簇子塔>이나 <彌陀經簇子板> 중 하나로 보이며, '宗'이라 쓰인 것은 <蓮宗寶鑑板>으로 추정된다. 「興國寺誌」에 따르면 <彌陀經簇子板> 1부와 <蓮宗寶鑑板> 1부·<彌陀經板> 1부·<16觀經板> 1부가 '보물'로 기록되어 있다. 그러나 1984년 문화재관리국에서 조사한 바를 보면, 당시 흥국사에 보관된 목판은 7종 115판이므로 『흥국사지』에 기록된 바와 차이가 있다는 것을 알 수 있다. 이중 흥국사에서 판각된 것은 <佛說大隨求大明王陀羅尼>(1917) 1판과 <寫刊彌陀經簇子>(1871) 1판뿐이다. 이에 대해서는 박상국, 『전국 사찰소장 목판집』(문화재관리국, 1987), p.p161~165 참조.

18) 손성필, 「16세기 조선의 불서 간행」(동국대학교대학원 석사학위청구논문, 2007), pp.32~37.

19) 왕실에서는 덕흥대원군 사묘에 특별히 제사를 봉행하도록 하였다. 『純祖實錄』 31卷 純祖 30年 3月 1日(己丑).

20) 청신녀 양씨의 이름은 전하지 않지만, 보시는 물론 화주도 도왔다는 것을 보면 匹婦라기보다는 1857년 흥천사 시왕전 단청불사와 1874년 정암사 수마노탑 중수에 시주한 김좌근의 후첩 나주 양씨 '나합'으로 볼 수도 있다. '4장 서울 돈암동 흥천사의 연혁과 시주' 참조.

21) 1869년은 흥선대원군이 만 50세 되는 해이므로, 이를 기념하기 위해 온 가족과 측근이 참여하여 <석가팔상도>를 조성 봉안한 것으로 추론된다. 신광희, 「남양주 흥국사 <석가팔상도>」 『불교미술』 19 (동국대학교박물관, 2007), p.59.

22) 흥국사 시왕전 뒤편에 걸린 <楊州水洛山興國寺十王殿重修記>에 중수에 참여한 이들의 명단이 기록되어 있는데, 동일한 기록에서 시주자 명단을 뺀 것이 「興國寺十王殿重修記」에 수록되어 있다. 한편, 편액에 기록된 시주자 '大妃 金氏'는 철종의 비인 哲仁王后(1837~1878)이다. 철인왕후는 흥국사의 불사에 여러 차례 동참하거나 단독으로 시주하였다. 특히 시왕전 중수에 일가족이 참여한 것은 당시 세상을 떠난 남동생의 명복을 빌기 위해서였다.

23) 강재희는 1905년 수락산 불암사, 1907년 은평구 수국사 등을 비롯하여 한양도성 인근 사찰 불사에 매우 큰 시주자였음이 확인되고 있다. 그는 궁내부 대신으로서 고종황제의 명을 받들어 황제 대신 시주자로 나섰던 것 같다. 무엇보다도 동대문구 창신동 지장암의 중창주였다는 점에서 주목된다. 문명대 外, 『지장암』, (사.한국미술사연구소·한국불교미술사학회, 2010), pp.8~12.

24) 晩悟生, 「楊州各寺巡禮記(續)」 『佛教』 30호(佛教社, 1927), pp.34~35 인용. 이 기사를 쓴 晩悟生은 안진호화상으로, 일제강점기 동안 『奉先本末寺誌』 비롯하여 『道峯山望月寺誌』, 『三角山華溪寺略誌』, 『楡岾寺本末寺誌』, 『傳燈寺本末寺誌』, 『終南山彌陀寺略誌』, 『雪峯山釋王寺略誌』 등을 편찬하였다. 또한 안진호라는 법명 외에 '小白頭陀'라는 필명으로도 많은 글을 썼는데, 晩悟生이라는 필명은 경기도 양주지역의 사찰을 순례할 당시부터 쓰기 시작하였다. 한동민, 「일제강점기 寺誌 편찬과 그 의의 -安震湖를 중심으로」 『불교연구』 제32집(한국불교연구원, 2010), pp.236~238.

25) 晩悟生, 「楊州各寺巡禮記(續)」 『佛教』 32호(佛教社, 1927), pp.34~35. 마침표와 띄어쓰기는 필자에 의함.

26) 우선, 망월사와 덕절의 부목 이야기이다. 현재 흥국사와 관련하여 '덕절 중은 불 때면서 불막대기로 시왕초를 그리고 화계 중은 불 때면서 初喝香을 한다'는 속설이 전해지기 때문이다. 최완수, 앞의 책, p.20. 또한 벽암(기주)화상이 三圍繞三禮拜하며 경판을 새겼다고 하였으나, 실제로는 남호영기가 한 것이다.

27) 대웅보전 뒤, 경사지에 조성되어 있는 불전 앞에는 각기 계단이 조성되어 있는데 현 상황으로 보면, 계단을 철거한 흔적은 없다.

28) 晩悟生, 앞의 기사(『불교』 30호), p.26.

29) 현재 흥국사 대중들은 연지의 존재 여부를 모르고 있다. 그러나 만세루방 전면, 풀이 나 있는 위치라면 연지가 조성되었을 가능성도 배제할 수는 없을 것 같다.

30) 권상로 편, 앞의 책, pp.1210~1211, "…庚辰七月始改萬日會 淨土法門于本寺…" 여기서 庚辰年은 1880년과 1940년 두 해 중의 하나로 볼 수 있는데, 1940년이라 단정할 수 있는 것은 前주지 박범화화상이 임종하면서 기증했다는 내용 때문이다. 박범화화상은 안진호화상이 수락산 일대 사찰을 순례하면서 『불교』지에 기고한 「양주각사순례기」에 당시 흥국사 주지로 언급되어 있다. 晩悟生, 앞의 기사, 『佛敎』 32호, p.34.

31) 만오생, 앞의 기사. 이글의 Ⅳ장 1절 (3)만일염불회당 부분에서 3번째 인용문 참조.

32) H자형 평면은 여러 채로 나누어져 있던 공간들을 하나의 건물에 모두 수용한 결과 형성된 것이라 볼 수 있는데, 조선시대에는 기피하던 유형이어서 주택에는 거의 채택되지 않았다. 강영환, 『새로 쓴 한국 주거문화의 역사』 (기문당, 2002), p.317. 한편, 불교사찰에서 H자형 평면의 건물로는 흥국사 만세루방 외에도 1865년 조성된 서울 돈암동 흥천사 대방과 1870년 무렵 조성된 안성 운수암 대방 등이 파악된다. 손신영, 「19세기 근기지역 불교사찰의 대방건축 연구」 『회당학보』 10집 (회당학회, 2005), pp.265~267.

33) 1998년 개조 사실은 흥국사 사무장과의 면담을 통해 확인하였다.

34) 문짝에는 2구의 신장상이 활달한 필치로 그려져 있다.

35) 그림내용과 필치가 1976년 그려진, 만세루방 내부에서 문이 달려 있었던 기둥 위의 벽화와 유사하므로 同시대 조성된 것이라 할 수 있다. 모두 산수화가 그려져 있는데 필치는 경내 불화 수준에 미치지 못한다.

36) 이처럼 종도리에 운룡이 그려지는 것은 궁궐건축에서 볼 수 있다. 『경기도지정문화재 실측조사보고서』 上 (1996), p.48.

37) 좌우 측면에서도 내부가 루로 쓰이는 부분까지만 이익공이 결구되어 있다.

38) 흥국사 사무장에 따르면, <석가팔상도>는 원래 만월보전 내에 조성·봉안되어 있었지만, 보안상의 이유로 1998년 만세루방 개조 이후, 만세루방으로 이안되었다고 한다.

39) 흥국사 대웅보전이 17.5평이므로, 만세루방이 4배가량 더 크다는 사실을 알 수 있다. 손신영, 「19세기 불교건축의 연구-서울·경기지역을 중심으로」(동국대학교대학원 미술사학과 박사학위청구논문, 2006), pp.131~132, 표21 및 표22.

40) 손신영, 위의 논문, p.114.

41) 흥국사 만세루방을 비롯한 19세기 근기지역 만세루방의 구성요소는 당시 궁궐이나 관청 및 상류층 가옥과 유사하다. 김봉렬, 「근세기 불교사찰의 건축계획과 구성요소 연구」 『건축역사연구』 2호 (한국건축역사학회, 1995), p.22.

42) 조선 초기 궁궐의 내루 조성은 『世宗實錄』 卷123 世宗 31年 1月 16日(丁未) 및 손신영, 앞의 논문(2006), pp.37~40 참조. 내루의 보편화는 강영환, 앞의 책, p.153 참조.

43) 전면으로 돌출된 루의 모습은 이미 16세기 주택에서부터 확인할 수 있다. 현존하는 궁궐건축 중 17세기 이전으로 올라가는 건물이 없어서 궁궐건축의 내루가 어떠한 모습이었는지 확인할 수는 없지만, 주택에 만연했다면 궁궐에는 그 이전부터 조성되었을 가능성이 높다.

44) <동궐도>의 제작년대는 1828년 음력 6월 이후~1830년 8월 1일 이전으로 추정되므로 여기에 묘사된 건축물들은 모두 1830년 이전에 조성된 것으로 볼 수 있다. 손신영, 「演慶堂 建築年代 硏究-史料를 중심으로」 『미술사학연구』 242·243 합집호 (한국미술사학회, 2004), p.127 주)19.

45) 천석정의 오른쪽에 있는 易安齋도 연경당 사랑채처럼 우측면이 내루로 조성된 모습이다. 延英閣에는 오른쪽부터 '天地長男之宮', '延英閣' '鶴夢閣'이라 쓴 편액 3개가, 돌출된 내루에는 "五雲樓"라 쓴 편액이 걸려있는 모습이다. 한편, 연영합은 효명세자의 처소로 추론되고 있다. 한영우, 『조선의 집 동궐에 들다』 (효형출판, 2006), p.120.

46) 19세기 초반의 화재 이후 다시 지어진 창경궁 환경전·경춘전·통명전 등에는 내루가 없다.

47) 고대 불교사원에서 장대한 불전조영이 가능했던 것은, 국력을 결집할 수 있었기 때문이다. 따라서 억불숭유

사회인 조선에서 흥국사 만세루방과 같은 장대한 불전은 왕실과의 관계를 시사하는 것으로 볼 수 있다.

48) 6칸 대청을 두는 것은 19세기 중반 이후 조성된 창덕궁 연경당 및 낙선재, 운현궁 등에서도 확인되므로 궁궐 침전뿐만 아니라 상류층 가옥, 나아가 흥국사 만세루방과 같은 왕실후원 사찰의 건물에 이르기까지, 당시 고급건축에 보편화된 공간구성 방법으로 추론된다.

49) 강영환, 앞의 책, p.153~154.

50) 경복궁 교태전은 일자형 단일 건물이 아니라 주위 건물들과 복도각으로 연결되어 있어, 엄밀하게 보면 좌우대칭이라 하기는 어렵다. 그러나 건물의 중심축을 보면 주요 공간들이 대칭적으로 배치되어 있기 때문에 좌우대칭이라 여겨지기도 한다. 배한선, 「연경당·낙선재·운현궁의 건축특성 연구」(이화여자대학교대학원 석사학위청구논문, 2003), p.31.

51) 필자가 실측한 결과, 자경전은 1.54m, 함화당은 1.4m여서, 19세기 후반 궁궐침전의 퇴칸 폭은 대체로 1.5m 내외였던 것으로 추정된다.

52) 한국학문헌연구소 편, 앞의 책, p.61, 翠隱, 「興國寺萬歲樓房重建記功文」 "翼宗朝庚寅上言 建寮舍於萬歲樓舊基本所建之萬歲樓房者也.....樓房三十餘架"

53) 이경화, 「조선시대 감로탱화 하단화의 풍속장면 고찰」 『미술사학연구』 220호(한국미술사학회, 1998), p.87~88 참조.

54) 이러한 난간은 도 5-1, 5-2에서도 확인되며 현재 경복궁 교태전 후면에서도 파악된다.

55) <흥국사감로왕도>와 동일한 초본으로 그려진 감로왕도에서 전각 부분을 살펴보면, <경국사감로왕도>(1887)에는 "淸風樓", <불암사감로왕도>(1890)에는 "만세루"라 써져 있고, <청룡사감로왕도>(1898)에는 글자 없이 편액만 걸려있다. 강우방·김승희, 『감로탱』 (예경, 1995), p.229, p.243, p.269.

56) <동궐도>에 묘사된 연경당은 1828년에 지어진 모습을 담고 있는데, 이는 현재와 다른 모습이다. 현재의 연경당은 1846년 신건되어 고종년간에 수리와 증축을 거친 것이다. 손신영, 앞의 논문(2004). pp.145~146.

57) 사진실, 「연경당 진작의 공간 운영과 극장문화의 전통」 『전통예술무대 양식화 심포지엄』 (한국문화예술위원회, 2008), pp.162~170.

58) 이광표, 「연경당은 조선 왕실 첨단극장」 『동아일보』 2008년 2월 28일자; 허영일 外, 『순조조 연경당 진작례』 (민속원, 2009), p.187.

59) 한국학문헌연구소 편, 앞의 책, pp.64~65, 「興國寺寺蹟」, "大房寮庵成塵灰 庸庵長老 募緣聚金 建築大房三十七間也"

60) 만오생, 「楊州各寺巡禮記(續)」 『佛敎』 32호, pp.34~35.

61) 궁궐침전과 유사하게 지어진 데에는 유생들에 의한 행패를 막고, 왕실관계 사찰이라는 위엄을 내세우려는 의도도 있었던 것으로 보인다. 흥국사에서 발생된 관리에 의한 소란은 『肅宗實錄』 13卷, 肅宗 8年 2月 25日(癸卯) 참조. 한편, 덕흥대원군 묘가 어디에 있는지 모르는 왕도 있었던 점을 고려해 보면 왕실사찰이라는 위엄을 내세우려 했던 바를 이해할 수 있다. 『承政院日記』 891冊, 英祖 15年 5月 28日(癸酉).

62) 김성도, 「조선시대 말과 20세기 전반기의 사찰건축 특성에 관한 연구」 (고려대학교대학원 건축공학과 박사학위청구논문, 1999), pp.68~86.

63) 이 표는 한보광의 『신앙결사 연구』 (여래장, 2000), pp.249~303의 내용에 필자가 조사한 바를 더하여 작성한 것이다. 「京畿道楊洲郡白石面古靈山普光寺念佛堂重修施主名付錄」에 대해서는 손신영, 앞의 논문(2005), p.243 참조.

64) 「절에서 쫓겨난 九旬의 忠國僧 — 기운 舊王室 安寧 빌며 28年 祈禱」, 『동아일보』 1966년 2월 19일자; 선우도량·한국불교근현대사연구회, 앞의 책, pp.74~75 재인용.

65) 권상로 편, 앞의 책, p.1211.

66) 晩悟生, 앞의 기사(『불교』 32호), p.34.

67) 이민아, 「효명세자·헌종대 궁궐영건의 정치사적 의의」『한국사론』 제54집(서울대학교 국사학과, 2008), p.247.

68) 탁효성, 앞의 논문, p.194.

69) 효명세자는 조선시대 呈才의 역사적 전개에 있어 가장 핵심적인 인물로 여겨지고 있다. 이의강, 「순조 무자년(1828) 연경당 진작의 성격과 연출 呈才들 간의 내적 흐름」『순조조 연경당 진작례』(민속원, 2009), p.245.

70) 김봉렬, 「연경당의 건축학적 복원 기초 연구」, 『순조조 연경당 진작례』(민속원, 2009), pp.168~195.

4장

설악산 신흥사 극락보전의 특징과 의미

Ⅰ. 머리말

조선후기 사찰의 중심 불전은 정면 3칸 측면 3칸의 평면형식이 주를 이루며, 공포와 지붕 형식은 대부분 다포계·팔작지붕으로 조성되었다. 18세기 들어서는 건축기술이 보편화되면서 17세기 서남 해안지방 사찰에 주로 보이던 연화쇠서형 공포형식이 전국 사찰에 결구되기에 이르렀다. 이러한 흐름에서, 1649년 창건되어 18·19세기를 거치며 지속적으로 중수·중창되어 17세기적 요소와 18·19세기적 요소를 간직하고 있는 설악산 신흥사 극락보전은(이하 극락보전, 보물 제1981호) 주목해 보아야 할 불전이다.[1)]

극락보전은 전형적인 조선후기 주불전으로 기품 있는 인상을 주고 있다. 특히 기단 왼쪽 부분의 조각과 계단의 소맷돌 조각은 극락보전을 일반적인 조선후기 불전과 차별화 시키고 있으며 정면의 꽃살문은 극락보전의 품격을 더하고 있다. 1649년 창건에 벽암각성이 관여한 것으로 여겨지는데 1633년에 창건된 내소사 대웅보전과 유사한 건축형식을 보이고 있어, 극락보전을 17세기 건물로 추정해 볼 수 있다. 더욱이 1727~1732년 사이에 중건된 것으로 추정되는 대구 동화사 대웅전과도 그 형식이 유사하므로 18세기 이후 건축기술이 보편화되었다는 설을 입증하는 사례로도 볼 수 있다. 따라서 극락보전에 대한 고찰은 17~19세기, 즉 조선후기 불전의 양상을 파악하는데 일조하는 바가 있을 것이다.

이 글에서는 신흥사의 연혁을 재구성하여 극락보전의 건축역사를 파악하는 한편, 극락보전의 현상을 살펴보고, 17·18세기 불전으로서 극락보전과 유사한 건축형식을 간직하고 있는 내소사 대웅보전 및 동화사 대웅전을 비교하여 극락보전의 건축사적 의의를 파악해보고자 한다.

II. 신흥사의 연혁

1. 신흥사의 연혁

설악산 신흥사의 전신은 '香城寺'이다. 652년(진덕여왕 6) 자장율사가 창건하여 佛舍利를 봉안한 9층탑을 세웠다고 전해진다. 그러나 698년(효소왕 7) 소실되자, 3년 뒤인 701년에 의상대사가 향성사 터에서 5리 정도 위쪽에 절을 짓고 禪定寺로 개명하였다고 전해진다.[2] 이후 선정사는 천년 이상 香火를 이어 임진왜란과 병자호란의 피해도 당하지 않았다. 그러나 1642년(인조 20)의 화재로 사찰 전체가 타버리게 되자, 1647년(인조 25)에 靈瑞[3]·蓮玉·惠元[4]이 현재의 터전에 불전을 짓고 '神興寺'라 命名하였다.[5] 1651년(효종 2)에는 <목조아미타삼존상> 및 <목조지장보살상>을 조성하여 각기 극락보전과 명부전에 봉안하였다. 1661년(현종 2)에는 해장전을 창건하여 법화경 등의 경판을 봉안하였고[6] 1666년(현종 7)에도 경판을 판각하여 봉안하였다.

18세기 들어서는 설선당을 필두로 해장전·명부전·극락보전·보제루 등의 주요 불전이 재건·중건·중수·중창되었다. 19세기에는 열성조의 위패를 봉안한 용선전이 창건된 이래로 보제루·극락보전·적묵당 등이 중수되고, 불이문·소향각·

적묵당후각・삼성각 등이 건립되었다. 20세기 들어서는 용선전이 철거되고 나한전이 소실되어 중건되었으며 극락보전과 요사가 수리되고 설선당과 후각 32칸이 중건되었다.

이처럼 신흥사는 중건과 중수를 거듭하면서 오늘에 이르고 있는데, 1924년까지의 관련 기록은 만해 한용운이 편찬한 「神興寺史蹟」에 수록되어 있다. 그러나 여기에는 1681년(숙종 7) 5월 11일의 지진으로 붕괴되었다는 사실과[7] 1754년의 극락보전 단청, 1755(영조 31)년의 영산회 봉행 후 <영산회상도> 봉안,[8] 1779년 이전의 사천왕상 조성,[9] 1786년의 극락보전・승방・보제루 중건,[10] 1814년 진관사의 속사로 지정된 사실[11] 등은 누락되어 있다. 이러한 내용들을 종합하여 현재 터전에 자리하고 있는 신흥사의 연혁을 정리해보면 <표 1>과 같다.[12]

〈표 1〉 신흥사의 연혁

시기	내용	전거
1644년 (인조 22)	靈瑞・蓮玉・慧元・淨藍 스님 등이 神興寺 창건 보제루 창건	「雪嶽山神興寺大法堂重創記」 「神興寺極樂殿重修記」 「普濟樓重修記」
1649년 (인조 27)	극락보전 창건	〃
1650년 (효종 1)	궁궐에서 향로 1좌 보내옴	「神興寺史蹟」
1651년 (효종 2)	목조아미타삼존상 및 목조지장보살상 조성	「祝願文」
1661년 (현종 2)	海藏殿 창건하여 법화경・중례문・결수문・청문 등의 목판본 봉안	「雪嶽山神興寺海藏殿重修記」
1681년 (숙종 7) 5월 11일	강원도 지진, 신흥사 및 계조굴 붕괴	『肅宗實錄』
1715년 (숙종 41)	說禪堂 소실	「雪嶽山神興寺說禪堂重修記」
1717년 (숙종 43)	就眞・益成 등이 설선당 재건	〃

시기	내용	전거
1725년 (영조 1)	해장전 중수	「雪嶽山神興寺海藏殿重修記」
1737년 (영조 13)	명부전 重建, 지장탱 造成, 시왕상 改彩	「雪嶽山神興寺冥府殿重建大佛事記」
1740년 (영조 16)	雷雲・雷應・雷尙 등이 주요 건물 改瓦	「雪嶽山神興寺改瓦重覆記」
1748년 (영조 24)	圓覺居師가 大鐘, 中鐘, 金鼓 조성	「雪嶽山神興寺鑄鐘記」
1749년 (영조 25)	覺薰 등 7명이 극락보전 중수	「雪嶽山神興寺大法堂重創記」
1754년 (영조 30)	극락보전 단청	「雪岳山神興寺極樂殿丹雘記」
1755년 (영조 31)	영산회 봉행 후 영산회상도 봉안	<靈山會上圖> 畵記
1761년 (영조 37)	弘徵・弘運 등이 극락보전 돌계단 축조	「雪嶽山神興寺大法堂石砌記」
1770년 (영조 46)	극락보전 중수, 보제루 중창	「襄洲雪岳山神興寺極樂寶殿重修上樑文」 「神興寺極樂殿重修記」 「普濟樓重修記」
1774년 (영조 50)	俊龍이 불보살상 改金	「神興寺史蹟」
1786년 (정조 10)	극락보전・승방・보제루가 기울고 무너져 수습	「雪嶽山神興寺三寶重建記」
1788년 (정조 12)	弘漢이 발원하여 碧鵬・智厚・弘澄과 함께 大鐘 三重鑄, 麟谷이 해장전 중수	「雪嶽山神興寺大鐘重鑄銘幷序」
1797년 (정조 21)	暢悟・巨寬이 명부전 중수 昊葉・處琦・始澤・毅有(京山畵工)이 해장전 단청	「雪嶽山神興寺冥府殿重建大佛事記」 「雪嶽山神興寺丹靑記」
1798년 (정조 22)	시왕상 再漆, 지장도 조성	「雪嶽山神興寺冥府殿重建大佛事記」
1801년 (순조 1)	碧波・暢悟 등이 용선전 창건 열성조 위패 봉안	「龍船殿記」
1813년 (순조 13)	巨寬・暢悟・芙聰・暨寬이 보제루 중수 보제루 앞쪽에 不二門 건립	「普濟樓重修記」
1814년 (순조 14)	西五陵에 있는 昌陵・弘陵의 造泡寺인 서울 津寬寺의 屬寺로 정해짐	『日省錄』
1821년 (순조 21)	巨寬・有聰・暢悟・碧波 등이 극락보전 중수	「襄洲雪岳山神興寺極樂寶殿重修上樑文」 「神興寺極樂殿重修記」
1827년 (순조 27)	극락보전 단청	「神興寺史蹟」

시기	내용	전거
1829년 (순조 29)	法開이 중종 1좌 조성	〃
1830년 (순조 30)	近敏이 影閣 移建	「影閣移建記」
1858년 (철종 9)	碧河・明成이 구월산 貝葉寺에서 16나한상을 옮겨와 해장전에 봉안 해장전을 應眞殿으로 개액 해장전에 있던 경판을 극락보전으로 移安 소향각 건립	〃
1871년 (고종 8)	尙念이 적묵당 중수 雪月이 적묵당 後閣 건립	「雪嶽山神興寺僧堂後閣重修記」
1890년 (고종 27)	眞影閣이 퇴폐되어 진영을 雲霞堂으로 移安	「神興寺史蹟」
1892년 (고종 29)	진영각이 붕괴되자 仙岳이 그 부재로 三聖閣 건립	〃
1893년 (고종 30)	東杲・蓮月의 모연으로 시왕상 改漆, 요사 중수	「雪嶽山神興寺極樂寶殿與僚舍盖瓦記文」
1902년	敬隱이 대웅전과 요사채 改瓦	「神興寺史蹟」
1905년	滿月이 불상 改金, 불화 改彩	「襄襄雪岳山神興寺改金彩畵記」
1909년	용선전 撤去	「神興寺史蹟」
1910년	나한전[13] 燒失	「神興寺羅漢殿重建記」
1919년	나한전 중건	〃
1921년	극락보전과 요사 修繕	「雪岳山神興寺飜瓦重修記」
1924년	설선당과 후각 32칸 중건	「神興寺史蹟」

2. 신흥사와 조선왕실의 관계

<표 1>에서 확인할 수 있듯이, 신흥사는 효종대와 순조대에 왕실로부터 후원을 받았고 순조대 이후로는 造泡屬寺로서 조포사에 물자를 제공하는 의무를 부과 받았다. 예컨대 1650년(효종 1)에 궁궐에서 향로를 보내주었다는 단편적인 기록을 비롯하여[14] 1651년 조성된 <목조지장보살삼존상>의 복장 축원문과 1661년 및 1666년에 제작된 經板의 刊記 등에 기록된 '왕・왕비・왕세자' 축원문은[15] 신흥사와 왕실의 관계를 시사하는 것으로 볼 수 있다. 뿐만 아니라 순조 즉위 초기인 1801년과 1802년의 기록은 보다 구체적이고 연속적인 왕실관련 행사 및 왕실의 지원・정책

등을 언급하고 있어 주목된다. 더욱이 1803년 들어, 貫虛富摠[16]은 「龍船殿記」에 다음과 같이 왕실과의 관계를 구체적으로 기술하였다.

> 옛날부터 왕실의 願堂이어서 舊蹟이 봉안되어 있었는데, 가경 경신년 6월, 용동궁에서 선대왕에 올리는 行會를 개최하였다. … 1802년에는 궁궐에서 특별히 백미 80석 · 錢文 5백 량 · 百目 2동 · 布 1동 · 두꺼운 白紙 3백동 외에 각종 물품을 하사하였으며, … 1803년 6월 28에는 大祥齋를 7일 밤낮 올리고 이후 해마다 6월 28에 기신 대제를, 9월 22일에는 탄신 불공을 드렸다. 龍洞宮에서 향과 초를 내려주었다. … 완전히 국가의 원찰이 되었다" [17]

이로써 1800년 6월 28일 정조 승하 후, 신흥사가 정조의 기신재를 봉행하는 追福寺刹이 되었음을 알 수 있다.[18]

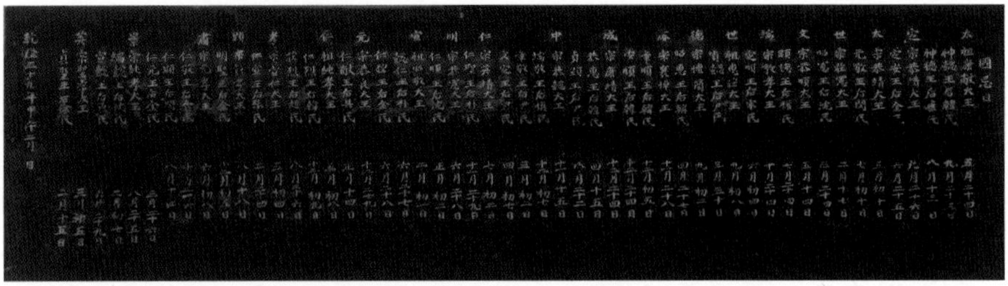

도 1. <國忌日> 현판 (乾隆39年(1774, 영조50))

한편, 신흥사에는 1774년(영조 50) 2월 작성된 역대 王과 王妃의 기일을 적은 <國忌日> 현판이 전해지고 있어 영조년간에 이미 신흥사에서 왕실의 기신재를 봉행하고 있었다는 사실을 알려준다.[19](도 1) 아울러 1802년, 昌陵[20]과 弘陵[21]의 造泡寺[22]인 津寬寺의 屬寺로 지정되었다는 바는 신흥사가 18세기에 이어 19세기 들어서도 왕실원찰이었음을 시사하고 있다.[23] 신흥사에서 기신재가 봉행되고 조포속사로서 물자를 부담한 일은, 1908년 「享祀釐正에 관한 건」이 반포되어 왕실주관 제사가 간소화 또는 통폐합되면서, 조포사 및 조포속사들이 담당하던 승역이 완전히 폐지되며 사라진 것으로 보인다.[24] 그 결과 1909년에 용선전이 철거된 것이라 추정된다.

이상의 내용을 정리해보면, 신흥사는 창건 당시인 효종대부터 왕실과 관계가 형성되어 영조대에는 역대 왕과 왕비의 기신재를 봉행하던 왕실원찰이었으며, 정조의 승하 직후로는 정조의 추복사찰로서 왕실의 후원을 받았으며 순조대에는 진관사의 조포속사가 되어 승역을 부담하였던 것을 알 수 있다. 그리고 이로부터 100여 년이 지난 1909년에 이르러 용선전이 철거되면서 승역에서 벗어나게 된 것이라 하겠다.

3. 극락보전의 연혁

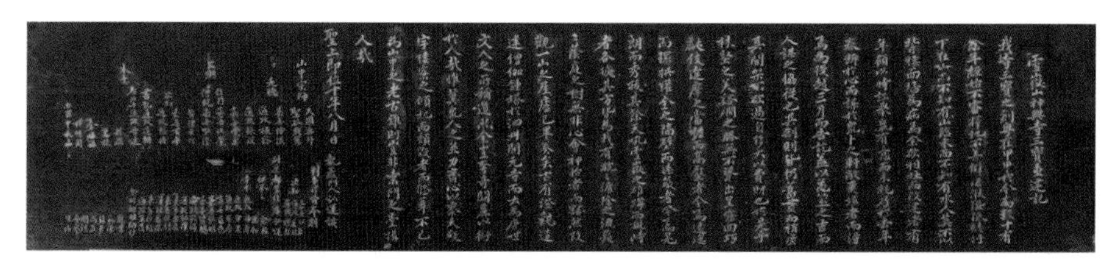

도 2. 雪嶽山神興寺三寶重建記(1786) 현판

도 3. 雪嶽山神興寺極樂寶殿與僚舍盖瓦記文(1902) 현판

앞의 <표 1>에 정리한 바와 같이 신흥사의 주불전인 극락보전은 1647년 봄에 공사를 시작하여 1648년에 가을 상량하고 1649년에 완성되었다.[25] 이후 시간이 흐름에 따라 대들보와 도리 등이 낡고 무너지자 1749년(영조 25)에 覺熏 등이 중수하고[26] 1754년(영조 30)에 단청하였다.[27] 1761년(영조 37)에는 양양 부사 吳奉源(1702~?)[28]이 신흥사에 유람 왔다가 극락보전 앞의 계단이 퇴락된 것을 보고 고치라고 조언하자, 弘徹·弘運이 기단을 높이 세우고 중간 돌에 용이 새겨진 계단을 조성하였다.[29] 극락보전은 1770년(영조 46)에 보제루와 함께 중수되었고 1786년(정조 10)에는 승방 및 보제루와 함께 중수되었다.[30](도 2) 1821년(순조 21)에는 巨寬·近旻·芙聰·勝琦·暢悟 등이 재물을 모아 중수하였다.[31] 1902년에는 敬隱이 주관하여 극락보전과 요사채의 기와가 교체되었다.[32](도 3) 이후 1921년에도 극락보전과 요사를 중수하였다.

이상의 내용을 종합해보면, 극락보전은 1647년 창건된 이래로 화재를 당하거나 전쟁의 상흔을 입은 바가 없었던 것으로 판단되므로, 창건 당시의 모습을 유지하고 있다고 할 수 있다. 그러나 1749년·1770년·1786년·1821년·1921년 등 총 5회에 걸쳐 중수되었고, 1754년과 1827년에 단청된 바가 있어, 창건 시의 모습을 얼마만큼 유지하고 있는지는 단언하기 어렵다. 더욱이 두 번의 단청은 중창과 중수 이후 이뤄진 것이므로, 단청 이전에 이뤄진 1749년의 중창과 1821년의 중수는 1770년·1786년·1921년의 중수와는 규모와 내용면에서 차이가 있었을 것으로 보인다. 특히 1749년의 중창 사실은 「雪嶽山神興寺大法堂重創記」라는 제목의 기문에 전해지는데, '보와 도리가 낡아 무너지고 서까래와 평고대가 탈락하여, 공사 이후 모양과 구조가 장엄하고 화려해졌다'는 내용이 수록되어 있다.[33] 더욱이 이 시기는 극락보전이 창건된 지 백 년만이었다. 따라서 1749년의 중창은 지붕부를 수리하는 공사였을 가능성이 높아 보인다.

이밖에 「襄洲雪岳山神興寺極樂寶殿重修上樑文」에 언급된 1821년(순조 21)의

중수 역시 유념해야 한다. 일반적으로 상량문은 건물을 짓거나 수리할 때 종도리를 올리고 그 바닥면에 간단히 立柱·上樑 날짜를 쓰거나 종도리 또는 그를 받치는 장혀의 바닥을 파고 그 속에 넣는 것인데, 기문으로 전해지고 있어, 1821년의 중수 역시 지붕부를 드러내고 종도리까지 해체하였던 대규모 공사였던 것으로 보이기 때문이다. 따라서 현재의 극락보전은 1649년 창건 이후, 1749년 해체 수리된 이래로 1770년·1786년의 수리를 거쳐, 1821년에 다시 해체·수리 된 이후의 모습이라고 하겠다.

4. 신흥사 주불전의 명칭

현재 신흥사 주불전의 명칭은 '大法堂' 혹은 '大雄殿'에서 '極樂寶殿'으로 바뀐 것이라 여겨지고 있다.[34] 그것은 아마도 신흥사 주불전의 창건 사실을 가장 먼저 기록한 「雪嶽山神興寺大法堂重創記」에 극락보전이 아닌 '대법당'으로 명기되어 있다는 점에서 비롯된 것이 아닐까 한다. 또한 1761년의 「雪嶽山神興寺大法堂石砌記」에도 제목에는 '大法堂', 본문에는 '法堂'이라 되어 있다. 그러나 이보다 앞선 기록인 1750년의 「雪嶽山神興寺大法堂重創記」에 '영서·연옥·혜원이 주불전보다 요사를 먼저 짓고 寶殿이 없는 것을 한스러워했다'[35]는 내용 다음에 "마침내 불전이 완성되어 보전이 높고 아름다웠다"[36]고 한 것을 보면 신흥사의 주불전은 창건 당시부터 '극락보전'이었으나 '대법당'으로 통칭되어왔던 것으로 보인다. 더구나 1754년의 기록인 「雪岳山神興寺極樂殿丹雘記」에는 제목에 '극락전'이라 명시되어 있어, 신흥사 주불전의 고유명사가 '극락보전'이었다는 것은 명확해진다. 이러한 사실은 1823년의 기록인 「襄洲雪岳山神興寺極樂寶殿重修上樑文」에 '창건 당시부터 극락보전이라 하였다'고 한 바를 통해 보다 분명히 알 수 있다.[37] 그동안 신흥사의 주불전이 극락보전으로 改名되었다고 하는 바는 한용운이 「신흥사사적」에, 1770년까지는 '대웅전', 1821년부터는 '극락보전'이라 기록한 바를 액면 그대로 수용한 결과로 보인다.

한편, 신흥사의 주불전이 '대웅전'이 아닌 '극락보전'이라 명명한 한 이유는 「神興寺極樂寶殿重修記」에 설명이 되어 있다. 즉, "석가모니부처님이 서방에서 오셨고 서방에는 극락세계가 있으므로 이를 따라 극락이라 편액"한 것이다.[38]

Ⅲ. 극락보전의 현황과 특징

도 4. 극락보전 정면 ⓒ주수완

극락보전은 다듬은돌기단 위에 막돌초석을 얹고, 정면 3칸 측면 3칸 구성의 평면에 원기둥을 세운 위에 다포형식으로 공포를 구성하고 팔작지붕을 얹은 신흥사의 중심 불전이다.(도 4) 건축형식의 구체적 내용을 살펴보면 다음과 같다.

1. 기단과 초석

도 5. 극락보전 기단 향좌측 탱주

도 6. 극락보전 계단 소맷돌

기단은 화강암 장대석을 3벌로 쌓고 양쪽 끝에 탱주를 세운 뒤 그 위에 갑석을 얹은 가구식기단의 일종이다. 기단 중앙부에는 폭이 넓은 계단이 조성되어 있다.[39] 세 부분으로 나뉘어있는 계단의 양옆 대우석은 상부가 둥글게 가공되어 있는데, 하단에는 용두가 조각되어 있고, 측면에는 귀면 · 태극무늬 · 안상이 조각되어 있다.(도 6)

기단의 정면 향좌측에는 길상초와 사자상이 위 · 아래로 구획된 방형 안에 조각되어 있다.(도 5) 극락보전처럼 계단에 안상과 태극무늬 조각이 있는 경우는 경기도 양주 회암사지의 건물지 계단과 강원도 춘천 청평사 대웅전 계단 등을 들 수 있다. 그러나 이 두 곳에서는 계단 전면의 돌출 부분에 二太極 무늬가 조각되어 있어 소맷돌에 三太極 무늬가 조각되어 있는 극락보전과 차이가 있다. 더구나 귀면이 계단 소맷돌에 조각된 바는 드문 사례이다. 초석은 전후·좌우 측면 모두 막돌자연석으로 구성되어 있다.

도 7. 배면기둥

2. 기둥과 평면

기둥은 안팎을 합해 총 14본의 원기둥이 쓰였다. 이 중 네 모서리 기둥은 거의 같은 크기이고 뚜렷한 민흘림이 보이며 굵기도 가장 굵다. 나머지 기둥은 내부의 후불고주를 제외하고는 비슷한 크기이다. 또한 정면에는 비교적 곧은 모양의 기둥이 세워져 있으나 나머지 부분은 다듬지 않은 자연목이다.40) 특히 배면의 기둥은 가장 자연목에 가까운 모습이다.(도 7) 불단 뒷벽인 후불벽 좌우로 서있는 불벽고주는 14본의 기둥 중 직경이 가장 좁다.

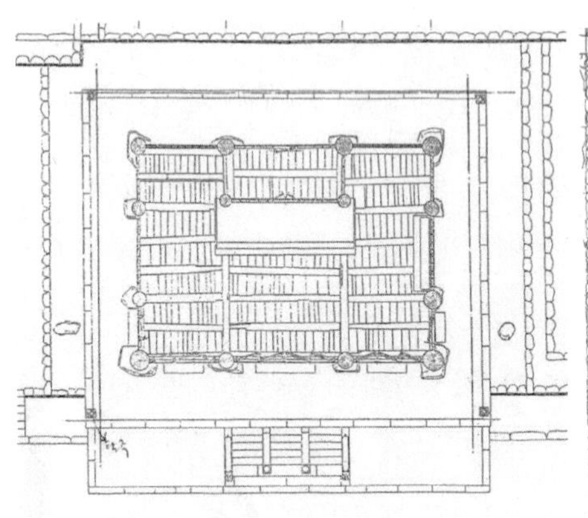
도 8. 극락보전 평면도
(『강원도 중요목조건물 실측조사보고서』, 1988 인용)

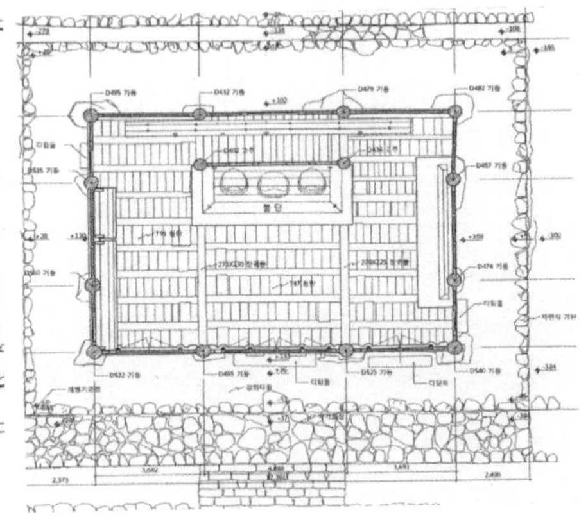
도 9. 내소사 대웅보전 평면도
(『부안 내소사 대웅보전 정밀실측보고서』, 2012 인용)

평면은 정면 3칸 측면 3칸으로 조선후기 불전의 가장 일반적인 구성을 보이고 있다.(도 8) 정면 폭 12.3m, 측면 폭 8.6m이므로, 바닥 면적은 106.4㎡ 즉 32.25평에 달한다. 17세기에 창건된 불전 중에서 극락보전처럼 3×3칸 규모이면서 바닥면적이 유사한 불전으로는 내소사 대웅보전을 예로 들 수 있다.[41](도 9) 바닥면적이 105.53㎡(약 32평)인 내소사 대웅보전은 정면:측면 비가 1.42:1이고, 극락보전은 1.43:1이어서 평면 비 역시 유사함을 알 수 있다.[42] 불단은 두 불전 모두 배면 쪽으로 약간 이동 배치되어 있다. 19세기로 갈수록 불전의 규모가 작아지고 정면에서 어칸과 협칸의 폭 차이가 줄어드는 경향이 나타나는 현상을 고려해보면 극락보전의 어칸이 협칸에 비해 약 1m가량 넓은 것은 17세기적인 요소로 판단된다.[43]

3. 창호와 벽

도 10-1. 측면 도 10-2. 정면좌측 도 10-3. 어칸 도 10-4. 정면우측 도 10-5. 배면

도 11-1. 극락보전 배면과 우측면

도 11-2. 극락보전 좌측면

창호는 정면에서는 어칸이 4분합문, 좌우협칸이 3분합문, 좌우측면에서는 정면 쪽의 퇴칸에 한 짝 출입문이 달려 있는데 모두 꽃살문이다.(도 10-1, 도 10-2, 도 10-3, 도 10-4) 배면에는 어칸 중앙에만 한 짝의 띠살문이 달려 있다.(도 10-5) 창호를 제외한 나머지 부분은 인방재로 상하 두 부분으로 나누었는데 하부는 판벽, 상부는 회벽으로 마감되어 있다.(도 11-1, 도 11-2)

정면의 꽃살문 구성을 살펴보면, 어칸의 중앙 2짝 문은 소슬빗꽃살문으로 하여 6각형의 윤곽이 꽃잎모양으로 장식되고 그 사이에 6잎을 갖춘 꽃이 조각되어 있다. 모란문살로도 추정되는 이 꽃살문은 각 창호의 창살 깊이가 약 6cm 두께이며 여기에 여러 가지 꽃잎 장식이 부가되어 섬세하고 치밀한 가공 기법이 돋보인다. 하부는 두 단으로 나뉘어 상하 모두 귀면이 그려져 있다. 이 문 좌우의 문은 전체를 소슬빗꽃살로 꾸며져 있으나 꽃잎이 부가되지 않은 문도 양쪽으로 한 짝씩 구성되어 있다.[44] 정면의 좌우협칸은 3짝문인데, 중앙 쪽으로는 한 짝의 여닫이문이고 그 옆으로는 두 짝의 문이 접히면서 열리는 형식으로 구성되어 있다. 살대구성은 3짝이 각기 다른데, 정면의 좌우 모서리 기둥과 접하는 문짝만 소슬빗꽃살문에 꽃잎이 부가되어 있어 어칸과 다르다. 나머지 두 짝문은 꽃잎이 부가되지 않고 소슬꽃살문으로만 구성되어 있는데 이 역시 어칸과 다르고 마주하는 두 짝 역시 서로 다른 모습이다. 이 꽃살문들의 하부 역시 두 단으로 나뉘어 있는데 아래쪽에는 연꽃, 위쪽에는 모란이 그려져 있다. 측면 퇴칸에 구성되어 있는 꽃살문은 정면 퇴칸의 모서리 기둥과 접하는 꽃살문과 같은 구성인데 꽃살대 아랫부분, 출입하는 이들의 손이 닿는 부분은 탈락과 훼손이 심하다.

4. 평방 및 창방

도 12. 극락보전 정면의 창방과 평방

기둥 좌우로는 창방이, 기둥머리 위로는 평방이 사방으로 결구되어 있으며 창방 뺄목과 평방 뺄목은 모두 같은 길이로 뻗어 있고 마구리는 직절되어 있다. 평방은 기둥 위에서 합보 되어 있다.(도 12)

5. 공포

공포는 다포형식으로 외 3출목 7포, 내 5출목 11포로 구성되어 있다.[45] 평방 위에 짜여 있는 공포는 전후면의 어칸에는 3조, 협칸에는 2조씩 배열되어 있다, 양측면에서는 어칸에 2조, 협칸에는 1조씩 배치되어 있다.(도 13-1, 도 13-2, 도 13-3) 출목첨차는 교두형으로 마구리는 직절하였고 하부는 둥글게 치목되어 있다. 출목첨차와 직교하도록 결구되어 있는 살미첨차의 구성은 정면과 측면, 배면이 각기 다르게 구성되어 있다. 정면에서는 외부의 1・2・3제공은 앙서형으로 동일한데 주심포에서는 4・5제공이 결구될 위치에 보뺄목이 놓여 있다. 주간포에서는 4제공에 용두, 5제공에는 봉두조각이 결구되어 있다. 좌우측면과 배면에서도 1・2・3제공

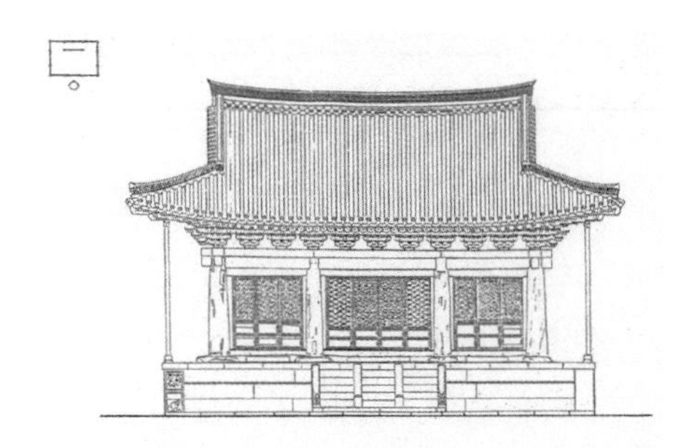

도 13-1. 극락보전 정면도
(『강원도 중요목조건물 실측조사보고서』,1988 인용)

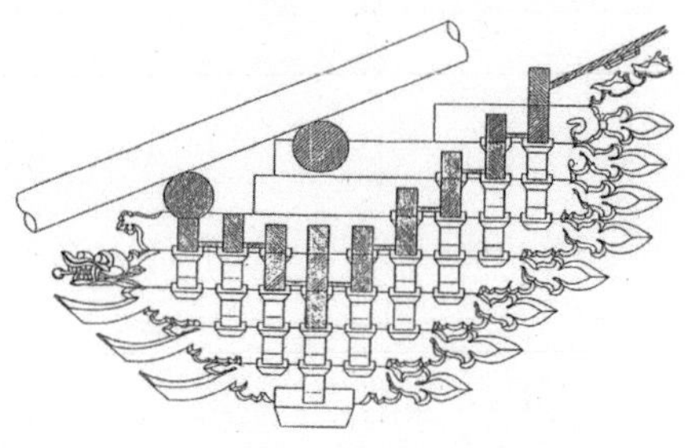

도 14-1. 정면 주간포
(『강원도중요목조건물 실측조사보고서』,1988 인용)

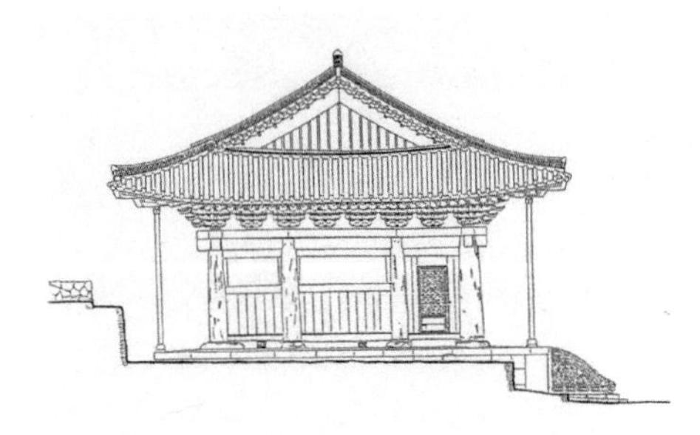

도 13-2. 극락보전 좌측면도
(『강원도 중요목조건물 실측조사보고서』,1988 인용)

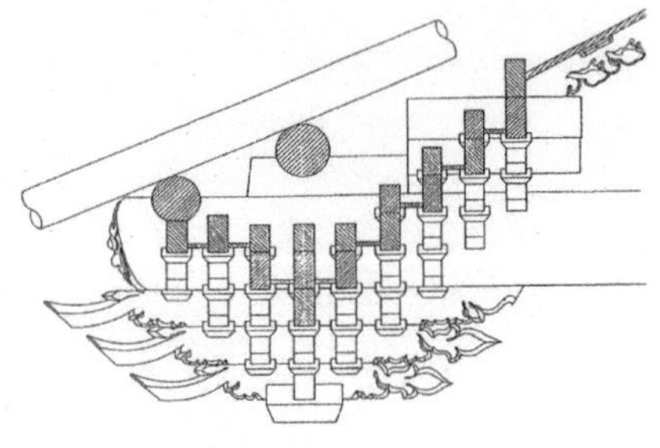

도 14-2. 정면 주심포
(『강원도중요목조건물 실측조사보고서』,1988 인용)

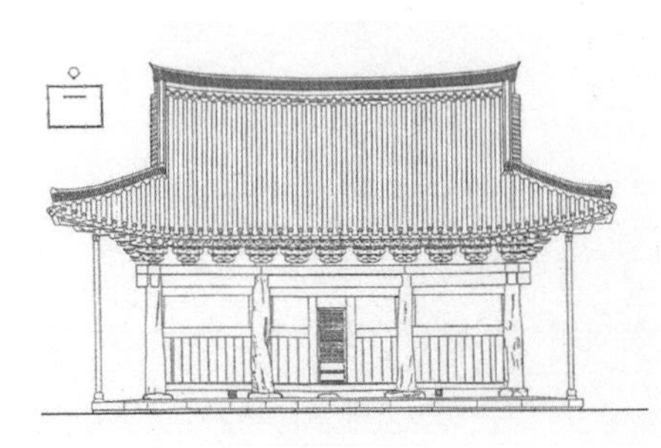

도 13-3. 극락보전 배면도
(『강원도 중요목조건물 실측조사보고서』,1988 인용

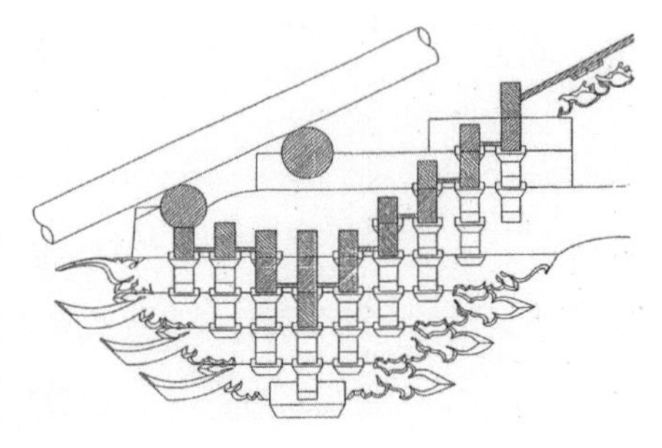

도 14-3. 향좌측면 주심포
(『강원도중요목조건물 실측조사보고서』,1988 인용)

은 앙서형이지만, 향좌측면에서는 정면에서부터 3번째 위치에 놓인 공포 한 곳에만 4제공에 용두, 5제공에 봉두가 결구되어 있다. 나머지 부분에서 1·2·3제공은 앙서, 4제공은 수서, 5제공에 봉두가 결구되어 있다. 향우측면에서도 어칸의 주간포에만 1·2·3제공은 앙서, 4제공에 용두, 5제공에는 봉두조각이 결구되어 있고, 나머지 부분은 향좌측면과 동일한 모습이다. 배면에서 주심포에는 보뺄목이, 주간포에는 4제공에 수서, 5제공에 봉두조각이 결구되어 있다.(도 14-1, 도 14-2, 도 14-3) 이러한 상황을 고려해보면 극락보전 각 면의 시각적 우순 순위는 '정면 > 향우측면 > 향좌측면 > 배면' 순이었음을 알 수 있다.[46]

각 면의 살미첨차 세부수법은 거의 동일한데, 외부는 3제공까지 앙서가 완만한 곡선을 보이고 앙서가 시작되는 부분에는 연봉장식이 부가되어 있다. 내부 살미는 전체가 운궁을 이루면서 끝이 날카롭게 조각된 연봉이 중첩된 모습이다. 출목간격은 포마다 조금씩 다르지만, 창건 당시에는 같은 치수로 계획된 것으로 보인다. 귀포는 좌우대에 측면의 수서가 결구된 첨차가 4개씩 결구되어 있고, 그 사이 45° 방향에 4제공이 앙서나 쇠서형이 아닌 뾰족하게 조각된 살미형태로 놓이고, 5제공으로는 용두조각이 결구되어 있는데 쇠서보다 돌출되어 있다.(도 15)

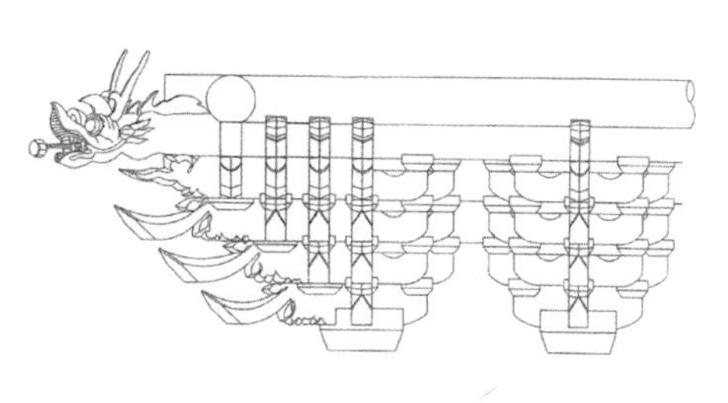

도 15. 귀포
(『강원도 중요목조건물 실측조사보고서』, 1988 인용)

전체적으로 보면 극락보전의 공포는 조선후기의 일반적인 형태이며, 전후면과 좌우측면 및 내부의 모든 살미가 초제공에서 삼분두까지 연화초각으로 연결된 연화쇠서형이다.

한편, 18세기 이후 불전에 자주 보이는 어칸의 안초공 용조각은 결구되지 않았다. 용두는 앞서 살펴본 바와 같이 정면과 측면의 간포에서 살미첨차에 결구되어 있고, 귀공포 상부에도 45°로 결구되어 있는데, 용의 혓바닥 위에 올려진 여의주를 막대기처럼 표현한 모습이 모두 동일하다.

6. 보 · 충량 · 도리

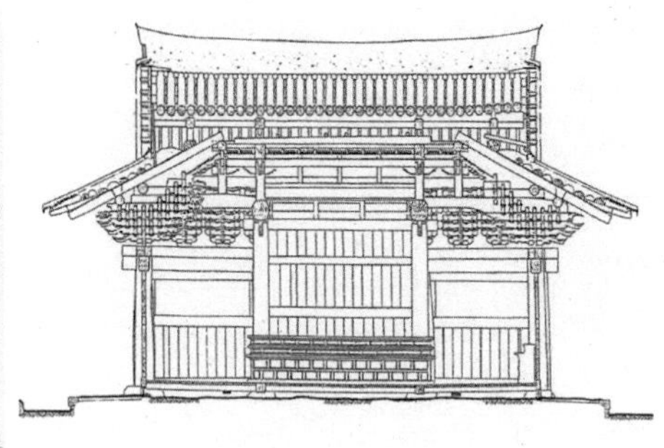

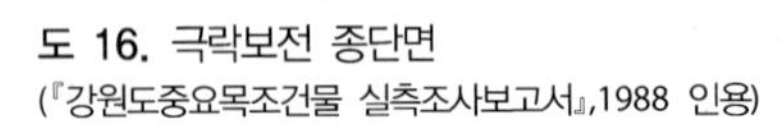

도 16. 극락보전 종단면
(『강원도중요목조건물 실측조사보고서』,1988 인용)

도 17. 극락보전 횡단면도
(『강원도중요목조건물 실측조사보고서』,1988 인용)

공포 위에 보를 걸치는 방법은 정면과 측면이 다르다. 정면에서는 대들보가 삼제공 위에 얹혀 외부에서는 그대로 보뺄목이 되고 이 보머리 위로 외목도리가 걸려 있고, 보뺄목에는 귀면이 조각되어 있다. 전후 평주의 3제공 위에 걸려 있는 대들보는 합보하지 않은 通梁이라는 점이 주목된다.[47] 대들보를 삼분변작 하여 동자주 둘을 세우고 그 위로 중보와 중종도리를 걸었다. 중보도 삼분변작 하고 동자주 2개를 세우고 종보를 건 위에 동자주형 대공을 세워 종도리를 받치게 한 구성도 극락보전 결구의 특징이다.[48](도 16) 내부에서는 대들보 아래에 고주가 결구되어 있는데, 이 두 부재는 보아지의 결구로 보다 긴밀하게 구성된 모습이다.

측면에서는 충량이 결구되어 있는데, 측면 주심포의 4제공 상부에서 대들보 위로 올려지지 않고 측면에 결구되어 있다. 충량은 좌우측에 각 2본씩 총 4본이 결구되어 있으며 머리는 직절되어 있다. 닫집과 마주하는 쪽의 충량이 직절된 것은 일반적이지만, 정면 쪽의 충량이 직절되고 아무런 장식 없이 직절된 것은 조선후기 불전의 충량 형식과는 다른 모습이다.(도 16, 도 17)

7. 가구법 · 천장 · 지붕

도 18. 우물천장과 빗천장

도 19. 우물천장의 문구

가구는 1고주 7량으로, 고주는 내부 후면에 불단 후불벽 좌우로 2개가 서 있다.(도 8, 도 16, 도 17) 천장은 우물천장과 빗천장으로 구성하였는데 중보에 대어 우물반자를 가설하고 그 둘레는 빗반자를 가설하였다.(도 18) 불단 윗부분의 천장은 가로 9칸, 세로 7칸으로 구획하여, 井자형 틀을 짜고 그 위로 6개의 원과 그 내부로 이들과 연접하는 원을 그려 놓았다. 이러한 총 7개의 원에는 '主上殿下壽萬世' '王妃殿下壽萬世' 등의 왕실기원 문구와 '一中一切多中一' 등 의상대사의 「法性偈」 구절을 써 놓았다. 붉은색 바탕에 금니로 그림을 그리고 글씨를 쓴 것이어서 왕실원찰로서의 장엄이라 여겨진다.[49] (도 19)

처마는 겹처마이며 지붕은 팔작지붕이다. 특히 기와 중 추녀 끝의 막새와 내림새에는 용·학 등이 새겨진 것이 많고 梵字가 새겨진 것도 일부 있다.(도 4)

8. 닫집

도 20. 닫집과 불단

극락보전의 닫집은 亞자형으로 당주가 불단 위까지 뻗어 내려와 있다. 삼존불상의 닫집이어서 닫집의 천장은 3부분으로 나뉘어, 각 부분마다 8각형의 감입보개형으로 구성되어 있다. 보개형 천장에는 각기 용조각이 하나의 판재에 평면적으로 조각되어 있는데, 어칸이 가장 넓고 용 조각도 가장 크다. 亞자의 모서리에 해당하는 당주에는 꽃 조각으로 마무리되어 있다.(도 20)

이상에서 살펴본 형식적 요소들을 고려해 볼 때, 극락보전은 5차례에 걸친 보수로 여러 부재들이 바뀌었지만, 17세기에 창건될 당시의 모습은 평면 주칸에 남아 있는 것으로 판단된다. 공포부는 지붕부의 구성방식과 관계가 있고 건축시기 및 건축장인의 조형감각 판단에 있어 매우 중요한 요소라는 점을 고려해 보면, 신흥사 극락보전은 18・19세기의 중수를 거치면서 당대의 공포형식이 반영된 연화쇠서형으로 변화되었을 것으로 추정된다. 그러나 비례와 장엄 등에는 17세기 모습을 간직하고 있다고 여겨진다. 예컨대 18세기 이후 보편화되는 정면 어칸의 안초공 및 충량의 용두조각이 극락보전에는 결구되지 않았기 때문이다. 다만, 상하로 나뉜 벽체의 하부가 판재로 마감된 판벽인 점은, 19세기 이후 조성되는 주불전에서 발견되는 요소이므로,[50] 이는 19세기의 중수 결과라 볼 수 있다. 따라서 극락보전은 1649년 창건 당시 모습을 근간으로 하여 18・19세기의 건축형식이 반영되어 중수・중건된 불전이라 하겠다.

Ⅳ. 극락보전의 건축사적 의미

연혁에서 살펴본 바와 같이 극락보전은 1649년 창건되어 총 5차례 중창·중건·중수되었으므로 현재 모습이 1649년 창건 당시의 모습이라 보기는 어렵다. 더욱이 17세기에는 서남해안 지역에 주로 보이던 연화쇠서형 공포가 18세기 이후 전국적으로 보편화되었다고 판단되므로[51)] 극락보전의 현상은 18세기 이후 즉, 1749년 이후의 양상이라 여겨진다. 따라서 17세기에 창건되어 18세기에 중수·중창을 거친 극락보전을 17·18세기의 불전과 비교하는 것은 극락보전의 건축사적 의미를 파악하는데 필수적이라 하겠다. 17·18세기의 주불전 중에서 극락보전과 유사한 평면구조와 지붕 및 공포형식을 보이는 건물은 1633년 중건된 전북 부안 내소사 대웅보전과 1727~1732년 중창된 경북 대구 동화사 대웅전이다. 이들의 건축형식을 정리해보면 다음의 <표 2>와 같다.[52)]

〈표 2〉 극락보전과 유사한 형식의 불전 비교

단위 mm

	신흥사 극락보전	내소사 대웅보전	동화사 대웅전
건축시기	1649년 창건 1749년 중창, 1770년 중건 1786년·1821년 중건	1633년 중건 1911년 중수	1727년~1732년 중창
평면규모/ 지붕	3×3칸 / 팔작	3×3칸 / 팔작	3×3칸 / 팔작
면적	106.44	105.53	105.29
정면 너비	12,314	12,300	12,200
정면 어칸	4,902	4,920	4,900
정면 좌협칸	3,713	3,690	3,650
정면 우협칸	3,699	3,690	3,650
측면 너비	8,644	8,580(28영조척)	8,630
측면 어칸	3,680	3,660	3,650

	신흥사 극락보전	내소사 대웅보전	동화사 대웅전
측면 전협칸	2,486	2,460	2,490
측면 후협칸	2,478	2,460	2,490
정면 창호	꽃살문	꽃살문	꽃살문
충량	有, 용두조각×	有, 정면쪽으로만○	有, 용두조각×
불단/기둥	후열 이주형/ 외편주	후열 이주형/ 외편주	후열 이주형/ 외편주
외목도리까지 높이	5,701	5,445	5,190
외목도리~종도리	2,724	3,464	2,730
출목 수	외 3출목 내 5출목	외 3출목 내 5출목	외 3출목 내 5출목
공포	연화쇠서형	연화쇠서형	연화쇠서형
처마 내밀기	2,963	2,663	2,730
가구	1고주7량가	1고주5량가	1고주5량가

<표 2>를 통해 17·18세기에 창건되어 중창된 극락보전·내소사 대웅보전·동화사 대웅전의 형식이 유사함을 알 수 있다. 3동의 불전 중 가장 먼저 지어진 내소사 대웅보전을 기준으로 보면, 극락보전은 바닥 면적이 조금 넓고 동화사 대웅보전은 크게 차이나지 않는다. 따라서 세 불전의 면적은 비슷하다고 해도 과언이 아니다. 또한 공포형식과 출목·정면 꽃살문·평면에서 불단의 위치 등도 거의 유사함을 알 수 있다. 아울러 정면과 측면 모두 어칸은 넓게, 좌우측면의 각 칸은 어칸보다 좁지만 동일한 너비로 조성되었다는 점도 공통적이다. 극락보전은 다른 두 동에 비해, 단면에서 부재들의 높이가 높고, 처마내밀기가 길다는 특징을 보이지만 충량의 결구와 장엄은 동화사 대웅전과 유사하다.

이 3동을 비롯하여 조선후기 목조건축에서 파악되는 특징적 요소들이 지역성을 반영한 것인지 혹은 시대성을 반영한 것인지 또는 도편수의 계통적 특징에서 비롯된 것인지를 구분하기는 쉽지 않다.[53] 그러나 18세기 들어 목조건물에서는 내부 출목수가, 주심이나 간포에서 모두 외부보다 증가하며, 내외의 살미는 판재 형상으로 일체화되고 살미는 바깥 끝이 아래로 처지지 않고 살미첨차의 몸체와 수평을

이루면서 끝이 위로 향하는 앙서가 되기도 하며, 귀포에서는 살미가 가지런히 정돈된 모습을 보이는 경향이 두드러지게 나타난다.[54] 그리고 이러한 경향은 극락보전을 비롯한 3동의 양상과 부합한다. 단, 17세기까지 안초공은 대개 창방이나 주두까지만 올라와 있었지만 18세기 이후로는 주두 위로 올라가 초제공 살미와 맞닿는 경우도 생기는데 3동의 불전에는 안초공이 결구되지 않았다는 점도 공통적이다. 이러한 경향을 호남·영남·관동지방의 사찰 주불전에서 파악할 수 있다는 바는 18세기 후반 이후 佛殿에서 架構와 공간구성이 보편화되었음을 입증하는 사례로 볼 수 있다.

한편, 극락보전 불단에는 아미타불상을 중심으로 좌우에 관세음보살상과 대세지보살상이 봉안되어 있다. 이 상들은 명부전에 봉안되어 있는 <목조지장보살삼존상>과 함께 1651년(효종 2) 無染파가 조성하고 벽암각성이 증명한 것이어서 극락보전의 건축과 관련하여 주목해 볼 필요가 있다. 무염은 1635년 불갑사대웅전의 <삼세불상>을 비롯하여, 1656년 완주 송광사 나한전의 <석가삼존상>과 <십육나한상> 등, 호남지역의 불상을 조성한 이력을 갖고 있어[55] 극락보전이 부안 내소사 대웅보전과 유사한 건축형식을 보이는 바와 관련하여 생각해 볼 수 있다. 또한 1640년대 말부터 1650년대까지 설악산 신흥사에서 대규모 중창이 이뤄질 당시, 호남지역을 중심으로 빈번하게 불사를 주도하였던 벽암각성이 전국적으로 널리 알려져 있어, 각 분야의 승장들과 함께 동시에 초청되었을 가능성도 높아 보인다. 그렇다면 신흥사의 불사는 조각장인 무염보다는 당시 호남지역을 비롯하여 전국 각지에 주석하며 불사를 이끌었던 벽암각성과 관계된 일로 생각해 볼 수 있다. 다만, 벽암각성은 부휴선수계로, 청허계가 이끌었던 신흥사와 법맥이 직접적으로 닿지는 않는다. 이는 「神興寺事蹟」에 수록된 기문을 작성한 신흥사 스님들의 법맥을 통해 추론해 볼 수 있다. <표 3>은 그 내용을 정리한 것이다.[56]

〈표 3〉 설악산 신흥사의 法脈

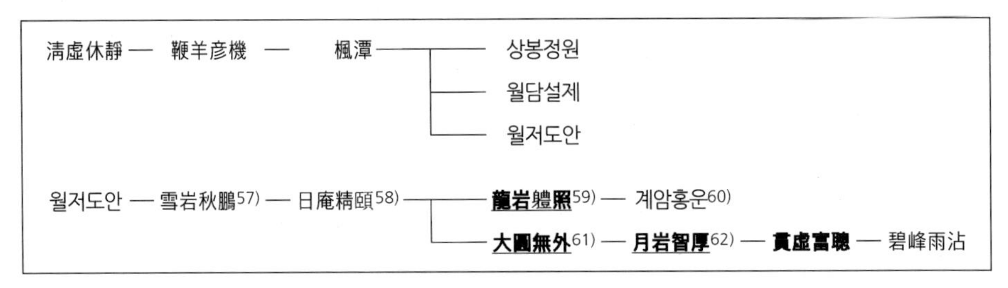

신흥사는 淸虛系 鞭羊彦機파의 月渚道安 門徒로 법맥이 이어져, 부휴계였던 벽암각성이 지속적으로 활동한 공간이라 보기는 어렵다. 따라서 벽암각성이 새로운 터전에서 이룩되는 신흥사의 불사를, 양란 이후 재건되는 여느 사찰의 불사에서처럼 진두지휘하였을 것으로 보이나 일회에 불과했을 것으로 여겨진다. 결과적으로 보면 벽암각성의 지휘하에 있던 호남지역 사찰을 주 무대로 하여, 불상·불화·불전 등을 조성하던 승장들이 신흥사에 그들의 조형 특징을 구현한 작품을 남긴 것이다. 그것이 무염파가 조성한 불상이고 극락보전의 근간을 이루고 있다고 하겠다.

이제까지 살펴본 내용을 토대로 극락보전의 건축사적 의의를 정리해보면 다음과 같다.

첫째, 건축 양식적으로는 17세기 형식을 바탕으로 18세기의 공포형식과 19세기의 판벽형식이 부가된 불전이라는 점에서 의의가 있다. 1649년 창건 이래로, 5회에 걸친 보수와 2회의 단청을 겪었기에 극락보전에 세기별로 특징이 나타나는 바는 당연한 일로 보인다. 그러나 5차례의 중수를 거치면서도 건물의 근간인 평면의 규모 및 주칸 등은 거의 유지된 것으로 보인다.

둘째, 신흥사 중창 불사를 주관한 이는 화엄사 중창불사를 비롯하여 17세기 동안 전국 각지의 건축 일을 가장 많이 총괄했던 도총섭 벽암각성으로 추정된다는 점에서 의미가 있다. 벽암각성은 주요 활동 지역이던 호남에서 멀리 떨어진 강원도 속초 신흥사 불사에서 무염파에게 극락보전의 <아미타불상>과 명부전의 <지장보살상> 등을 조성케 하는 한편, 그동안 함께 일해왔던 호남지역의 僧匠에게 극락보전을 비롯한 주요 불전을 짓게 한 것으로 여겨진다. 이 점은 앞으로 조선후기 불사의 경향을 파악하는 데 있어, 중요한 실마리가 될 것이라 생각한다.

셋째, 17세기에 호남지역의 승장에 의해 창건된 것으로 추정된다는 점에서 의의가 있다. 17세기 불전으로서 공예적 가치가 인정되어 보물로 지정되어 있는 부안 내소사 대웅보전이 극락보전과 평면 및 공포 유형 면에서 매우 유사하다는 점과 호남지역에서 활약한 무염파가 조각하고 벽암각성이 증명한 불상이 극락보전에 봉안되어 있다는 점은 간과할 수 없는 사실이다. 무염파가 극락보전의 <삼존불상> 및 명부전의 <지장삼존상>을 조성하였다는 사실은 내소사 대웅보전과의 건축형식이 유사한 점을 이해하는데 실마리가 된다.

넷째, 내부 가구에서는 일부 변형된 부분도 있으나 화려한 꽃살문과 연화 쇠서형 공포 등이 돋보이는 18세기 이후 목조건축의 특징을 갖춘 건물이라는 점에서 의의가 있다.

다섯째, 조선후기 불전에서는 매우 드물게 다듬은돌로 기단을 쌓고 면석에 사자 및 모란 부조상이 조각되었다는 점과 계단의 소맷돌에 태극문양과 귀면 및 안상이 조각되어 있다는 점에서 의의가 있다. 뿐만 아니라 1761년이라는 조성년대를 알 수 있다는 점 역시 극락보전의 건축사적 의미를 부각시키고 있다.

V. 맺음말

신흥사 극락보전은 기단과 계단의 조각에서부터 화려한 꽃살문과 격조 있는 공포와 단청에 이르기까지 건축요소 하나하나가 주목되는 아름다운 불전임에도 불구하고, 그동안 판벽 등의 19세기적 요소만 부각되어 그 의미가 제대로 평가되지 못하였다. 이 글에서는 관련 기록과 현존하는 양상을 살펴, 극락보전을 1649년 창건 당시의 평면에 18세기 이후 공포형식과 장엄이 더해진 건물로 판단해 보았다. 17세기의 신흥사의 창건을 벽암각성의 지휘 하에, 무염파 조각장을 비롯한 각 분야의 승장들이 대거 참여하여 이룩된 불사로 추론한 바는 향후 관련 연구에 디딤돌이 될 것으로 기대한다.

〈부록〉63)

1. 『龍巖堂貴稿』에 수록된 신흥사 관련 기문

1) 雪岳山神興寺極樂殿丹雘記

貧道 少自湖南萍轉 住錫天吼之內院 有年 一日 山人聖谷 謂余曰 寺之極樂殿 寺僧熏弼兩人 去黃蛇春 命工重新 見聞喜之而所欠 乃丹雘也 天雖高 無月星何度 地雖廣 無木石何用 殿之不繪彩 亦天而無度 地而無用類也 斯有化士 準泂等 殫心力募緣 歲甲戌 淸和月 召畫師 至鶉味月 訖丹碧之役焉 然而無記 又不可也 予其志之曰 貧道 何敢卽君之請 是記

2) 雪岳山神興寺四天王記

聞吾佛雪山道成 四王獻鉢 此山是雪岳 寺號以神興 則不可無四王故 昔年 如滿雪草二人 塑相奉安矣 年久像廢 寺僧誼與熙與環 發願鳩財 重新厥像 有增前制 偉哉 況合於成道獻鉢之瑞乎 若無記 則後之遊者 不知何春秋之重修 吾不揆不才 略記其事 山水之美 寺刹之勝 已具於諸名公所記 故非所述 若非向三人之功 孰於千百世之下 復見千百世之瑞也 三人者 眞釋氏之人傑也

2. 普齋樓에 걸려있는 현판 기문

雪嶽山神興寺三寶重建記64)

我寺三寶之創奧 在甲申於今爲數十有餘年經 始不審擇地不善□□ 湫隘低□汙下 在山 而不知有山 臨水而不知有水 人莫不以背樓 而墻爲病焉 余欲相址 而改建者有年顧以時詘擧嬴有意 而未就 乃於去年春 斷於心而謀於衆卜之軒 敞麥塏者而滒焉 爲役越三月而告訖 盖以龜

筮之吉 而人謀之協從也 其制則皆仍舊貫而梢廣 其間架不欲過自侈大以費財也 於是乎 林壑之美 谿磵之勝 無不聳出呈露回巧 獻伎達摩之當稽 而高壑者 今爲透迤 而環拱瓘全之高鄗壁 而隱蔽者今焉 晃朗而秀拔其餘 天吼雪嶽之雄蹲 而挺峙者各據其方 皆爲我有瀜瀜循除之流 簁簁蔭庭之樹 無非心會神恰者而豁然 改觀一山之屋廬已畢泰矣 古有澄觀 造建僧伽鐘塔於泗川開元寺而大爲唐世 文人之所稱道然 余豈夸閏麗以衒於人哉 惟冀衆人之並力齋心以察 夫殿宇樓寮之傾圮 而頹毁者 而修葺不已 爲山中之老古錐則 豈非業門之堂搆人哉

聖上卽位十年八月日 龍巖門人 弘運識

山中宗師 大圓無外
聖谷載憲
老德 嘉善信淡
通政琢密
通政振忱
嘉善覺熏
三綱 住持 嘉善性覺
僧統 嘉善弘澄
首僧莊信
次知 嘉善有學 通政暢悟
書記 通政道相
木手 都片手 通政晋連
彩俱
惠根
金福□
朴明周

治匠 申武山

判事 釋肯岺刻

次知 嘉善以臣

通政最欲

通政證欽

別座 都監 桂菴弘運(65)

供養主 □植 萬和

寺中 通政宇房

通政淨熏

通政□層

嘉善道德

嘉善弘眼

嘉善碧鵬

通政敬淳

通政弘漢

嘉善樂最

嘉善位喆

通政宥深

嘉善位樞(66)

通政萬淸

途排經助納秩 觀業

蘇彦

尙直

閏洪

守察

日沾

주

1) 이 글을 발표할 당시에는 강원 유형문화재 제14호였으나, 이후 가치가 인정되어 2018년 6월4일, 보물 제1981호로 지정되었다.

2) 한국학문헌연구소 편, 『乾鳳寺本末事蹟』 (아세아문화사, 1977), p.85.

3) 靈瑞는 1651년 조성된 <신흥사 목조지장보살삼존상>의 복장 내 축원문에 "大化主"로 기록되어 있으며 1661년과 1666년의 板經불사에도 連玉·慧元과 함께 "化主"로 기록되어 있다. 문명대, 「무염파 목불상의 조성과 설악산 신흥사 목아미타삼존불상의 연구」, 『강좌미술사』 20호(사.한국미술사연구소·한국불교미술사학회, 2003), p.79; 신흥사 소장 『修設水陸大會所』(1661) 와 『大顚和尙注心經』(1666) 跋文 및 刊記. 한편, 「神興寺史蹟」의 '神興寺의 眞影'에 57명의 이름이 수록되어 있는데, 芙蓉靈觀 다음의 "貫雲靈瑞"가 신흥사를 중창한 '영서'가 아닐까 한다. 한국학문헌연구소 편, 앞의 책, p.94.

4) 이 중 영서·연옥은 1651년 조성된 극락보전의 관음보살상 복장 축원문에 각기 "大化主", "化主", "魚別座"로 기록되어 있다. 문명대, 위의 논문 참조. 한편, 혜원은 「神興寺史蹟」에는 "惠元"으로, 「雪嶽山神興寺大法堂重創記」(1750)에는 "慧元"으로 되어 있고, 「神興寺極樂殿重修記」에는 혜원 없이 靈瑞·淨藍만 기록되어 있다. 이러한 기록들은 신흥사 불전을 창건한 주체들이 불상·경판 조성 등의 佛事에도 주도적이었음을 시사하고 있다. 속초시·한국미술사연구소, 『속초 신흥사 - 극락보전·경판 학술조사 보고서』, 2015 참조.

5) 1761년(영조 37) 龍岩體照가 지은 「雪嶽山神興寺大法堂石砌記」에 따르면 '주변의 지형과 불교사상에 의거'하여 신흥사라 했다는 것을 알 수 있는데. 구체적 내용은 다음과 같다. "新興은 어떠한 까닭으로 '신흥'이 되었는가, 석가세존은 당시 설산에서 도를 얻으셨다. 나아가 신흥사에서 10리 거리에는 홀로 빼어난 千尺의 고봉이 있으니 곧 미륵봉이요 아랫사람들이 감히 올라가지 못할 만길 층암 위에 한 굴이 있으니 금강굴이라고도 하고 毘鉢羅窟이라고도 한다. 『화엄경』에서는 '가섭존자가 金襴袈裟와 碧玉奇鉢을 가지고 비발라굴에서 미륵보살이 이 세상에 나타날 때를 기다리고 있다'고 하였다. 또한 이 굴의 모양새를 자세히 살펴보면 음식을 끊은 승려가 머물고 있는 모습이요, 선정을 얻어 말이 없는 승려가 계율을 지키는 모습이며, 고요히 벽을 보고 앉은 승려가 소림사에 있는 듯한 모습이다. 부처와 부처, 조사와 조사들이 心印을 주고받은 그 아름다운 곳이 이곳 아니겠는가" 『전통사찰 총서 2-강원도 2』 (사찰문화연구원, 1992), p.33 인용; 한국학문헌연구소 편, 앞의 책, pp.98~99.

6) 현재 신흥사 보제루에는 269매의 목판이 보전되고 있다. 2014년 조사한 바에 따르면 이들 목판의 조성시기는 1658년·1661년·1665년·1666년·1670년으로 구분된다. 속초시·한국미술사연구소, 앞의 보고서 참조.

7) 『肅宗實錄』 卷11 肅宗 7年 5月 11日(癸亥), "雪岳山神興寺及繼祖窟巨巖俱崩頹" 이런 사실에도 불구하고 지진피해를 입었다는 기록이 전하지 않는 것을 보면 신흥사 본사의 피해는 거의 없었고, 부속암자인 계조굴만 붕괴되었을 가능성도 고려해 볼 수 있다.

8) 유경희, 「미국 LACMA소장 神興寺 靈山會上圖」 『강좌미술사』 45,(사.한국미술사연구소·한국불교미술사학회, 2015)), pp.53~71.

9) 1754년의 단청은 「雪岳山神興寺極樂殿丹艧記」에, 사천왕상 조성은 「雪岳山神興寺四天王記」에 기록되어 있다. 이 두 기문은 용암체조의 『龍巖堂遺稿』에 수록되어 있는데, 「신흥사지」를 비롯한 신흥사 관련기록에는 언급된 바가 없다. 「설악산신흥사사천왕기」에는 '신흥사는 본래 사천왕을 필요로 하지 않았지만 옛날에 塑像을 만들어두었다가 무너져 사라지자 안타까워하며 세 스님이 발원하여 예전보다 더 크게 만들었다'고 되어 있으나, 기문의 작성 시기 및 사천왕상 조성 시기는 언급되지 않았다. 다만, 용암체조의 입적이 1779년이므로, 이때가 기록의 하한으로 보인다. 東國大學校 佛典刊行委員會 編, 『韓國佛敎全書 第9冊: 朝鮮時代篇 3』 (동국대학교출판부, 1988), pp.788~789.

10) 현재 보제루에 걸려 있는 桂菴弘運의 <雪嶽山神興寺三寶重建記>(1786)에 기록된 내용으로, 역시 『건봉사급건봉사본말사적』은 물론이고, 신흥사 관련기록 어디에도 언급되지 않았다. 여기에는 당시 불사에 참여한 이들의 성명이 직책과 함께 수록되어 있는데 건축 관계자로 "木手 都片手 通政晋連, 彩俱, 惠根, 金福□, 朴明

周”가 기록되어 있다.

11) 『日省錄』 純祖 14年 6月 3日(壬戌).

12) 「신흥사사적」에 대웅전이라 되어 있는 것은 모두 ‘극락보전’으로 바꾸었으며, 부속 암자 내용은 제외하였다.

13) 「신흥사사적」에는 ‘應眞殿’이라 되어 있다.

14) 이는 벽암각성과 효종의 우호적인 관계에서 비롯된 일이 아닐까 한다. 효종은 봉림대군 시절인 1624년(인조 20) 안주에서 벽암과 만나 화엄의 종지를 담론한 후로 찬탄하고 후하게 施與한 바 있으므로, 1650년 무렵 신흥사 불사에 관여하는 벽암각성을 후원하는 차원에서 향로를 하사했을 가능성이 있다.

15) 유근자, 「신흥사 경판의 조성배경과 사상」 『강좌미술사』 45호 (사.한국미술사연구소·한국불교미술사학회, 2015), p.112; 김현정, 「1658~1661년(順治年間) 신흥사 수륙재 의식집의 간행」 『강좌미술사』 45호 (사.한국미술사연구소·한국불교미술사학회, 2015), p.159.

16) 月岩智厚의 제자. <표 3>의 신흥사 법맥도 참조.

17) 한국학문헌연구소 편, 앞의 책, p.103. 용선전은 열성전의 위패를 봉안키 위해 1801년 세워졌다.

18) 이 기문을 통해, 신흥사가 정조의 추복을 맡게 된 데는 용동궁의 역할이 컸음을 알 수 있다. 용동궁은 정조 년간에는 慈宮 즉, 정조의 生母 혜경궁 홍씨의 內帑이었다. 『正祖實錄』 卷8 正祖 3年 10月 25日(乙亥) “命戶曹宣惠廳每朔以慈宮補用錢一百五十兩輸送于龍洞宮”; 조영준, 「19세기 왕실재정의 운영실태와 변화양태」 (서울대학교대학원 경제학과 박사학위청구논문, 2008), p.36. 자궁이 혜경궁 홍씨라는 사실은 『正祖實錄』 卷1, 正祖 卽位年 6月 16日(乙卯) 조 등에서 확인된다. 이러한 사실에 비춰볼 때 혜경궁 홍씨의 내탕인 용동궁에서 정조의 추복에 적극적으로 나섰던 바를 이해할 수 있다.

19) 乾隆 39年이라는 간기가 있지만 1776년 3월에 승하한 英祖까지 수록된 것을 보면, 현판기문 작성 이후 영조를 追記했음을 알 수 있다. 한편, 국기현판은 경북 울진 불영사와 강원도 삼척 영은사에서도 확인된다. 손신영, 「울진 불영사 의상전 연구」 『불교학보』 86집(동국대학교 불교문화연구원, 2019), p.182.

20) 睿宗(1441~1469)과 그의 繼妃 安順王后(생년미상~1498)의 능.

21) 英祖의 元妃인 貞聖王后(1692~1757)의 능.

22) 조포사는 능침사와 마찬가지로 陵園에 소속되어 기도 및 각종 제수와 소요 물품을 공급하는 한편, 왕실기도를 봉행하던 사찰이다. 그러나 조선말기로 갈수록 기도처로서의 기능은 사라지고, 제물과 노동력을 공급하는 등의 僧役만 부담하게 되었다. 조포사에서 담당해야 하는 승역이 과도하거나 조포사의 경제사정이 좋지 않은 경우 속사 즉 조포속사를 지정하기도 하였다. 대부분의 조포사에는 왕실의 특혜나 경제적 지원이 거의 없었기 때문에 상당수의 조포사들은 경제적 어려움을 겪었는데, 내수사나 호조에서는 조포사에 완문을 내려 지방 관아의 잡역을 면제하도록 조치하기도 하였다. 탁효정, 「『묘전궁릉원묘조포사조』를 통해 본 조선후기 능침사의 실태」 『조선시대사학보』 61집(조선시대사학회, 2012), pp.195~229.

23) 『日省錄』 純祖 14年 6月 3日(壬戌); 純祖 17年 9月 26日(丁卯).

24) 『純宗實錄』 純宗1年 7月 23日.

25) 「神興寺事蹟」에는 1647년에 “대웅전을 창건하다”로 되어 있다. 한국학문헌연구소 편, 앞의 책, p.86. 그러나 이 사실이 구체적으로 기록된 「雪嶽山神興寺大法堂重創記」(1750)에는 ‘1647년 始役, 1648년 上樑, 1649년 告訖’이라 세분되어 있어 극락보전의 창건년대는 1649년으로 판단하였다. 한국학문헌연구소 편, 앞의 책, p.98.

26) 「雪嶽山神興寺大法堂重創記」에 의하면 就眞·淸遠이 발원하고 각훈 등 7명이 화주를 맡았음을 알 수 있다. 한편, 「神興寺事蹟」에는 “覺熏”을 “覺重”이라 하였다. 한국학문헌연구소 편, 앞의 책, p.86 및 p.98.

27) 이 내용은 『용암당유고』의 「설악산신흥사극락전단확기」에서 확인되는데, <설악산신흥사삼보중건기>와 마찬가지로 『건봉사말사사적』은 물론이고, 신흥사 관련 기록 어디에도 언급되어 있지 않다. 東國大學校 佛典刊行委員會 編, 앞의 책, p.788.

龍巖堂은 淸虛의 7세손으로 法名은 體照(1713-1779)이며, 호가 龍巖이다. 俗姓은 鄭씨로 호남 長城 출신의 양반[士族]이었으나 어려서 부모를 잃고 설악산으로 가서 출가하였다. 智欽에게 계를 받고 日庵精頤에게서

內外典을 공부했다. 남북방의 여러 종사를 참방한 후 일암정이의 법을 이어받고 40여 년간 내원암에 주석했다. 이때부터 후학들을 지도하였으며 만년에는 문도들을 다른 곳으로 보내고 조용히 수도하였다. 보시를 즐겼으며 글을 잘 시었다고 한다. 東國大學校 佛典刊行委員會 編, 앞의 책, p.789. 그의 승탑은 현재 신흥사 입구에 조성되어 있는 부도전에 탑비와 함께 세워져 있다. 탑비명은 1789년(정조 13)에 李福源(1719~1792)이 짓고, 姜世晃(1712~1791)이 쓴 것으로, 『건봉사말사사적』에 「有明朝鮮國龍岩大禪師碑銘幷書」라는 제목으로 수록되어 있다. 용암체조가 지은 기문은 『용암당유고』에 수록된 두 점 외에 『건봉사말사사적』에 수록된 「雪嶽山神興寺鑄鐘記」(1748)와 「雪嶽山新興寺大法堂石砌記」(1761) 등이 전한다. 한국학문헌연구소 편, 앞의 책, pp.97~99 및 pp.113~114. 한편, <龍巖堂大禪師碑>의 귀면조각은 극락보전 석계의 귀면조각과 유사한 모습이라는 점에서 주목된다.

28) 자는 汝三, 본관은 寶城이며, 거주지는 한성이었다. 부친은 정 5품의 通德郎 품계를 받은 吳銑이며, 조부는 吳翼이다. 1750년(영조 26) 式年試에 生員 三等으로 합격하였고, 1754년(영조 30) 道科庭試 丙科 1위로 합격하였으며 관직은 司憲府 掌令에 이르렀던 것이 확인된다. 한국역대인물 종합정보시스템 (http://people.aks.ac.kr) 참조.

29) 龍岩體照, 「雪嶽山神興寺大法堂石砌記」 "偶石高立 中岩刻龍 其於邊石 則磨削甚佳", 한국학문헌연구소 편, 앞의 책, pp.98~99.

30) <雪嶽山神興寺三寶重建記> "夫殿宇樓寮之傾圮而頹毁者而修葺不己..." 原文은 <부록> 참조.

31) 한국학문헌연구소 편, 앞의 책, pp.88~89.

32) 이는 현재 보제루에 걸려있는 <雪嶽山神興寺極樂寶殿與僚舍盖瓦記文> 현판에서 확인되는데, 「신흥사사적」에는 전거 없이 내용만 언급되어 있다. 한국학문헌연구소 편, 앞의 책, p.90.

33) "棟梁頹毁椽梠脫落" "壯麗宏廣倍勝前規也"라 한 것을 보면 극락보전이 수리 전보다 모양과 구조가 장엄하고 화려해진 것으로 보인다. 한국학문헌연구소 편, 앞의 책, p.98.

34) 오경후・지미령, 『신흥사』(활불교문화단, 2012), p.54; 박경립, 『한국의 건축 문화재』(기문당, 1999), p.97.

35) 한국학문헌연구소 편, 앞의 책, p.98, 「雪嶽山神興寺大法堂重創記」 "恨無寶殿也"

36) 한국학문헌연구소 편, 앞의 책, 위의 기문, "寶殿高秀"

37) 한국학문헌연구소 편, 앞의 책, p.104.

38) 한국학문헌연구소 편, 앞의 책, p.106. 극락보전은 내부에 <목조아미타삼존불상>이 봉안되어 있는 불전 명칭으로도 합당하다. 1755년 조성되어 한국전쟁 당시에도 극락보전에 봉안되어 있었던 <영산회상도>(미국, LACMA 소장)를 기준으로 보면, 신흥사의 주불전은 대웅전이라 하다가 극락보전으로 改額되었다고도 볼 수 있다. 그러나 앞서 밝힌 바와 같이 <영산회상도>보다 앞서 기록된 1754년의 「雪岳山神興寺極樂殿丹雘記」에 '극락전'이라 명시되어 있어, 신흥사 주불전이 '극락보전'이었음은 자명하다. 따라서 <영산회상도>와 봉안불전 명칭의 불일치에 대해서는 앞으로 숙고해야 할 과제이다.

39) 1761년(영조 37년) 홍징・홍운이 축조할 당시는 한 칸이었으나 1977년 보수되면서 3칸으로 개조되었다.

40) 이로 인해 기둥의 흘림치수를 논하는 것이 의미 없을 뿐만 아니라 기둥하부 柱間을 정확히 측정하는 것도 무리라고 판단된 바 있다. 강원도, 『강원도 중요목조건물 실측조사보고서』(1988), p.72.

41) 내소사 대웅보전은 1633년(인조 11) 靑旻선사가 창건하였고 1911년에는 觀海선사가 중수하였다. 꽃살문과 건축형식 등에서 조선 중기 이후의 요소가 발견되는 건물로 평가되어, 1963년부터 보물로 지정되어 보존・관리되고 있다. 문화재청, 『부안 내소사 대웅보전 정밀실측조사보고서』(2012) p.43 및 p.85.

42) 18세기 불전 중에서는 대구 동화사 대웅전의 평면 규모와 비례가 극락보전과 유사하다. 안대환・김성우, 「사찰 주불전에서 불단의 위치와 주칸 구성의 상관성에 관한 연구」 『대한건축학회논문집-계획계』 제26권 제5호 통권 제259호 (대한건축학회, 2010년 5월) pp.269~270 표 2.

43) 안대환・김성우, 위의 논문, 표2.

44) 현재 어칸에는 꽃살문을 보호하기 위해서인지 4짝의 유리 미닫이문이 달려 있다.

45) 강원도, 앞의 보고서, p.69에는 외 3출목 내 3출목이라 되어 있다.

46) 이러한 위계는 극락보전에서 행해지는 의례와 관계가 있지 않을까 한다.

47) 3×3칸 불전에서는 후불 고주 위에서 대들보와 퇴보가 연결되는 경우가 적지 않기 때문이다. 내소사 대웅보전도 이렇게 합보 되어 있다.

48) 이에 대해서는 1821년 중수 당시, 외관에 치중하여 내부 가구를 고친 결과로 추정되기도 한다. 강원도, 앞의 보고서, p.69.

49) 1790년 왕실원찰로 조성된 수원 용주사 대웅보전의 어칸 닫집 주변의 우물천장도 이와 유사하게 붉은색 바탕에 금색으로 글씨가 쓰여 있어 18세기 이후 왕실원찰 주불전의 천장 장엄형식으로 여겨진다.

50) 손신영, 「19세기 불교건축의 연구-서울・경기지역을 중심으로」(동국대학교대학원 미술사학과 박사학위청구논문, 2006), pp.135~136.

51) 양윤식, 「조선중기 다포계 건축의 공포의장」(서울대학교대학원 건축과 박사학위청구논문, 2000), p.155.

52) 내소사 대웅보전은 2011년 정밀실측 조사되어 보고서가 간행되었고, 동화사 대웅전은 2004년에 전면 보수되어 보고서가 간행된 바 있다. 문화재청, 『부안 내소사 대웅보전 정밀실측 보고서』(2012) 및 대구광역시, 『동화사 대웅전 문화재수리 보고서』(2007) 참조.

53) 장경호, 『한국의 전통건축』(문예출판사, 1996), p.407.

54) 김동욱, 『한국건축의 역사』(기문당, 2007), p.303.

55) 문명대, 앞의 논문, p.81.

56) 한자로 표시한 법명은 「神興寺事蹟」의 '神興寺 眞影'에 명단이 수록된 이들이고, 굵은 글씨는 승탑이 현재 신흥사 부도전에 남아있는 이들이며, 밑줄은 탑비가 현존하고 있는 이들을 표시한 것이다. 한국학문헌연구소 편, 앞의 책, p.94.

57) 雪岩秋鵬(1651~1706)은 月渚道安과 함께 대흥사 스님으로 여겨진다. 효종 2년(順治 8, 1651) 8월 27일에 태어났으며 속성은 金씨로 평안남도 江東 출신이다. 原州 법흥사의 宗眼에게서 계를 받고 碧溪九二에게 가서 經論을 배운 뒤, 묘향산 보현사에서 화엄을 강론하고 있던 월저도안을 찾아가 가르침을 받았다. 설암은 월저를 모시고 10여 년 정진한 끝에 淸虛→ 鞭羊→ 楓潭으로 이어지는 衣鉢을 전해 받았다. 이후 남쪽 지방을 순회하며 가르침을 펼치다 1706년(숙종 32년) 8월 5일에 입적하였다. 다비된 후에는 樂安의 澄光寺와 海南의 大芚寺에 각각 사리탑이 세워졌다. 설암의 저서는 『禪源諸詮集都序科評』 2권, 『雪岩雜著』 3권 3책, 『雪岩亂藁』 2권 1책이 전해지고 있다. 대둔사 白雪堂에서 법회를 열었던 때의 기록인 『華嚴講會錄』은 해남 대흥사에 전해지고 있다. 『한국민족문화대백과사전』 참조.

58) 日庵精頤(1674~1765)는 묘향산인으로, 月渚道安 門徒인 雪巖門人이다. 속성은 金氏이고, 狼川縣(지금의 강원도 화천) 觀佛村 출신으로 어머니는 李氏이다. 16세에 雪祐를 찾아가 삭발하였으며, 20세에 月渚道安에게 가르침을 청하여 월저도안에서 설암추붕으로 이어지는 법맥을 이어받았다. 선과 교를 함께 닦았는데, 강원의 교과서인 『楞嚴經』・『起信論』・『般若經』・『圓覺經』・『華嚴經』・『傳燈錄』・『禪門拈頌』과 西山大師의 『禪家龜鑑』을 깊이 탐독하였고 선에 있어서는 話頭인 '萬法歸一'과 '趙州無字'를 중요시하였다. 국내의 명산대찰을 순례하였고, 금강산 乾鳳寺와 설악산 內院庵에 머무르면서 후학들을 지도하였다. 1765년 10월 22일 건봉사의 白華庵에서 제자 無畏에게 臨終偈를 남기고, 세수 91세, 법랍 76세로 입적하였다. 제자들이 다비 후 수습한 頂骨은 건봉사 남쪽 산봉우리에 세운 탑에 안치하였으며, 탑비는 5년 후 제자 敎淸이 세웠다. 문집 15권이 있었다고 하나 전하지 않는다. 한국학문헌연구소 편, 앞의 책, pp.55~57; 『한국민족문화대백과사전』 참조.

59) 淸虛 7세손으로, 大圓無外와 함께 日庵精頤의 門人이다. 주27)참조.

60) 桂菴弘運은 『용암당유고』의 '龍岩法嗣'에서 이름이 확인되며, 그가 쓴 <雪嶽山神興寺三寶重建記> (1786년)에는 "龍巖門人" 및 "別座 都監"으로 기록되어 있다. <부록> 및 東國大學校 佛典刊行委員會 編, 앞의 책, p.790 참조.

61) 大圓無外(1714~1791)는 月渚道安 문도로 日庵精頤의 제자이며 법맥은 兪彦鎬 撰, <有明朝鮮國大圓堂大禪師碑銘>에 "上有雪巖月渚楓潭鞭羊以接乎淸虛於師六世也"라 기록된 바를 통해 청허의 6세손임을 알 수 있다. 그는 소년 때인 戊申年 국난(이인좌의 난) 당시 남한산성을 수호하는데 공을 세워 나라로부터 관직을 받을 수 있었으나 사양하고 설악산으로 가서 日庵大師의 제자가 되었다. 佛經을 비롯하여 여러 서적에 조예가 깊고 면벽수련으로 도가 높았다. 1791년 7월 극락암에서 입적하였는데 世壽 78세, 法臘 60년이었다. 한국학문헌연구소 편, 앞의 책, pp.122~123 및 『한국민족문화대백과전』 참조.

62) 한국학문헌연구소 편, 앞의 책, p.94.

63) 여기에 수록한 내용은 『건봉사급건봉사본말사적』에 수록되지 않아 그동안 신흥사 관련 자료에 거의 언급되지 않았기에 이번 기회에 소개한다. 반면, <雪嶽山神興寺極樂寶殿與僚舍盖瓦記文>은 보제루에 걸려있지만 『건봉사급건봉사본말사적』에는 수록되지 않고 그 내용이 반영되어 있기에 全文을 수록하지는 않는다. 도 3 참조.

64) 이 현판 기문은 신대현의 『한국의 사찰 현판』 1 (혜안, 2002), pp.59~65에 소개되고 전문이 수록되어 있으나, 몇몇 글자는 필자가 다시 판독하여 밑줄을 그어 표시하였다.

65) 동국대학교 불전간행위원회 편. 앞의 책, p.790, '龍岩法嗣'에서 확인

66) 동국대학교 불전간행위원회 편. 앞의 책, p.791, '龍岩受戒'에서 확인.

5장

서울 돈암동 흥천사의 연혁과 시주

Ⅰ. 머리말

興天寺는 太祖의 繼妃, 神德王后의 능인 貞陵의 願堂으로 창건되었다. 정릉의 원당, 즉 陵寢寺라는 기능을 생각하면 '흥천사'의 창건은 조선전기로 볼 수 있다. 그러나 1409년 도성 내에 있던 정릉이 도성의 동북 모서리 바깥 골짜기인 沙乙閑里(혹은 沙阿里)로 옮겨진 이후, 기존의 흥천사는 원당의 기능을 상실하였음에도 불구하고 사찰로서의 외형은 1510년(중종 5)까지 유지되었다. 정릉이 移葬 된 만큼, 그 원당도 移建 되는 게 당연하므로 흥천사의 원당 기능은 이장된 능 옆으로 옮겨갔을 것이다. 그러나 이장된 정릉 옆에 조성된 원당의 존재나 그 이름에 대한 기록은 전해지지 않는다. 정릉 옆에 있는 절로, '新興寺'가 등장하는 것은 18세기 들어서이다. 이후 1865년 들어, 흥선대원군에 의해 대대적으로 중창되면서 寺名이 흥천사로 바뀌어 오늘에 이르고 있다.

이처럼, 창건에서부터 중창에 이르기까지 왕실의 주관으로 중창되었기에 王室寺院으로 널리 알려진 흥천사에서, 2016년 4점의 상량문이 발견되었다.[1](도 1-1, 도 1-2, 도 1-3, 도 1-4, 도 2-1, 도 2-2) 여기에는 흥선대원군보다 앞서 金祖淳-金左根의 大施主가 있었다는 바가 기록되어 있어 주목된다. 이는 순원왕후의 친정가문이자 당시 세도정치의 핵심이던 안동김문이 대를 이어 시주한, 즉 安東金門의 원찰이던 흥천사를, 왕의 아버지로서 권력을 잡은 흥선대원군이 시주를 주도하여 왕실 차지로 바꾸었음을 시사하는 것으로 볼 수 있는 요소이다. 이러한 施主의 변화는 역사적 추이에 따라 흥천사의 위상이 바뀌었음을 알려주는 것이라 할 수 있으므로 주목할 필요가 있다. 따라서 이 글에서는 조선후기 흥천사의 연혁과 시주에 대해 살펴, 흥천사의 추이와 위상을 파악해 보고자 한다.

II. 흥천사의 연혁

흥천사는 조선왕조의 억불숭유 정책에도 불구하고 도성 내에 건립된 기념비적인 사찰로, 神德王后 康氏의 願堂으로, 金師幸이 공사 책임을 맡아 1397년(太祖 6)에 창건되었다.[2] 이 당시 흥천사는 정릉의 陵寢守護는 물론이고 왕실의 원찰로서도 중요한 역할을 담당하여, 조선초기 불교사와 건축사에 있어 큰 의미를 갖는다.[3] 그러나 현재 흥천사는 창건 당시의 위치에 있지 않을 뿐만 아니라, 현존하는 불전은 모두 19세기 중엽 이후에 세워진 것이다.

1. 皇華坊의 흥천사에서 沙乙閑里의 신흥사로

1409년(태종 9) 정릉이 도성 밖 沙乙閑里로 옮겨지게 되자[4] 황화방 흥천사의 능침 기능이 따라가, 능 옆에 세워진 절에서 현 위치의 흥천사 연혁은 시작된다.[5] 현재 흥천사 위치는 정릉 이건 당시, '含翠亭 遺址'로 불리는 곳이었다.[6] 당시 흥천사가 어떤 명칭으로 불리었는지 명확히 알 수 없으나 정릉 齋室 또는 齋宮으로 인식되었던 것으로 보인다.[7] 이후 정릉 및 그 능사에 대한 기록은 찾아볼 수 없다. 정릉과 관련된 寺名이 보이기 시작한 때는 1669년(현종 10)에 이르러서이다. 태종 이

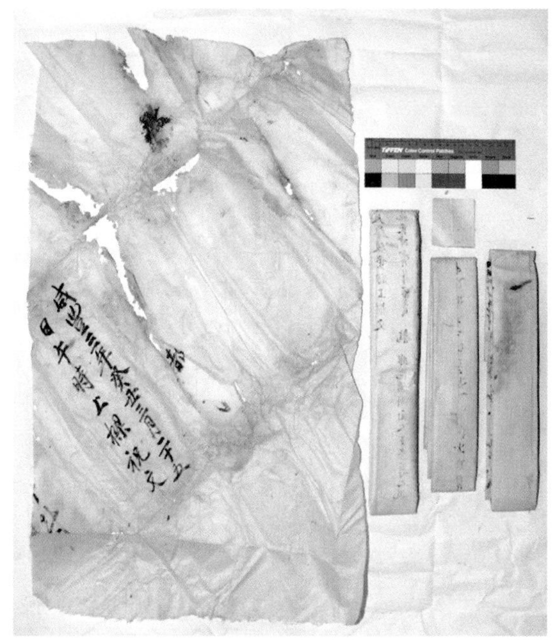

도 1-1. 극락보전 해체 당시 발견된 상량문들 및 이들을 싼 겉 종이 ⓒ주수완

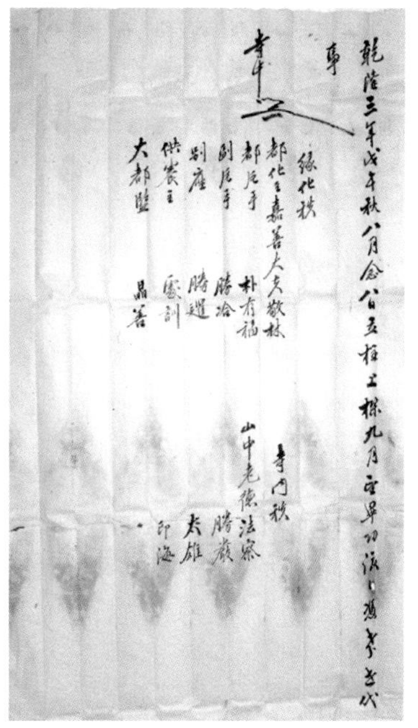

도 1-2. 극락보전 내 발견 건륭3년명 상량문, 1738년 ⓒ주수완

래로 잊혀진 신덕왕후의 기일을 의논하여 정한 후 정릉을 정비하며 능 가까이 있는 절을 石門 밖으로 이건하고 '신흥사'라 하였기 때문이다.8) 즉, 1409년(태종 9)부터 1669년(현종 10)까지, 260년간 정릉의 陵域에 세워진 사찰은 특별한 명칭 없이 능침사 역할을 감당하고 있다가, 1669년 정릉이 정비되면서 능역 밖으로 옮겨 세워지고, '신흥사'로 즉, '새로 지은 흥천사'라는 의미에서 붙여진 것이다. 이후 역사는 분명치 않으나, 1738년(영조 14) 8월 28일에 극락보전의 전신이라 할 수 있는 불전이 조성된 것으로 추정된다. 이는 전술한 바와 같이 2016년 극락보전 해체 당시 발견된 상량문인 「乾隆三年戊午秋八月念八日立柱上樑九月□畢切泒慿□□代□事」(이하, 건륭 3년명 상량문)로써 알 수 있다. 그러나 그 구성형식은 일반적인 상량문과 다르다.9)(도 1-2) 제목 아래에 手決과 緣化秩·寺內秩로만 이루어져 있기

때문이다.[10] 이와 관련하여 살펴볼 기록은 菱洋居士가 지은 「重建新興方丈記」이다. 여기에는 18세기 말, 신흥사의 상황이 상세하게 묘사되어 있다.

(중건되기 전 절의) 결구는 간단하고 거칠며, 산기슭과 크게 다르지 않았다. 절은 낡고 승려는 거의 사라졌다. 고쳐서라도 볼만한 게 없을 정도의 상태로 사백 년, 즉 국가와 함께 고락을 나눈 지 4백 년이다. 절 주위는 점차 쇠퇴하고 한양의 떠돌아다니는 이들이 머리 깎고 출가하겠다고 오가는 곳이 되었다. 그러나 아침에 모였다가 저녁에 흩어지는 離合集散 모양이어서 한 집단을 이루지 못하였고 거의 허물어져 빈터에 가까웠다' 고 되어 있다.[11]

이 내용을 보면 흥천사가 한양 도성 내에, 정릉의 원당으로 조성된 이래로 4백 년이 흐른 1799년에 작성된 것을 짐작할 수 있다.[12] 아울러 1738년 중창 이후로도 흥천사 사정이 개선되지 못했던 정황을 유추할 수 있다. 2016년에 극락보전에서 발견된 또 다른 상량문인 「三角山新興寺法堂改建上樑文」에는 1794년 들어 신흥사 법당이 개건된 바를 전하고 있어, 능양거사가 지은 <重建新興方丈記>의 '중건' 시기는 1794년으로 판단된다.[13](도 1-3) 그런데 이 佛事로부터 5년이 지난 1799년에 기록된 바는 그 사이에 또 다른 불사가 있었던 것이 아닐까 하는 추론도 가능하다. 그러나 능양거사가 朴宗善(1759~1819)[14]이고, 그가 전라도 興陽(현 고흥)의 監牧官으로 부임하였다가 임기를 마치고 1799년에야 한양에 돌아왔다는 사실을 고려해보면, 불사완료 5년 뒤 기록된 바를 납득할 수 있다.[15] 그렇다면 1799년의 불사는 1794년의 법당개건으로 대표된다고 할 수 있다.

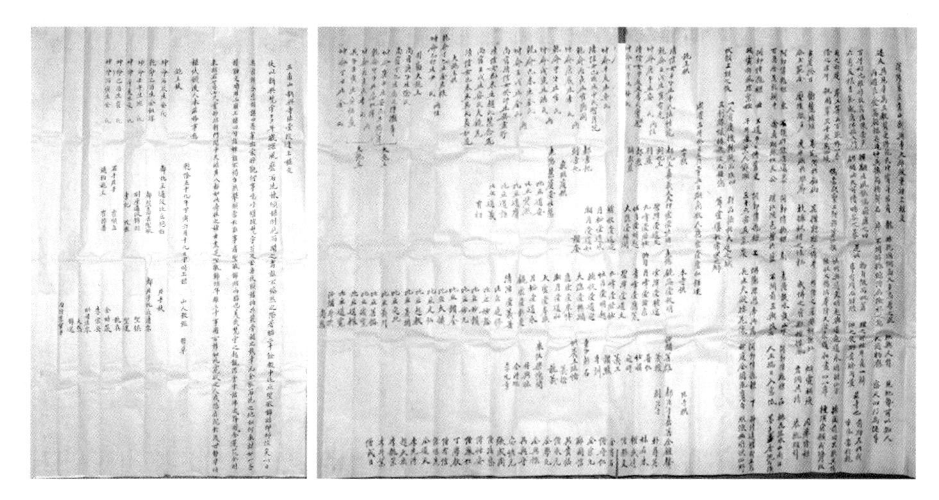

도 1-3. 삼각산 신흥사 법당개건 상량문, 1794년 ⓒ 주수완 도 1-4. 한양동삼각산신흥사대웅전중창상량문, 1853년 ⓒ주수완

한편, <重建新興方丈記>에 따르면 중건과정을 다음과 같이 정리할 수 있다. 즉, '신흥사 주변이 점차 퇴락하는 것을 염려한 寺僧 聖敏・致鑑[16]・敬信 등이 능참봉에게 먼저 당시 상황을 보고하고, 各道에 권선문을 돌려 재물을 모연할 수 있도록 春官(예조)의 허가를 받은 다음, 재물을 보시 받아 터를 확장하여 1794년에 법당을 새로 지어 면모가 일신'되었다.[17] 이 당시 보시 받은 물목 중, '신흥사에서 10리쯤 거리에 피폐하여 아무도 거주하지 않는 銀石寺의 材木'이 주목된다.[18] 近畿지역 寺誌를 편찬해 낸 安震湖화상은 관련 자료를 수집할 당시, 東小門 밖 흥천사 주변에 은석사를 비롯하여 "廣國寺・道詵寺・海養庵 등이 있었다고 전해지나 그 위치를 알 수 없다"라고 하였다.[19] 그러나 1786년(정조 10)의 文孝世子 墓 조성 당시 동원된 사찰 명단에 경기도 양주목의 '銀石寺'가 있고, 이때 동원된 불화승 '尙謙'이 '은석사 소속'이라 되어 있어[20] 은석사의 폐사는 얼마 되지 않았을 것으로 보인다. 따라서 흥천사가 중창될 당시 보시 받은 은석사의 재목은 재사용해도 무리가

없는 수준이었을 것이다.

한편, 새로 발견된 상량문들을 고려해보면 1738년에 지어진 불전이 1794년에 고쳐지어진 것이라 할 수 있으므로 「三角山新興寺法堂改建上樑文」에 '法堂 改建'이라 명명된 바를 이해할 수 있다.(도 1-3) 이후, 1832년(순조 32)에는 왕실에서 발원한 <괘불>이 조성 봉안되었으며[21] 1846년에는 九峰啓壯[22]에 의해 국가의 祝釐之所[23]로 칠성각이 건립되었고 1849년 봄에는 慧庵性慧에 의해 寂照庵이 창건되어 念佛觀禪室이 설치되었다.[24] 1853년(철종 4)에는 印虛快明의 화주로 극락보전이 중창되고, 이듬해인 1854년(철종 5)에는 단청불사가 이루어졌다.[25](도 1-4) 이때 行步石(디딤돌)이 새로 만들어지고 三尊佛像의 改金도 이루어졌다.[26] 1855년(철종 6) 가을에는 性潭舜祺에 의해 시왕전이 新建되고, 1857년(철종 8)에는 시왕전이 丹雘되었다.[27]

이상의 내용을 종합해보면, 정릉의 능침사로서 신흥사라는 寺名을 갖게 된 시기는 17세기 후반이라 여겨지며, 18세기 말, 寺域과 불전의 면모를 일신하게 된 이후, 1850년대에 이르러서야 극락보전과 시왕전·칠성각이 조성되면서 사찰의 모습을 갖추게 된 것을 유추할 수 있다.

2. 新興寺에서 興天寺로

1865년(고종 2) 들어 신흥사에서는 극락보전이 중수·단청되면서 요사도 중창되는 대대적인 불사가 진행되었다.[28] 고종 즉위 후 집권한 興宣大院君의 후원하에 鏡山處均이 各道에서 모연하고 嶺湖南의 匠人을 불러 贊奎의 주관하에 공사를 진행하여, 수개월 만에 불사가 완료되었다.[29] 이때, 전후좌우로 室이 배열된 H자형으로 대방이 세워졌으며, 신흥사에서 "흥천사"로 改額되었다.[30] 이 내용이 수록된 <京畿右道楊州牧地三角山興天寺寮舍重創記文>은 四佛山人 景雲以祉가 썼다. 경운이지는 왕실발원 불사 관련 기록을 썼던 분이므로,[31] 1865년의 불사는 흥선대원

군 개인의 발원이 아니라 왕실차원에서 진행된 것으로 볼 수 있다.[32](도 2-2)

도 2-1. 대방해체 시 발견된 상량문 걸 싸개종이 ⓒ주수완

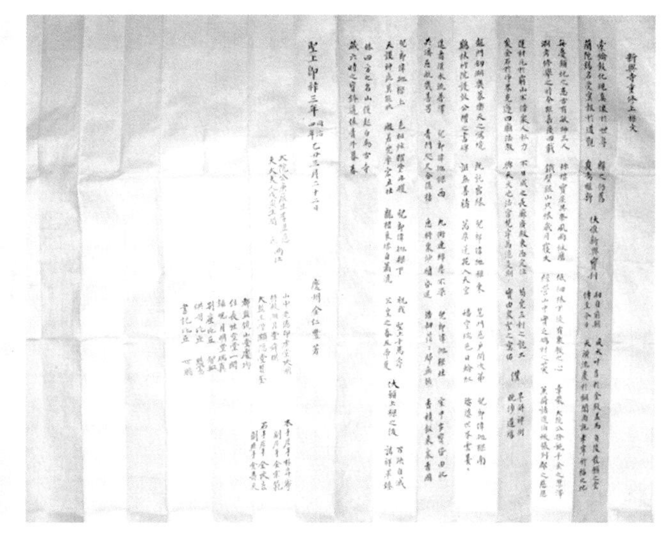

도 2-2. 대방 해체 시 발견된 新興寺重修上樑文, 1865년 ⓒ주수완

이듬해인 1867년에는 鏡山處均이 화주를 맡아 불화 5폭이 조성되고, 性潭舜琪의 화주로 극락보전의 삼존상이 改金되었으며, 騎龍在灝 등의 시주로 법당탁좌가, 秀山富潤의 모연으로 <七星圖>가 조성되었다. 1869년에는 흥선대원군 부부의 시주로 中鐘이 조성되고, 1870년에는 鏡山處均이 도화주를 맡아 칠성각이 중창·단청되었으며[33] 극락보전의 卓座가 또 조성되었다.[34] 즉, 1865년 시작된 중창불사가 1870년까지 지속되었던 것이다.

도 3. 흥천사 극락보전

도 4. 흥천사 대방

1885년에는 昌善雲波가 화주를 맡아 극락보전 내부가 수리되는 한편, 瑛曇普潤의 화주로 대방이 중수되었다.[35](도 3, 도 4) 이처럼, 20년 전에 지어진 극락보전과 대방이 동시에 수리된 바는 세월의 무게로 건물이 퇴락된 것이 일차적인 원인으로 보이지만 그 외에도 특별한 이유가 있었던 것이 아닐까 한다. 예컨대, 1882년(고종 19) 발생된 壬午軍亂의 피해복구가 아닐까 하는 것이다.[36] 寺中에 전하지는 않지만 이왕직예식과에서 능침사 관련 조사보고서를 편집하여 간행한 『廟殿宮陵園墓造泡寺調』[37]에는 '壬午軍亂 당시 흥천사의 서류와 물건이 불에 탔다'라고 되어 있기 때문이다.[38] 또한, 『廟殿宮陵園墓造泡寺調』에 흥천사와 함께 貞陵의 造泡寺로 보고된 奉國寺에도 임오군란 당시 전소되었다가 이듬해 중창되었다는 바가 전해지고 있다.[39] 흥선대원군이 舊式 軍隊에 의해 추대되어 정계에 복귀하게 된 임오군란 당시, 그가 중창한 사찰이 피해를 입었다는 것은 당시 백성들에게, 흥천사가 왕실의 상징으로 인식되어 있었기에 벌어진 일로 보인다.

이후, 1891년에는 暎曇普潤이 화주를 맡고 洪尙宮과 李尙宮이 시주하여 <42手觀音菩薩像>에 佛糧이 마련되었다.[40] 1894년에는 月波智和가[41] 도감과 화주를 맡아 명부전이 3개월 만에 중수되고 2년 뒤인 1896년에는 2개월 동안 단청이 시문되었다.[42] 1899년에는 明虛斗寅이 화주를 맡아 대웅전에 불량이 시주되었다.[43] 또한

月波智和의 화주로 嚴貴人의 시주가 1899년부터 2년간 이어졌는데, 1900년에는 극락보전이 중창·단청되었고 독성각도 이때 중수되었다.[44] 1905년에는 月波智和의 주관으로 中醬과 대규모의 밭이 기증되었고[45] 3년 뒤인 1908년에도 月波智和이 주관하여 대방이 중수되었다.[46]

이상의 내용을 정리해보면, 신흥사는 흥선대원군에 의해 1865년, 대대적으로 중창된 이후 흥천사로 개명되었음을 알 수 있다.[47] 또한 흥선대원군의 막강한 권력으로 지어진 요사가 당시 근기지역에서 왕실후원을 받던 사찰이 채택한 'H자 평면'이라는 점에서, 흥천사의 위상이 과거보다 격상된 것으로 추정할 수 있다. 흥선대원군이 세도정치로 실추된 왕권을 강화하는 정책을 펼쳤다는 점을 고려하면 주불전의 맞은편에, 주불전보다 훨씬 큰 규모여서 주불전의 전면을 가리면서 권위를 드러내는 건축형식으로 지어진 요사 즉 대방은 왕실의 위상을 널리 인지시키기에 충분했을 것으로 보인다. 이후 1910년까지 이뤄진 불사는 이러한 흥천사의 위상을 바탕으로 이루어진 것이라 할 수 있다. 지금까지 살펴본 흥천사의 연혁을 정리해보면 다음의 <표 1>과 같다.

〈표 1〉 조선후기 흥천사의 연혁

시기	佛事 내용	典據	비고
1409년 (태종 9)	이건 된 정릉 옆, 함취정 터에 창건	<重建新興方丈記>	절 이름은 알 수 없음
1669년 (현종 10)	능에 붙어 있던 암자를 능 밖으로 移建	<重建新興方丈記>	이때부터 新興寺 등장
1738년 (영조 14)	법당 立柱·上樑	「乾隆三年戊午秋八月念八日立柱上樑九月□畢切泝憑□□代□事」	都片手 朴有福 副片手 勝洽
1794년 (정조 18)	법당 개건	<重建新興方丈記> <三角山新興寺法堂改建上樑文>	김조순 시주 都片手 比丘 淸岑

시기	佛事 내용	典據	비고
1832년 (순조 32)	괘불화 조성	<괘불> 화기	순조, 순원왕후 조대비, 세손 축원 김조순, 명온공주 내외 덕온공주 내외, 복온공주 시주
1846년 (헌종 12)	칠성각 창건	<京畿右道楊州牧地三角山興 天寺寮舍重創記文>	칠성각은 현존하지 않으며 북극 전으로 변경된 듯
1849년 (헌종 15)	적조암 창건	<京畿右道楊州牧地三角山興 天寺寮舍重創記文>	
1853년 (철종 4)	극락보전 중건·단청 삼존불 改金 후불탱 조성	<漢陽東三角山新興寺極樂寶殿 重建丹靑施主> 「極樂寶殿重修丹雘記」 <漢陽東三角山新興寺大雄殿 重創上樑文>	시주자명을 중건, 단청(화주에 따라 분류), 법당행보석, 법당개 와, 법당삼존불상개금 등으로 분 류 기록 김좌근 내외 대시주 都片手 嘉善 金鍾聲 副片手 朴昇英
1855년 (철종 6)	시왕전 창건	<京畿右道楊州牧地三角山興 天寺寮舍重創記文>	
1857년 (철종 8)	시왕전 단청	<漢陽東三角山新興寺十王殿丹雘募緣記>	김좌근과 첩 나합 시주
1865년 (고종 2)	극락보전 중수 대방 중창 축원	<京畿右道楊州牧地三角山興 天寺寮舍重創記文> 「新興寺重修上樑文」 「極樂寶殿重修丹雘記」 <祝願>현판	興宣大院君이 후원 흥천사로 개명 흥선대원군 내외 및 큰아들 내외 축원 나합이 적조암 소속으로 시주
1867년 (고종 4)	극락보전의 삼존불 개 금, 불화 조성, 탁좌 조성, 칠성도 조성	<京畿右道楊州牧地三角山興 天寺寮舍重創記文>	大木 都片手 朴 副片手 金德元 石柱 金快吉 瓦匠 李和春 泥匠 林長石, 韓基甫
1869년 (고종 6)	중종 조성	<京畿右道楊州牧地三角山興 天寺寮舍重創記文>	
1870년 (고종 7)	칠성각 중창 및 단청, 대방 중창	<京畿右道楊州牧地三角山興 天寺七星閣重刱丹雘記文> <京畿右道楊州牧地三角山興 天寺寮舍重創記文>	大木 片手 朴春甫
1882년	임오군란 당시 일부 불전 훼손 및 소실	『廟殿宮陵園墓造泡寺調』	

시기	佛事 내용	典據	비고
1885년 (고종 22)	극락보전 내부 중수, 대방 중수	<三角山興天寺極樂寶殿內部重修序文>	
		<三角山興天寺四十二手 觀世音菩薩佛糧施主>	
1887년 (고종 24)	불량 시주	<三角山興天寺佛糧大施主>	
1890년 (소종 27)	食鼎 2座 시주	<食鼎二座大施主>	평안감사 閔丙奭 시주
1891년 (고종 28)	42수관음상 불량 시주	<三角山興天寺四十二手 觀世音菩薩佛糧施主>	
1894년 (고종 31)	명부전 중수	<三角山興天寺冥府殿重建而丹雘 同參山中秩> <三角山興天寺冥府殿重建時同參施主>	시주자명 수록 현판 5매 도편수; 柳聖日・馬白龍
1899년	극락보전 불량 시주	<三角山興天寺大雄殿佛糧大施主>	엄귀인 대시주
		<大施主>	
1900년	극락보전 중수・단청, 독성각 중수・단청	<極樂寶殿重修丹雘記>	엄귀인 시주
1908년	대방 중수	<大房修理記>	

Ⅲ. 흥천사의 시주

현재의 흥천사는 1865년 들어 흥선대원군에 의해 대대적으로 중창된 모습을 바탕으로 하고 있다. 따라서 왕실사찰로서 흥천사가 다시 정립된 시기는 19세기 중반 이후라 할 수 있다. 그러나 최근 발견된 4건의 상량문은 또 다른 사실을 전하고 있다. 1738년에 입주・상량한 건물이 1794년 개건되었다는 점과 1853년에 안동김문의 시주로 중창된 바가 기록되어 있다. 이와 함께 주목해야 할 것은 1865년의 흥천사 중창이 전국적인 모연으로 이루어졌다는 것이다. 이는 안동김문의 원찰화 되었던 흥천사가 '조선초기 왕실원찰'이라는 위상을 되찾게 된 것을 의미하기 때문이다.

1. 安東金門(1794~1865)

전술한 바와 같이 2016년 7월 흥천사 극락보전과 대방이 해체되면서 발견된 4건의 상량문 중에서 「三角山新興寺法堂改建上樑文」(1794)과 「漢陽東三角山新興寺大雄殿重創上樑文」(1853)에는 施主로 각기 金祖淳(1765~1832)과 그의 三男 金左根(1797~1869)이 기록되어 있다.(도 1-3, 도 1-4) 이 상량문들이 발견되기 전인 1832년에 조성된 <掛佛>의 화기에 "永安府院君 乙酉生 金氏"가 있어 일찍부터 純祖의 丈人이자 純元王后의 父親인 김조순이 흥천사 施主였던 바는 잘 알려져 있다. 또한 그가 好佛하였던 바는 여러 사찰의 시주를 통해 짐작되어 왔으나, 信佛에 이르렀던 바는 널리 알려지지 않았다. 그의 문집인 『楓皐集』에 信佛하였던 바는 보이지 않고 1819년 음력 11월 16일, 서울 신촌의 奉元寺에 다녀온 일화만 수록되어 있기 때문이다.[48] 그런데 김조순과 6년간 교유하고, 法名까지 改名받았던 應雲空如(1796~몰년미상)의 문집 『遺忘錄』에는 김조순이 信佛하였던 바를 비롯하여 서로 만나 편지로 불교에 대한 문답을 주고받던 사이였음이 전해지고 있다. 아울러 1820년대 중엽, 김조순이 시주하여 소유한 사찰이 있었으며, 空如에게 그중 한 곳인 이천 영원암의 주지를 맡아달라고 부탁한 일화도 수록되어 있다.[49] 이러한 사이였기에 응운 공여는 김조순의 祭文도 짓게 되었던 것이다.[50] 이밖에도 김조순은 당시 선풍운동을 일으킨 백파긍선과도 교유하여 1822년에는 白坡亘璇(1767~1852)이 편찬한 「修禪結社文」의 발문을 지었다.[51]

이상의 내용을 고려해보면, 흥천사 <괘불>의 봉축문에 순조와 순원왕후, 효명세자비와 세손을 올리고 檀錄에 김조순을 필두로 하여 순조의 여동생 내외, 순조의 출가한 두 딸 내외와 미성년 딸로 구성된 것은, 순조의 딸들보다는 김조순이 주도하여 이루어진 시주로 볼 수 있다. 흥천사와 김조순의 인연은 1794년 무렵 시작된 것으로 보인다. 당시 극락보전 개건을 비롯한 흥천사 불사 전반에 시주한 이래로 계속 인연을 이어오다가 마침내 1832년에 왕실의 척족만으로 시주를 구성하여 괘

불화를 조성케 한 것으로 추정된다.

김조순의 불사 시주는 1824년 금강산 佛地庵 중건 및 선암사의 <大雄殿> 편액 揮毫로 잘 알려져 있다.[52] 그러나 그가 사찰을 소유하고 원찰화하고 있었던 바는 거의 알려지지 않았다. 김조순이 당시 여러 사찰을 소유하고 있었던 정황은 전술한 바와 같이 영원암 주지직을 응운공여에게 부탁하면서 드러난다. 즉, 김조순이 소유한 암자의 승려들이 응운공여를 주지로 추천했다고 밝혔기 때문이다.[53] 영원사는 1825년 김조순에 의해 중창되었는데, 이보다 앞선 1794년 흥천사 중창에 앞장섰던 仁巖致鑑이 주지를 맡았던 곳이다. 이러한 내용을 통해, 흥천사와 영원사는 모두 김조순에 의해, 비슷한 시기에 대대적으로 중창되어 원찰이 된 곳으로 추정된다.[54] 응운공여는 이러한 사정을 잘 알고 있었기에, 김조순의 사후 20여 년이 지난 1853년에 이르러 흥천사가 다시 중창되자, 「漢陽東三角山新興寺大雄殿重創上樑文」(1853)을 짓게 된 것으로 보인다.(도 1-4) 이후, 1855년의 시왕전 단청(단확)을 위해 <漢陽東三角山新興寺十王殿丹雘募緣記>도 쓴 것으로 여겨진다.[55]

김조순의 信佛은 자손들에게 이어졌는데, 시주만 보면 김좌근의 사례가 자주 확인된다.[56] 흥천사에서는 1853년 극락보전 중창에 同夫人하여 시주하였고, 1857년에는 부인이 아닌 애첩 羅合과 함께 시왕전 단청 불사에 시주하였다.[57](도 5) 이밖에 1854년에는 파주 黔丹寺 <釋迦牟尼後佛幀> 조성에 正室夫人 尹氏와 養子 金炳冀(1818~1875) 내외 및 상궁과 함께 시주하였다.[58] 이 해에는 부친에 이어, 금강산 佛地庵에 시주하였고, 이보다 앞선 1838년에는 表訓寺 靑蓮庵 중창불사에[59] 1861년에는 石臺庵 중건에 哲人王后의 부친이자 사촌인 金汶根과 함께 시주하였다.[60] 이러한 김좌근의 친불교적 성향은 양자인 金炳冀(1818~1875)에게로 이어져 1865년 흥선대원군이 주도한 흥천사 불사에 참여케 한 것으로 보인다.[61] 또한 祖父때부터 이어진 표훈사 시주를 계승하여 마침내 <金炳冀永世不忘碑>가 세워지기도 하였다.[62] 이러한 사례들은 正祖 말년, 김조순에 의해 시작되어 哲宗년간까지 이어

도 5. 漢陽東三角山新興寺十王殿丹雘募緣記,1857년 (흥천사제공)

진 안동김문의 흥천사 시주를 납득케 한다.

금강산 일대의 사찰에 대를 이어 시주하였던 안동김문이 도성 밖 암자에 가까운 흥천사에 시주를 이어간 이유를 명확히 알 수는 없지만, 도성 가까운 사찰에서 발원・기도하고자 했던 김조순의 信佛에서 비롯된 것이 아닐까 한다.

2. 興宣大院君(1820~1898)

조선후기 흥천사의 重創主가 흥선대원군임은 주지의 사실이다. 그러나 그가 왜 도성 밖 동북쪽에 자리한 자그마한 사찰에 시주했는가에 대한 이유는 명확하지 않다. 집권 이후 화계사・흥천사・남양주 흥국사・파주 보광사・강남 봉은사 등 근기지역의 사찰에 집중적으로 시주하였던 바를 보면, 도성 가까운 사찰에서 發願하고자 했음을 짐작할 수 있다. 그런데 흥천사 시주에는 동시기 근기지역 사찰에서와는 다른 양상이 나타나 있어 주목된다.[63]

1865년~1869년에 시행된 흥천사 중창 불사를 1870년에 기록한 <京畿右道楊州牧地三角山興天寺寮舍重刱記文>은 크게 3부분으로 나눌 수 있다. 앞부분은 능양거사 박종선이 지은 연혁을 토대로 흥천사의 연혁을 정리한 후, 당시 불사의 과정을 서술하였다. 중간 부분은 가장 많은 분량을 차지하는데, 시주 명단과 액수를 기록하였다. 나머지 부분에는 1867년의 '법당삼존개금탱화기' 및 '대법당탁좌시주', 1869년의 '중종대시주' 등을 기록하고 이때 소용된 금액과 쓰고 남은 금액을 적었다. 시주명단에는 총 229명(중복된 이름 제외)의 이름이 수록되었으며 금전은 총 9,373냥이 들었고 남은 돈은 272냥이라 기록하였다. 이 중에서 3천5백 냥은 흥선대원군이 쾌척한 금액이다.[64] 이처럼시주자 명단과 불사에 소용된 금액이 기록되고, 더욱이 경기도·함경도·평안도·충청도·강원도·경상도·전라도 등 전국 각지에서 모연하고 지방 관리들이 각기 동참하여 불사가 이뤄진 바는 1790년 수원 용주사 창건불사를 연상케 한다.[65] 물론 용주사는 正祖의 주도로, 흥천사보다 큰 규모로 진행되었기에 단순 비교 할 수는 없다. 다만, 기존의 불전을 거의 새로 짓는 것처럼 불사를 진행하여 주불전인 극락보전을 비롯하여 요사가 중창되고 불상개금 및 불화·불탁·중종 등이 조성되는 등의 불사 내용과 모연형식은 용주사 중창과 크게 다르지 않아 보인다. 용주사 창건은 집권한 왕이 통치 역량이 강화되었을 때 이뤄진 것이고 흥천사 중창은 대원군이라는 지위에서 가용할 수 있는 능력과 권력을 최대한으로 발휘하여 이루어진 것이기 때문이다.[66]

흥선대원군이 시주한 곳은 근기지역 여러 사찰인데 대체로 흥천사처럼 일회성 시주에 그쳤다. 이에 대해서는 앞으로 보다 면밀히 연구해야 하지만, 흥천사의 경우 정릉의 조포사에 불과한 자그마한 사찰을 세도정치의 핵심이었던 안동김문이 원찰로 삼았던 곳임을 간과해서는 안 된다.

이상의 내용을 정리해보면 1865년의 흥천사 중창불사는 흥선대원군이 안동김문의 원찰이던 신흥사를 '정릉의 원당, 흥천사' 즉, 조선 초기 창건 당시 모습으로, 왕실의 권위를 회복하는 차원에서, ‘왕실원당’으로 자리매김하려는 의도하에 진행된 것으로 볼 수 있다. 즉, 흥천사 중창은 조선을 개국한 태조가 세운 사찰이자 그의 계비릉의 원당이라는 점을 명목으로 내세우고 실제로는 세도정치로부터 벗어나 왕권을 강화하고자 하는 정책의 일환이었을 것으로 보인다. 이러한 정황이었기에 근기지역 여느 사찰과는 비교할 수 없을 정도로 막대한 시주를 할 명분이 형성되어, 흥천사 중창이 실현될 수 있었던 것이다. 그 결과 흥천사는 백성들에게 왕실의 상징으로 각인되어, 임오군란 당시 피해도 입게 된 것이 아닐까 한다.

3. 嚴貴妃(純獻皇貴妃, 1854~1911)

도 6. 영친왕 5세 당시 글씨, 1901년

엄귀비의 흥천사에의 시주는 왕실인사 중 가장 늦은 편이다. 그러나 일회성에 그치지 않고 연속되었다는데 특징이 있다. 1899년의 극락보전 佛糧을 시주하는 한편, 흥천사 사중 전체를 위한 시주도 하였다. 이듬해에도 극락보전 중수와 단청, 독성각 중수와 단청 불사에 모두 시주하였다. 그리고 1901년에는 아들인 영친왕이 5세 때 글자 연습한 것을 액자로 만들어 걸었다.(도 6) 앞 시기 시주자들이 흥천사에 명목을 내세워 시주하지 않았듯, 엄귀비 역시 특별한 이유를 천명하지는 않았다.

엄귀비의 시주경향을 보면 도성에서 가까운 근기지역 사찰에 집중되어 있고, 시기에 따라 지역을 달리하였던 것이 파악된다.[67] 자신의 기준에 따라 엄선하여 시주한 것이라 여겨지므로 엄 귀비의 시주는 당대에 재정립되어 높아진 흥천사의 위상과 관련된 것으로 해석될 수 있다. 그리고 이러한 흥천사의 위상은 한동안 지속된 것으로 보인다.[68]

Ⅵ. 맺음말

앞에서 살펴본 바와 같이, 현재 서울 성북구 돈암동에 위치한 흥천사는 이장된 정릉 옆에 새로 조성된 능침 사찰로 시작되었으나 당시에는 특별한 이름이 없었다. 17세기 후반 들어 능역이 정비되면서 능역 밖에 불전이 새로 조성되고 '새로 지은 흥천사'라는 의미에서 '新興寺'라 명명되었다. 도성에서 매우 가깝다는 지리적 이점으로 인해 신흥사는 정조~철종년간, 김조순의 시주에서 비롯되어 김좌근-김병기로 후원이 이어져 安東 金門의 願刹이 되었다. 이후 흥천사는 1865년, 고종의 등극으로 막강한 권력을 잡은 흥선대원군에 의해, '정조에 의한 용주사 창건'처럼, 전국에서 모연하여 중창되었다. 이때 흥선대원군은 3천5백 냥을 쾌척하였다. 아울러 신흥사에서 '흥천사'로 개명하였는데, 조선 초기의 흥천사 이름을 되찾는다는 의미와 함께 창건 당시의 위상을 회복한다는 의미에서 단행한 것으로 보인다. 이처럼 기록을 통해 살펴본 돈암동 흥천사의 연혁과 시주의 추이는 숭유억불의 조선사회에서 불교 및 불교 사찰의 위상과 그 변천을 시사하고 있다는 점에서 의미가 있다.

〈부록〉
2016년 발견된 상량문[69)]

1. 乾隆三年戊午秋八月念八日立柱上樑九月□畢切汳日憑□□代事 (1738)

緣化秩

都化主 嘉善大夫 敬林

都片手 朴有福

副片手 勝洽

別座 勝暹

供養主 處訓

大都監 晶善

寺內秩

山中老德 法察」 勝叢」 太雄」印海」

2. 三角山新興寺法堂改建上樑文 (1794)

伏以新興梵宇多年歲深風磨雨洗棟傾樑倒見而聞之者誰不慘然之際居腦二十餘敷中比丘聖敏錦臨即佐矣一日」與諸禪舍悲傷謀曰吾單出家所觀何事嗚呼瞻彼梵宇苔及金身伏願諸朾共發骨髓之誠幸兑金躰雨洗之地如何象謀如一各」 擔勸文鳩財三朔上樑四旬諸禪誰不竭力然擧頭當於難事者聖敏錦臨兩腦也美哉梵宇之起龍潛雲中諸佛咸降鳳舍蓮花金剛」 來臨石等篿七尺雲形臨軒門開中天皓月八梯如此奇性之妙力盡是聖敏錦臨年雖三千事圓百計如此寬敏之人或恐各沉朽後世暫草付」樑伏願後人本玆修事爲

乾隆五十九年 甲寅六月十九日申時上樑 山人致鑑 暫草

施主秩」

坤命丙辰生金氏

乾命乙酉生金祖淳

坤命壬午生沈氏

坤命辛亥生文氏

坤命己酉生崔氏

坤命丙寅生金氏

都化主 通政比丘 德哲」

都監嘉善 聖敏」

別座通政 錦臨」

書記 致鑑

石手片手 崔順立」

鐵物施主 崔德善」

片手秩」

都片手比丘 清岑」 聖鎭」 聖還」 就眞」 金時萊」 李宗岳」

供司 法岑」 大黙」 錦還」 內行 李軍平

3. 漢陽東三角山新興寺大雄殿重刱上樑文 (1853)

述夫 普見幸爲三教賢更得乾艮冲霄幷富貴 龍 非枹頭側面人多忠厚之風 地與人符 見地勢可以知人

丙遇艮食萬鐘祿再逢坤普權局揚聲名 乕 不閃跡栊踪僧無險邪之熊 大隨物應 察天心乃爲從事

百年幻化谁形故眞法像當戶 楎翎生風能涵飛廉之切 是以 物自微而毗著 理之所杜卑高一歸

六秀反根吉氣感應佛福入門 錯燧吐火可續暘谷之晷 事有瑣而勋洪 心之收期貴賤同量

玆寺也 前刱在於我

重修當於乾」

國之初運 奉王簿五百歲作一春 偶當秇聖上即祚茅四稞 快明與道文明起興道乞道永鳩財四方
隆之末年 祝國窜三千界爲四境 啓壯又暢活奉律又啓宗道壮盡心一席
　棕園前切不欿其傷
　檀溪峀願或忍乃沮」
占星椄日 斵麓培垣 易荒陛於釦砌 花樻鞭韘之淸井 作僧之屋雕樑架虹 烟霞相煖 用擧脩樑
合土範全 壓溪敵石 变卑無於雕廊 枝榷杖枒之律栭 成佛之宮彩檻攢鳳 岩洞共清 恭疏短引」
阿卽偉抛樑 東 不獨*畊黎*逢道泰 阿卽偉抛樑 南 老僧談水談山外 阿卽偉抛樑 西
白鳥*舍花乱*樹中 禽魚*播*泳任天公 漢江波色碧於藍 不問前三與後三 人王瑞日入窓低
　桃花流水山南口
　墨色畵香沈石溪」
阿卽偉抛樑 北 王道年年傳蔦史 阿卽偉抛樑 上 佛德深恩帝共高 阿卽偉抛樑 下
瑞靄祥風瑮紫楔 千年基業人雒測 三十六雷眞氣養 長生大殿棲花像 *沙*庭金闕鳳鷹自
　神清遠體秇王恩
　照徹幽明映四野」
伏顛上樑之後 一人有慶據龍殿而沃心 群品極於大逑之域
三利勝緣棲鳳沼而種德 尊靈導於常樂之鄕」

咸豐三年癸丑三月二十五日 湖南散人應雲堂空如誰述

施主秩
淸信女壬子生申氏 法性花
乾命壬戌生崔有光
坤命庚午生安 氏 兩主
淸信女甲辰生李氏寶蓮花
坤命戊午生朴氏
坤命辛亥生安氏
淸信女乙巳生申氏智月花
乾命丙寅生崔德國
坤命庚辰生李 氏 兩

乾命甲子生崔氏
坤命戊寅生洪氏 兩
乾命乙未生金氏
坤命壬戌生金氏 兩
尙宮淸信女癸卯生無盡行
淸信女己未生趙氏慧念花
尙宮壬戌生安氏大鏡花
淸信女己未生吳氏眞如花

大施主秩
乾命丁巳生金左根
坤命乙卯生尹 氏 兩主

引勸大施主
尙宮庚子生徐氏
尙宮丁巳生禹氏淨灝華 ┐ 大施主
坤命庚申生安氏手瑞華 ┘
乾命甲子生安仁澤 ┐
坤命丙寅生李 氏 兩 │ 大施主
長子壬寅生安福童 │
坤命丁丑生金 氏 ┘

山中秩
都化主 嘉義大夫	印虛堂快明
副化主	碧潭堂道文
別座	九峰堂啓壯
都監	性月堂明起
副都監	大隱堂暢澗
	輔紋堂道乏
	月松堂道永
都書記	湘月堂道如
副書記	讚奎

寂照庵秩

老德　慧庵堂性慧」　比丘道安」　比丘裴熙」　比丘道膺」　比丘道謙」　比丘道義」有初」

本寺秩

老德　鏡海堂致明」　雲潭堂軆還」

供司　月峰堂啓宗」　青峰堂應策」　碧潭堂道文」　九峰堂啓壯」　性月堂明起」　輔紋堂道乞」

大隱堂暢潤」　應虛堂奉律」　湘月堂道如」　太虛堂奉演」　月松堂道永」　鏡虛堂彰彦」

清潭堂義善」　比丘乞修」　比丘妙詮」　比丘妙讚」　比丘妙久」　比丘讚奎」

比丘太攝」　比丘文弘」　比丘起敖」　比丘義閑」　比丘乞玩」　比丘義玗」

比丘善裕」　比丘處寬」　比丘道權」　比丘道寬」　沙彌斗饮」　尙恩」

斗悅」　善雄」　義權」　普仁」　壯順」　乞昨」

義三」　讚黙」　斗訓」　童子彭石」

養主法悟」　義哲」　就義」

往梁德閏」　朴興孫」　全得瑞」　李允幸」

片手秩

都片手　嘉善金鐘聲」　副片手　朴昇英」　林石朱」　權成達」　僧彩文」　金有石」　僧守仁」　金宗凡」

鄭國信」　吳貴福」　僧永元」　金學凡」　金典守」　安快元」　張成周」　僧法察」　僧性安」　僧鳳仁」

丁學敎」　僧有信」　僧唱先」　金道天」　李先得」　趙大岳」　李龍業」　李斗業」　僧成日」

4. 新興寺重修上樑文(1865)

橐鑰鼓化現眞像於世尊　輯之仍舊　伏維新興寶刹　創自前朝　風水咋吉於金殿盖爲貞陵發願之堂

蘭陀錫名受冥報於道觀　突焉維新　傳至今日　天潢流慶於銅闈尙說孝寧祈福之地」

每憂顚圮之患古有敏師三人　玠樓寶屋其奈風雨攸磨　低徊林下徒有象敎之心　幸蒙　大院公捨施千金之厚澤

溯考修擧之時今距嘉慶四載　鐵壁銀山只限歲月寢久　經營山中實乏鳩財之策　兼荷諸道伯恢張列郡之慈恩」

運材瓦於窮山不借重人私力　不日成之長廊廣殿東西定位　苟究三利之訖工　僕　早鮮禪術

聚金石於淨界克遵四廟法敎　與天久也法宮梵宇萬億是期　寶由衆聖之冥佑　晩涉道場」

龍門釰湖幾慕樂天之鳫境　既託宿緣　兒郎偉抛樑東　　慧門慈戶開次第　兒郎偉抛樑南
鷄林竹院謾效公權之書碑　詎無善禱　萬朶蓮花入天宮　蟠空瑞色日輪紅　娑婆世界雲曇曇」

遥看漢水流普澤　兒郎偉抛樑西　　九街連綿塵不染　兒郎偉抛樑北　　室中多寶皆由此
共濟慈航幾善男　青門咫尺合隐棲　思將重竗牗昏迷　浩劫茫茫歸無極　香積飯來衆香國」

兒郎偉抛樑上　　色相炫耀塗丹雘　　兒郎偉抛樑下　　祝我聖上千萬壽　　伏願上樑之後　百殃自滅
天護神庇莫能忕　般若兜率宏且壮　　龍樓象塔自蕭灑　三皇之春五帝夏　　　　　　　　　諸祥畢臻」

晧四方之名山復起白馬古寺
蔵六時之寶鉢適値青牛暮春」

聖上卽祚三年同治四年乙丑三月二十二日　慶州金仁豊　著

大院公　庚辰生　李昰應
府大夫人戊寅生　閔氏　　兩位

山中老德　印虛堂快明
持殿　湖月堂舜淇
大監主僧　灝隱堂賛奎
都監　鏡山堂處均
住長　性空堂一閑
誦呪　月明堂瑞眞
別座　比丘　智和
供司　比丘　慈憲
書記　比丘　世鵬

木手　片手　朴昇寧
副片手　金宗範
石手　片手　金快吉
副片手　金壽天

주

1) 새롭게 발견된 4점의 상량문은 극락보전의 「乾隆三年戊午秋八月念八日立柱上樑九月□畢切汳憑□□代□」, 「三角山新興寺法堂改建上樑文」, 「漢陽東三角山新興寺大雄殿重創上樑文」과 대방의 「新興寺重修上樑文」이다. 이 중 「乾隆三年戊午秋八月念八日立柱上樑九月□畢切汳憑□□代□」에는 극락보전이 1738년(영조 14) 8월 28일 立柱·上樑된 바가, 「三角山新興寺法堂改建上樑文」에는 1794년 安東金門인 金祖淳부부의 대시주, 「漢陽東三角山新興寺大雄殿重創上樑文」에는 1853년, 김좌근부부의 대시주가 기록되어 있다. 대방에서 발견된 「新興寺重修上樑文」에는 1865년, 흥선대원군부부에 의해 불사가 이뤄진 바가 전해지고 있다.

2) 정릉이 처음 조성되었던 곳인 皇華坊의 위치는 현재 서울 중구 정동의 경향신문사 인근으로 추정되고 있다. 사찰문화연구원, 『전통사찰 총서- 서울』(1994), pp.351~352. 창건 당시 흥천사는 정릉의 북쪽지역에 세워졌는데, 현재의 덕수초등학교를 중심으로 조선일보사에서 서울시의회 별관 일대의 지역으로 추정되고 있다. 김정동, 『고종 황제가 사랑한 정동과 덕수궁』(발언, 2004), p.24. 한편, 김사행은 宦官이었지만 고려 말부터 궁궐과 불사를 짓는데 깊이 관여하여 박자청 등과 함께 당대에 건축공사로 잘 알려진 인물이다. 김버들·조정식, 「왕릉건축을 통해 본 박자청의 김사행 건축 계승」 『건축역사연구』 27권2호(한국건축역사학회, 2018), p.113~114.

3) 흥천사는 완공되자마자 조계종 총본사로 지정되었으며, 국가의 祈禳儀禮를 주관하는 곳이 되었다. 조선이 유교를 國是로 건국되었음에도 불구하고 불교사찰인 흥천사가 국가적으로 중요한 위상을 갖게 된 것이다. 특히 흥천사에는 이전에 없었던 특이한 구조의 사리각이 세워져 외국사신이 관광하는 곳이자 그들의 접대장소로도 활용되었다.

4) 『太宗實錄』 17卷, 太宗 9年 2月 23日(丙申).

5) 기능상으로 보면 정릉 옆에 따라가 세워진 능침사는 흥천사의 分寺로 볼 수 있지만 '屬寺'라고도 할수 있다.

6) 이철교 편, 「서울 및 근교 사찰지 ; 제2편 京山의 사찰」 『多寶』 통권11호(대한불교진흥원, 1994), pp.21~22. <重建新興方丈記>(1794) "太宗九年 移陵于沙阿里寺隨而從住陵傍蓋稱含翠亭遺址是也" 현재 흥천사를 소개하는 자료에는 대부분 "1569년(선조 2) 왕명으로 含翠亭遺址로 옮겨지었다"라고 되어 있다. 그러나 이 기문에 의하면 1409년 정릉을 옮길 당시, 능침사 기능을 하는 절이 함취정 터로 불리던 곳에 새로 세워졌음을 알 수 있다.

7) 『太宗實錄』 22卷, 太宗 11年 8月 12日(辛丑).

8) 이철교 편. 앞의 글, pp.21~22, <重建新興方丈記> "…顯宗十年因尤庵先生宋文正啓箚請附廟奉陵三司及儒生相繼疏箚命擧復陵儀仍蹕附世室實國朝盛事也 而聖后昇遐之日史官失傳又據陽村權文忠所著興天寺記秋八月戊戌之文令羲辰家推步逆算以八月十三日定爲忌辰此皆故實也 以寺之逼近陵寢 **移建于石門之外今所謂新興寺也.**" 1669년 가을에 이르러 神德王后의 신주를 종묘 정전의 太祖室에 合附하고 徽號를 順元顯敬이라 올렸다. 이때 신덕왕후의 무덤 즉, 정릉도 다시 관리되기 시작하여 의절대로 석물이 조성되고 정자각이 세워졌으며 守護官이 배치되었다. 『顯宗實錄』 卷17 顯宗 10年 10月 1日(辛酉).

9) 이에 대해 '정조대 중창 이전인 1738년(영조 14)에 이미 인법당 형식의 건축물이 있었으며, 이 상량문은 1738년 이후에 필사하여 봉안된 것'으로 보기도 한다. 도윤수, 「18~19세기 흥천사의 영건활동과 건축적 의미」 『조선 왕실사찰 흥천사의 역사와 문화재』(대한불교조계종 흥천사·미술문화연구소, 2017), p.89.

10) "緣化秩」都化主 嘉善大夫 敬林」都片手 朴有福」 副片手 勝洽」 別座 勝暹」 供養主 處訓」 大都監 晶善」 寺內秩」 山中老德 法察」 勝叢」 太雄」 印海" 이 상량문에는 1738년(영조 14) 8월 28일 입주·상량한 바가 제목처럼 첫 줄에 기록되어 있다.

11) 이철교 편, 앞의 글, pp.21~22, <重建新興方丈記> "草草結構 大異初地 寺獘僧殘 無足改觀而四百年 與國家共休戚 吁亦重且久遠矣 寺近愈頹廢 而京師之無賴子弟之剃度往來行脚之住接者 朝聚暮散 莫有能視以爲家 幾至蕩爲空地"

12) 이철교 편, 앞의 글, p22, <重建新興方丈記>의 마지막 줄에 "屠維古己協洽未甲 中浣日"이라 되어 있어 己未

年 즉 1799년의 기록임을 알 수 있다.

13) 1795년부터 1799년 사이에 이뤄진 佛事나 그에 관한 기록이 없기 때문에 <重建新興方丈記>는 1794년의 불사를 기록한 것으로 볼 수 있다.

14) 박종선은 英祖의 사위이자 연암 朴趾源의 삼종형인 朴明源(1725-1790)의 庶子이다. 자는 繼之, 호는 菱洋이다. 서자였기에 奎章閣 檢書官과 蔭城縣監과 같은 말직에 종사하였지만, 영조의 駙馬 家門출신이어서 경제적으로는 어렵지 않게 살았던 것으로 추정된다. 비록 저명한 인사는 아니지만 탁월한 시문으로 주목되는 인물이다. 그의 친불교적인 면과 고증적인 글쓰기 면모에 대해서는 김용태, 「菱洋 朴宗善의 <金剛百論藁>에 대한 일 고찰」『대동한문학』 제50집 (대동한문학회, 2017) 참조.

15) 김용태, 앞의 글, p.217. 한편, 박종선이 <重建新興方丈記>를 짓게 된 것은 박지원과 1794년 불사 시주자 대표격인 김조순의 아버지 金履中(1736-1793)이 막역한 사이였기에 가능했던 것으로 보인다. 두 사람 관계는 1765년 가을, 김이중이 나귀를 팔아 마련해준 돈으로 박지원이 금강산 일대를 유람했다는 일화로 짐작할 수 있다. 박종채 저·김윤조 역주, 『譯註 過庭錄』(태학사, 1997), p.32.

16) <重建新興方丈記>의 글씨를 쓴 仁巖致鑑으로 1825년(순조 25), 金祖淳의 시주를 받아 경기도 이천 백사면의 靈源寺를 창건한 것으로 알려져 있다. 영원사는 김조순의 시주 이후, 安東金門의 원찰이 되어, 1854년(철종 4)에 純元王后의 시주를 받아 중창되었다. 權相老, 『韓國寺刹全書』 下(동국대학교출판부, 1979), p.830.

17) 이철교 편 앞의 글, pp.21~22, <重建新興方丈記> "..乃有寺僧 聖敏致鑑敬信等發願護法相與謨所以治修之道先寢郎報春官發施措文移于諸道行列邑收若干財又得檀越家善男女資助夷其敗屋拓其舊址更築而重新之.." 한편, 권상로선생은 '1794년에 聖敏·錦敏·敬信 等이 沙阿里에서 현 위치로 移建하고 新興寺라 개액하였다'고 정리하였다. 權相老, 『韓國寺刹全書』 下(동국대학교출판부, 1979), p.1229, "正宗十八年(甲寅)九月寺僧聖敏錦敏敬信等自沙阿里移建于今地改額曰新興"

18) 이철교 편, 앞의 글, pp.21~22, <重建新興方丈記> 및 이종수, 「홍천사의 역사적 변천과 위상」『조선의 왕실 사찰 홍천사의 역사와 문화재』 (대한불교 조계종 홍천사·미술문화연구소, 2017, 4), p.16.

19) 이철교 편, 앞의 글, p.19. 한편, <重建新興方丈記>에 '은석사의 재목을 인근의 조포사에서도 탐냈다'고 하는 내용을 통해 은석사는 물론 정릉 및 홍천사 인근에 또 다른 조포사가 있었던 것을 짐작할 수 있다. 아울러 성종의 딸이자 연산군의 이복 여동생인 惠愼翁主(또는 徽淑翁主)의 묘가 1786년 9월 말까지만 해도 정릉 옆에 있었던 것이 확인된다. 『正祖實錄』 卷22, 正祖 10年 9月 27日(丁酉). 따라서 <重建新興方丈記>에 언급된 조포사는 혜신옹주 묘에 속했던 것으로 볼 수 있다. 혜신옹주는 성종과 명빈김씨 사이의 3남3녀 중 장녀로, 부마는 풍원위 임숭재인데, 생몰년은 전해지지 않는다. 경기도 여주군 여주읍 능현리에 남편과 합장되어 있으며 이장 시기는 불분명하다. 조선왕조실록사전(http://waks.aks.ac.kr) 참조.

20) 『日省錄』 正朝10年 閏7月 12日(癸未); 『文孝世子墓所都監儀軌』 "銀石寺僧十五名"

21) <毘盧遮那三身掛佛圖>로 명명되며, 2015년에 서울시유형문화재로 지정되었다. 이 불화에 대해서는 유경희, 「조선 말기 홍천사와 왕실발원 불화」『조선의 왕실 사찰 홍천사의 역사와 문화재』 (대한불교 조계종 홍천사·미술문화연구소, 2017) pp.28~30 참조.

22) 봉은사 판전 중건에 참여하였다.

23) 신에게 제사를 지내 복이 내리기를 기원하는 장소

24) 문화재청·불교문화재연구소 편, 『한국의 사찰문화재-서울특별시 자료집』 (문화재청, 2013), pp.165~166, <京畿右道楊州牧地三角山興天寺寮舍重創記文>.

25) <京畿右道楊州牧地三角山興天寺寮舍重創記文>에는 "大雄殿"이라 되어 있으나, 1854년의 기록인 <漢陽東三角山新興寺極樂寶殿重建丹靑施主>에 "극락보전"이라 명명되어 있어, 1853년 세워진 신흥사의 주불전은 '극락보전'임을 분명히 알 수 있다. 문화재청·불교문화재연구소 편, 위의 책, p.165~166 및 p.163.

26) 문화재청·불교문화재연구소 편, 위의 책, p.163, <漢陽東三角山新興寺極樂寶殿重建丹靑施主>. 이 현판에는 시주자들의 이름만 수록되어 있는데, 중건 외에 단청(화주에 따라 분류)·법당행보석·법당개와·법당삼존불상개금 등의 불사에 각기 동참한 시주자와 화주가 기록되어 있다.

27) 이 사실이 기록된 <漢陽東三角山新興寺十王殿丹雘募緣記> 현판에는 최치원의 「四山碑銘」 중 하나인 <大崇福寺碑>의 14구가 인용되어 있어 주목된다. 문화재청·불교문화재연구소 편, 앞의 책, pp.163~164; 崔致遠 著·李佑成 校譯, 『新羅 四山碑銘』(아세아문화사, 1995), pp.357~369, "彩檻纘鳳 彫樑架虹 繚礱雲矗 績壁霞融 盤基爽塏 觸境蕭灑 藍峀交聳 蘭泉迸瀉 花娓春巖 月高秋夜 雖居海外 獨秀天下...根深桃野 泒遠桑浦" 최치원의 사산비명은 김조순과 교유하였던 응운공여가 자주 차용하였다. 이대형, 「응운공여대사 유망록 해제」 『한글본 한국불교전서 조선 22-응운공여대사 유망록』 (동국대학교출판부, 2014), p.20. 김조순과 응운공여에 대해서는 Ⅲ장 참조.

28) 문화재청·불교문화재연구소 편, 위의 책, pp.165~166.

29) 이 건물이 H자형의 대방이다.

30) 문화재청·불교문화재연구소 편, 앞의 책, pp.166~167, 景雲以祉 識, <京畿右道楊州牧地三角山興天寺寮舍重創記文>(1869) "…我聖上卽位之明年乙丑自雲峴宮發無漏之妙因行一施之洪恩募化各道列邑收若干財而其材瓦鐵物亦皆恩念所賜矣 於是 處均掌其材 贊奎董其役 召嶺南名匠 不月竣事 左右之分翼 前後之布排 比前倍蓰 而寺如是重重新新而興矣 旣落成 改其扁曰興天寺…."

31) 손신영, 「정암사 수마노탑 탑지석 연구」 『문화재』 vol.47 No.1,(국립문화재연구소, 2014), p.121; 손신영, 「19세기 왕실후원 사찰의 조형성-고종년간을 중심으로-」 『강좌미술사』 42호(사.한국미술사연구소·한국불교미술사학회, 2014), pp.49~50.

32) 이 불사 시주에 대한 분석은 Ⅲ장 참조.

33) 문화재청·불교문화재연구소 편, 앞의 책, p.165, <京畿右道楊州牧地三角山興天寺七星閣重刱丹雘記文>. 여기에는 大木片手 朴春甫 외에 4명의 木手가 더 있으며, 이밖에 '蓋瓦片手 李, 泥匠片手 李'라고 기록되어 있다.

34) 대방에 걸려 있던 <京畿右道楊州牧地三角山興天寺寮舍重創記文>현판에는 "寮舍重創記文"(1869), "中鐘大施主"(1869), "法堂三尊改金幀畵記"(1867), "大法堂卓座"(1870) 등, 시기가 다른 5종류의 佛事내용이 함께 수록되어 있다. 문화재청·불교문화재연구소 편, 앞의 책, pp.165~166.

35) 문화재청·불교문화재연구소 편, 앞의 책, p.163, <三角山興天寺極樂寶殿內部重修序文> 및 p.166, <三角山興天寺四十二手觀世音菩薩佛糧施主>.

36) 임오군란의 피해로 인해, 홍천사의 현판 기문에 여러 시기의 불사가 기록된 것이 아닐까 한다. 대체로 하나의 현판 기문에는 단일한 불사가 기록되어 있지만, 홍천사에는 유독, 여러 불사가 하나의 현판에 수록된 경우가 많기 때문이다. 예컨대, <漢陽東三角山興天寺大法堂重建丹雘而佛事緣化秩>현판은 1900년에 기록된 것인데, 咸豐三年癸丑五月(1853년, 철종 4)의 "三尊改金佛事", "大法堂丹雘時畵所秩", "大法堂重建丹靑後後佛幀彌勒殿神衆幀大樑大施主"에 관계된 이들의 명단이 佛事題目과 함께 차례로 수록된 후, 同治四年乙丑仲春(1865년, 고종 2)의 "重建新興寺事蹟" 및 "重建大法堂又丹雘"의 시주자, 大韓光武四年孟夏(1900년 초여름)의 "法堂內佛頂上親造單家而重修丹雘又獨聖殿丹雘"이 기록되어 있다. 이밖에 <漢陽東貞陵新興寺法堂重創丹雘記文>도 1794년의 "重建新興方丈記" 다음에 1900년의 "극락보전 중창 및 단청"이 기록되어 있다. 손신영, 「19세기 불교건축의 연구-서울·경기지역을 중심으로」(동국대학교대학원 미술사학과 박사학위청구논문, 2006), pp.59~62; 문화재청·불교문화재연구소 편, 앞의 책, pp.162~163.

37) 『廟殿宮陵園墓造泡寺調』에 대한 해제는 탁효정, 「『廟殿宮陵園墓造泡寺調』를 통해 본 조선후기 능침사의 실태」 『조선시대사학보』61(조선시대사학회, 2012, 6) pp.200~209 참조.

38) 李王職 禮式科, 『廟殿宮陵園墓造泡寺調』, "壬午軍亂寺中書類及叅考物件火 未詳"(昭和25年(1930))

39) 權相老 編, 『韓國寺刹全書』上(동국대학교출판부, 1979), p.513, "高宗十九年壬午亂軍衝火法宇僧寮一時燒盡"

40) <三角山興天寺四十二手觀世音菩薩佛糧施主>에도 1891년(고종 28)의 "四十二手觀世音菩薩佛糧施主"와 1885년(고종 22)의 "大房重修時施主", 1894년(고종 31)의 "冥府殿重建時大施主 및 염장과 반찬 등 헌납" 등, 4가지 불사의 시주와 화주가 함께 수록되어 있다. 이들 불사는 조성시기가 각기 다르지만 시주는 모두 "尙宮淸信女丙申生弘敬心慈華"와 "尙宮淸信女辛丑生李氏慈仁華"이고 化主는 모두 "瑛曇"이다. 즉, 시주와 화주가 동일하기에 다른 시기의 불사임에도 불구하고 하나의 현판에 기록해 둔 것으로 보인다. 문화재청·불교문화재

연구소 편, 앞의 책, p.166.

41) 月波智和는 1899년 당시 홍천사의 주지로, 華城聖敏의 5대손이고 秋月敬信의 高孫이며 鏡曇惠圓의 曾孫이다. 또한 九峰啓壯의 親孫이자 鏡山處均의 親恩上佐이다. 西湖출신으로 10살에 興天寺로 출가하여 50여 년간 주석하였다. 문화재청・불교문화재연구소 편, 앞의 책, 「皇城東三角山興天寺寺中爲住管大和尙月波堂記文」, p.167.

42) 명부전 중건공사는 1894년 2월 28일 시작되어 5월 15일 마무리되었고, 단청은 1896년 2월 그믐에 시작하여 4월 15일 마쳤다. 도편수는 柳聖日, 기와편수는 馬白龍, 부편수는 金氏, 土役片手는 吳致善이 맡았다. 문화재청・불교문화재연구소 편, 앞의 책, p.164, 「三角山興天寺冥府殿重建而丹雘同叅山中秩」. 한편, 1894년의 명부전 중건에 동참한 시주자 명단은 4매로 나누어 기록되어 있어 홍천사 소속 스님들은 물론이고 인근 사찰 소속 스님, 상궁, 匹夫匹婦 등 3백여 명이 참여했음을 알려주고 있다.

43) 문화재청・불교문화재연구소 편, 앞의 책, p.162, 「三角山興天寺大雄殿佛糧大施主」

44) 홍천사 독성각은 1933년 화재로 소실된 후 이듬해에 재건되었다. 서울특별시, 『홍천사 실측조사보고서』 (1988), p.198.

45) 문화재청・불교문화재연구소 편, 앞의 책, p.166～167, 「三角山興天寺中醬太田大施主記文」

46) 監督 漢應萬權, 蓋瓦片手 馬氏, 土役片手 吳致善, 공사 시작은 1908년 6월 시작하여 7월 말에 마쳤다. 「大房修理記」 참조.

47) 그러나 홍천사 이전의 寺名인 '신흥사'로 인식되는 바는 이후로도 오랫동안 지속되었다. 예컨대 1988년 8월 10일자 『경향신문』의 「서울의 길」 기사에 "돈암동 사거리～정릉 아리랑 고개" 길을 소개하면서 "이 길옆에 있는 사찰로 '신흥사라 불리는 홍천사'"라 한 바 있다.

48) 金祖淳 外, 『楓皐集・荷屋遺稿・思穎詩文抄』 (보경문화사, 1986), pp.361～362.

49) 應雲空如 著・이대형 옮김, 앞의 책, pp.122～123, 「永安府院君觀音占祝詞」 및 pp.128～129 「答永安府院君書」

50) 應雲空如 著・이대형 옮김, 앞의 책, pp.201～202, 「祭永安府院君楓皐金先生文」

51) 서울대학교규장각한국학연구원 「修禪結社文」(古1840-7) 해제참조

52) 정병삼, 「19세기의 불교사상과 문화」 『추사와 그의 시대』 (돌베개, 2002) p.192; 유경희, 앞의 논문(2017), p.46.

53) 應雲空如 著・이대형 옮김, 앞의 책, p.81, 「上永安府院君書」 "欲結緣淨土 造靈源一寺 主者不得其人 吾庵衆開士 咸云師之爲人 碩學鉤深 篤志玄道 師主此庵 以副余之心期淨域之望"

54) 주)16 참조.

55) 주)27 참조.

56) 2017년 9월 말, 성북구 보문사 대웅전에서 발견된 3건의 상량문 중에서, 同治 4年銘(1865, 고종 2)에도 김좌근이 相國 즉 영의정 관직하에 시주로 기록되어 있다. 그런데 김좌근 다음에 "叅判 乙巳生 趙誠夏」 奉母 辛未生 金氏..."등이 기록되어 있고 같은 날짜인 3월 4일에 기록된 또 다른 상량문에는 "大施主"라 쓴 다음 '高宗・趙大妃・洪大妃・金大妃를 축원하는 문장만 수록되어 있다. 즉, 인근의 홍천사에서 대대적으로 이뤄진 불사에 시주하지 않은 왕실인사들이 모두 보문사 대웅전 수리불사를 후원한 것이다. 또한 이 불사는 상량문 외에 <漢陽東三角山普門寺法堂重建大施主> 현판에도 기록되었는데, 여기에 "乾命豊恩府院君丙申生豐壤趙公」 坤命府夫人丙申生恩津宋氏 兩位 靈駕"라 되어 있어 이 당시 佛事의 목적을 알 수 있다. 즉, 신정왕후 조대비 친정가문인 豐壤趙門에서 주도한 풍은부원군 趙萬永(1776～1846) 死後 10년 만에 봉행하는 靈駕薦度 불사였던 것이다. 여기에 순원왕후의 가문인 안동김문의 대표로 영의정이던 김좌근이 시주한 것이다.

57) '乾命丁巳生金氏'는 김좌근, '坤命丙子生梁氏'는 羅閤이다. 이들의 불사후원은 1874년의 정암사 수마노탑 탑지석에서도 확인된다. 손신영, 「정암사 수마노탑 탑지석 연구」 『문화재』 vol.47 No.1,(국립문화재연구소, 2014), p.121.

58) 고경스님 감수・송천스님 외 역, 앞의 책, p.197.

59) 한국학문헌연구소 편, 『楡岾寺本末寺誌』(아세아문화사, 1977), pp.480~481.

60) 한국학문헌연구소 편, 위의 책, p.638.

61) 이 당시 김좌근의 첩 나합이 적조암의 引勸大施主로 참여하였던 바도 확인된다. 문화재청・불교문화재연구소 편, 『한국의 사찰문화재 : 서울특별시』 3(문화재청, 2013), p.166, <京畿右道楊州牧地三角山興天寺寮舍重創記文> '寂照庵 引勸化主秩'에서 첫 번째로 "坤命丙子生梁氏 文貳百兩"이라 되어 있다.

62) 한국학문헌연구소 편, 앞의 책 p.171, p.480, p.505, pp.574~575.

63) 고종과 조대비・홍대비 등이 홍천사가 아닌, 인근 보문사의 대웅전 중창 불사에 참여하였다는 것은 시사하는 바가 적지 않다. 즉, 홍천사 중창이 왕실차원에서라기보다 흥선대원군 주도하에 이뤄진 왕권강화책의 일환으로 진행되었던 것으로 여겨지기 때문이다. 주)56 참조.

64) 문화재청・불교문화재연구소 편, 앞의 책, p.165~166.

65) 손신영, 「造營과정과 造形원리」 『조선의 원당 1 - 화성 용주사』(국립중앙박물관, 2016) pp.25~27.

66) 흥선대원군의 흥천사 시주에 대해, "엽전 3천 냥을 하사하고 정릉의 森林 일부를 하사하였다"라는 보고가 전해진다. 이왕직 예식과, 앞의 보고서, p.12. 그러나 이 보고서 작성에 참고하였다고 하는 <京畿右道楊州牧地三角山興天寺寮舍重刱記文>에는 삼림이 하사되는 내용은 없고, 흥선대원군 부부가 중창불사를 위해 3천 냥을 하사한데 이어 중종을 조성하는데 5백 냥을 하사한 바만 기록되어 있다.

67) 유경희, 앞의 논문(2015), pp.164~165.

68) 1911년에는 고종으로부터 재물을 하사받아, 엄귀비의 재를 봉행하였다. 『每日申報』 1911년 10월 27일자 2면 "純獻妃의 齋」 德壽宮 李太王殿下께서ᄂᆞᆫ 金貨 二千二百圓과 白米 六百石을 新興寺로 下賜ᄒᆞ야 昨日에 故純獻妃의 齋를 設行케ᄒᆞ얏다더라"

69) *이탤릭체* 표기는 판독이 불분명한 글자이다.

6장

울진 불영사 의상전의 추이와 의미

Ⅰ. 머리말

현재, 우리나라 전통사찰에서 창건주를 기리는 곳은 손에 꼽을 정도로 드물다. 전통사찰 대부분이 의상대사 혹은 원효대사에 의해 창건되었다는 연기 설화를 간직하고 있음에도 이 두 분을 특별히 기리며 건물 편액을 그 이름으로 정한 경우도 거의 없다. 따라서 불영사 의상전의 존재가치는 독보적이라 할 수 있다.

불영사의 현재 의상전은 2001년 해체·수리 당시 발견된 상량문을 통해 '1867년, 인현왕후 원당으로 창건'된 사실이 알려져 이목이 집중되었다.[1] 그러나 17세기 말 인물인 인현왕후의 원당이 왜 19세기 중반에 창건되었는지, 인현왕후 즉 왕실인사의 원당이었던 건물이 어째서 의상전이 된 것인지에 대해서는 명쾌한 해석이 제기되지 못하고 있다. 의상전에 대한 자료가 드물고, 현재 의상전을 비롯한 19세기 중반 이후 불교 건축에 대한 가치 재고도 거의 이뤄지지 않고 있기 때문이다. 이 글에서는 이러한 사정을 감안하여 불영사 의상전에 대하여 고찰해보고자 한다.

II. 의상전의 연혁과 위치

불영사에 대한 기록들은 불영사에 소장되어 있는 각종 현판 및 복장기문, 『佛國寺誌』에 수록된 바, 조선후기 문인들이 쓴 詩와 記 등으로 구분할 수 있다.[2] 여기서는 이 자료들을 분석하여 의상전의 연혁을 구성해보고, 의상전의 위치를 추론해보고자 한다.

1. 의상전의 연혁

불영사 관련 기록 중 의상전이 언급된 가장 이른 자료는 1630년 任有後(1601~1673)[3]가 지은 <佛歸寺古蹟小志>로 관련 내용은 다음과 같다.

> 性圓스님이 법당과 동서의 禪室을 중창하고 正輝 스님과 智淳스님이 그 노력을 함께하였는데 기 상공 자헌이 재물을 시주하였다. 의상전을 창건할 때 산맥이 휘감은 정상의 측백나무 사이에 세운 글에 "大施主 의정부 영의정 기자헌"이라 하였다고 한다.[4]

위의 인용문에는 佛事를 한 시기가 언제인지 명확히 드러나지 않았으나 '성원스님이 法堂과 東西禪室을 중창하였다'는 것을 통해 그 대략적인 시기를 유추해볼 수 있다. 불영사의 불사시기와 化主를 수록해 놓은 「造成雜物器用有功化主錄」[5]에 따르면, 平安道 龍川출신인 성원스님이 1578년 영산전·1585년 향로전 重修 불사에서 화주를 맡았으며 西殿과 영산전을 제외한 대부분의 불전이 임진왜란 때 불타버리자 1602년~1609년의 再建 佛事 당시, 禪堂 창건의 화주를 맡았던 것이 확인된다.[6] 이후로는 1616년 中鈸螺의 化主를 맡았던 바를 끝으로 성원스님 이름은 기록에서 더 이상 확인되지 않는다. 따라서 이 내용을 토대로 보면 위의 인용문에서 언급한 불사 시기는 불전들이 재건되던 1602년~1609년으로 추정된다. 그러나 의상전이 이 시기에 다른 불전들과 함께 창건되었다고 단정하기는 이르다. 의상전 창건에 영의정 기자헌이 재물을 시주하였다는 구절이 있어 그가 영의정으로 재임했던 시기를 고려해야하기 때문이다. 奇自獻(1567~1624)은[7] 1614년 1월 19일부터 1617년 11월 26일까지, 약 3년여 간 영의정을 역임하였는데[8] 이 무렵 治病을 이유로 강릉에서 寓居했던 바도 확인된다.[9] 그란데 성원스님의 불사 이력과 기자헌의 영의정 재임기간은 일치하지 않는다. 하지만 원문을 띄어 읽기하여 '성원스님이 화주를 맡은 불사에 기자헌이 시주하였는데, 의상전 창건불사 당시에도 기자헌이 또 시주하자 그를 기념하는 기문을 써서 의상전 어칸에 걸어두었다'로 본다면, 성원스님이 법당과 동서선실을 중건하던 시기와 의상전을 창건하던 시기에 시차가 있었다고 볼 수 있는 여지가 생긴다. 이렇게 본다면 성원스님이 化主・기자헌이 施主하여 법당과 동서선실이 중창된 바도 영의정 기자헌의 시주로 의상전이 창건된 것도 모두 수용할 수 있게 된다. 그리고 그 시기는 中鈸螺가 조성되던 무렵인 1616년경이라 볼 수 있다.

「불귀사고적소지」 이후 의상전에 대해 언급한 기록은 「造成雜物器用有功化主錄」으로, 다음은 그 내용을 정리한 것이다.[10)]

- 義湘殿 始創兼丹靑 化主 性衍 順治七年 庚寅(1650) 六月
- 義湘殿 重創兼丹靑 化主 學人 康熙七年 己酉(1669) 三月
- 義湘主 一位 康熙二十六年 戊辰(1688) 四月日
- 義湘殿 重建 古基舊礎 化主 寺中 嘉慶15年 庚午(1810)

여기서 가장 주목되는 것은 性衍스님의 화주로 1650년에 의상전이 창건 및 단청되었다는 것이다. 앞서 임유후의 「불귀사고적소지」를 통해 1616년 무렵 의상전이 창건된 바를 추론하였기 때문이다. 전통건축에 있어서 創建・重建・重修는 각기

'처음 건축'·'첫 건축 이후 그 자리에 다시 건축'·'건축이후 수리'를 의미한다. 따라서 기자헌의 시주로 1616년 무렵 처음 지어졌던 의상전을 1650년에 중건이나 중수가 아닌 始創 하였다고 한 바는 쉽게 납득되지 않는다. 「造成雜物器用有功化主錄」에 의하면 1616년~1620년에는 불영사에서 불교공예품들이 주로 조성되었음을 살필 수 있다. 따라서 이 기록만 본다면 이 시기 불영사에서는 불전이 지어지거나 수리되는 불사가 없었던 것으로 여길 수도 있다. 그러나 1630년 임유후의 기록을 통해 1616년 무렵, 기자헌의 시주로 의상전이 새로 지어졌음을 유추할 수 있으므로 기자헌의 시주로 지어진 의상전과 1650년에 지어진 의상전은 동일 건물이 아닐 수도 있다는 가설을 세울 수 있다.

위의 내용은, 1650년 창건된 의상전이 20여 년만인 1669년에 학인스님에 의해 중창되고 단청되었으며 이로부터 또다시 20여 년 뒤인 1688년에 의 대사상이 조성된 바를 알려주고 있다.[11] 목조건축은 지어진 이후 지속적으로 수리하고 관리해야 유지될 수 있으므로, 1669년의 중창 및 단청은 의상전이 지속적으로 기능하고 있었음을 반증하는 것이다. 그런데 의상전이 지어진 후 40여 년이 지난 1688년에야 義湘大師像이 조성되었다는 것은 어떻게 이해해야 하는 것일까?[12] 이와 관련하여 먼저 고려할 것은 三淵 金昌翕(1653~1722)[13]의 기록이다.

> 義相殿에 올라가니, 의상대사의 眞像이 보존되어 있었다[14]

위의 내용은 삼연 金昌翕이 1670년 초겨울에 울진의 산수를 유람하고 그 경관과 내력을 기록한 글에, 불영사를 방문했을 당시 의상전에 들러 대사의 眞像이 봉안되어 있었던 바를 적은 것이다. 「造成雜物器用有功化主錄」에는 1688년에 의상대사상이 조성되었다고 했으며 이보다 18년 앞서 방문한 김창흡은 의상대사 진상이 있다고만 했다. 1670년에 조성되어 있던 의상대사상이 1680년에 또 다시 조성되었다고 볼 수 있지만, 그보다는 김창흡이 언급한 眞像은 초상화 즉 眞影을 언급한 것이 아닐까 한다.[15] 이렇게 보면 1670년 김창흡이 방문하였던 의상전은 1650년 지어져 1669년 중창된 직후, 의상대사像 없이 진영만 봉안되어 있었던 양상이 묘사된 것이라 할 수 있다. 그렇다면 이 진영은 언제 조성된 것일까?

「造成雜物器用有功化主錄」을 비롯하여 불영사 불사 관련 기록을 살펴보면 조각과 그림·공예품 등이 한 시기에 집중적으로 조성되는 경향을 파악할 수 있다. 조각은 앞서 살핀 바대로 1688년, 그림의 경우는 영산회탱·미타탱·달마탱 등이 조성되었던 1629년과 지장 및 시왕탱·제석탱·하단탱 등이 조성되었던 1681년을 고려해야 한다. 의상대사상은 조각이 집중적으로 조성되던 1688년에 이뤄진 작품이므로, 의상대사 진영 역시 그림이 집중적으로 조성되던 이 무렵에 이뤄졌을 가능성이 높다. 이렇게 보면 김창흡이 보았던 의상대사 진영은 1629년 무렵 다른 불화들과 함께 일괄 조성된 것으로 추정된다. 아울러 기자헌에 의해 의상전이 조성된 후 의상대사 진영이 조성되었지만 건물은 오래지 않아 퇴락되고 그림만 남아 있다가 1650년 새롭게 지어진 의상전에 다시 봉안된 것으로 유추된다.

김창흡의 방문기록 이후, 의상전에 대한 언급은 거의 없지만 「造成雜物器用有功化主錄」에는 1810년에 이르러 옛터의 오래된 초석에 중건되었다고 되어 있으므로, 의상전은 1810년에 이르기 오래전부터 터와 석재만 남아 황폐해졌었던 양상이었음을 짐작할 수 있다.

이밖에 의상전에 대한 기록은 두 종류로 나뉜다. 하나는 1843년 기록된 「天竺山佛影寺靈山殿上樑文」처럼 義湘大師像이 개분되었다는 것이고[16] 다른 하나는 1906년의 <佛影寺應眞殿 阿彌陀幀>의 畵記에 기록된 바와 같이 '개분된 의상대사상이 조사전에 봉안되었다'는 것이다.[17] 전자는 의상대사상만 언급한 것으로 「造成雜物器用有功化主錄」과 함께 고려해보면 의상전이 황폐화되기 전에 봉안되었던 의상대사상과 그 진영은 건물이 퇴락되면서 다른 곳으로 옮겨졌다가 1810년 의상전이 중건된 이후, 1843년 개분·개채하여 다시 봉안되었음을 추정할 수 있다. 후자는 의상대사상을 義湘祖師라고 하였을 뿐만 아니라, 祖師殿이라 하며 봉안장소를 구체적으로 드러냈다. 이는 당시, 의상대사상이 봉안된 곳을 의상전이 아닌 조사전이라 했음을 알려준다.18)

한편, 김창흡이 보았다는 의상대사 진영은 의상전이 퇴락하며 사라진 것으로 볼 수도 있지만, 1932년 1월 22일자 『官報』의 寺刹有財産 목록에 '義湘幀·元曉幀·淸虛幀 각 1축과 先師影幀 6축'이 소장된 바가 수록되어 있어 단정하기는 어렵다.19) 현재 의상전 내부에 봉안되어 있는 의상탱·원효탱·청허탱[休靜]·鍾峯幀[四溟堂, 惟政]·法名을 확인할 수 없는 先師影幀 등이 이 당시의 작품인지 명확하지는 않지만 관보의 목록과 거의 일치한다.20)

이상의 내용을 정리해보면 울진 불영사의 의상전은 1616년 무렵 초창되고, 1629년에 의상대사 진영이 조성·봉안되었으나 어떤 이유에서인지 1650년 들어 새롭게 지어져, 1669년 중창되었지만 퇴락되어 터만 남아 있다가 1810년에 이르러 옛 터의 오래된 초석을 기반으로 다시 세워진 것임을 알 수 있다. 이후, 1688년 조성된 의상대사상이 1843년 개분된 이래로 의상전 관련 언급은 더 이상 없는데 1906년 들어 다시 한 번 의상대사상이 개분된 후 의상전이 아닌 '조사전'에 봉안되었다고 한 것을 보면, 이 무렵 현재의 의상전이 조사전으로 바뀌었다는 것도 유추할 수 있다.21)

2. 의상전의 위치

1) 인현왕후 원당과 의상전

현재 의상전은 불영사의 중심 사역에서 서쪽, 극락전과 응진전 사이에 위치하고 있는데, 이 위치가 17세기부터 기록에 보이는 의상전인지는 불분명하다. 그보다는 현재의 의상전이 17세기에 창건된 의상전이 아니라고 보는 것이 더 이해하기 쉽다. 왜냐하면 2001년 10월, 현재의 의상전을 수리하다가 서쪽 종도리 바닥 사각 홈에서 상량문이 발견되었기 때문이다.[22](도 1, 도 2) '건물을 짓거나 수리하면서 작성되는 일반적인 상량문에는'간단한 건물 연혁과 공사 이유 및 날짜·공사 관계자 등'이 기록되는데, 불영사의 현 의상전에서 발견된 이 상량문에는 현재 불전과 관계없는 조선 제19대 왕 숙종의 계비, 인현왕후의 원당으로 1867년 창건되었다는 내용이 담겨 있다.

도 1. 인현왕후원당 상량문 겉종이

도 2. 인현왕후 원당 상량문 속종이

이 상량문의 내용에 따르면 불영사가 인현왕후와의 인연으로 왕실원찰이 된 것으로 추론해 볼 수도 있다. 조선후기 왕실에서는 왕릉 인근의 사찰을 造泡寺로 지정하고, 원거리 지방에 있는 사찰을 그 屬寺로 지정하여 왕릉에서 거행되는 忌晨齋 등에 소요되는 물자 및 부역을 제공토록 하였기 때문이다. 그러나 불영사가 조포사 또는 造泡屬寺로 지정되었던 바는 확인되지 않는다.[23] 따라서 1867년(고종 4), 東海에 가까운 불영사에, 17세기 인물인 인현왕후의 願堂을 창건하였다는 것은 갑작스럽고 엉뚱하기까지 하다. 그러나 상량문의 작자는 다음과 같이 불영사와 인현왕후와의 인연을 설명하였다.

> 예로부터 전해오던 말들을 모아 전하건대, 본사의 산천초목과 스님들이 두루 聖后[인현왕후]의 은덕을 입어서 지금까지 지탱해 오고 있다고 한다. 마음속에 그리워 한 것이 몇 년이나 되었으며 조바심을 낸 것이 얼마 간이겠는가[24)]

즉, 불영사에는 인현왕후의 후원으로 사중이 유지되고 있다는 소문이 있어, 오래 전부터 인현왕후를 기리기를 원해왔다는 것이다. 인현왕후와 관련하여 불영사에 전해지는 기록은 모두 20세기 들어 작성된 것으로 1933년의 <江原道蔚珍郡天竺山佛影寺事蹟碑>와 1939년의 『蔚珍郡誌』가 있다. 먼저, <강원도울진군천축산불영사사적비>에서 인현왕후 관련 내용은 다음과 같다.

> 숙종대왕이 총애하던 궁희[장희빈]의 모함으로 왕비가 폐출되었다. 왕비가 자결하려고 마음먹었는데 꿈에 본 한 스님이 고하기를 '나는 불영사에서 왔으며, 내일 좋은 상서가 있으니 너무 우려하지 말라'고 하였다. 과연 이튿날 궁희가 꾸민 사건이 발각되어 죄가 밝혀져 사약을 받았다. 왕비[인현왕후]가 환궁하여 이런 사정을 알려 절의 사방십리를 하사하고 4개의 금표를 세워 부처님의 은혜에 감사하였다.[25)]

인현왕후가 폐위되어 고난의 절정에 달했을 때 꿈에 불영사 스님이 나타나 복위될 것을 예고해주었고, 그대로 이뤄지자 그에 대한 사례로 절의 땅을 보호해주는 사표를 세워주었다는 것이다. 이를 뒷받침할 만한 기록이 全無하지만, 설화로만 여길 수만은 없으며 1867년 인현왕후의 원당을 세웠다는 점에서 볼 때 허구적이라고만 할 수는 없다. 그러나 1867년에, 인현왕후를 기리는 것은 이해하기 어렵다. 잘 알려져 있다시피 인현왕후는 1681년에 왕비가 되었으나 1688년 폐위되었다가 1694년 복위된 후, 1701년에 서거하였으므로 인현왕후를 기리는 원당은 17세기 말이나 18세기 초에 창건되었어야 했기 때문이다.

서거한 지 166년이 지난 인현왕후를 갑자기 추모한 것은 무슨 이유에서였을까? 그것은 아마도 1867년 당시 불영사의 위상을 제고하면서 宣揚할 필요가 있었기 때문이 아닐까 한다. 인근의 여러 사찰들에서 각기 왕실과의 인연을 내세워 佛事의 후원을 받고 그로써 지역사회의 관심과 후원을 또다시 얻게 되는 것을 보고, 불영사에서는 전해내려 오는 인현왕후 관련 소문을 기정사실화할 필요가 있었던 것이 아닐까 한다.

인현왕후 관련 일화는 『蔚珍郡誌』에 보다 구체적으로 언급되어 있다.[26] 즉, 인현왕후 민씨가 자결코자 할 때 꿈에 천축산에서 온 승려가 이틀을 기다리라고 하여 과연 이틀이 지나니 환궁하라는 명이 내려졌으며, 인현왕후가 꿈속에 나타난 이의 용모를 그려 불영사 사중에 찾아보게 하니 혜능대사와 닮았다는 것이다. 이에 부처님의 은혜에 감사하며 불영사 사방의 10리 땅을 하사하자 축원당을 지었다는 것이다. 이는 1933년의 사적비보다 더 각색된 것으로, 그중에서도 꿈속에서 본 승려의 모습을 그리게 하니 혜능대사 용모였다는 것과 축원당을 지었다는 것은 처음 등장하는 내용이다. 불영사 寺中에 전해지는 기록에 보이지 않던 내용이 갑자기 등장한 것일 뿐만 아니라 출처가 없어 전적으로 신뢰하기는 어렵다.

한편, 2001년 발견된 상량문에는 다음과 같은 내용이 있어 인현왕후 원당이 1867년에 처음 지어진 바와 그 위치를 알 수 있다.

> 이에 감히 좋은 해 좋은 달 좋은 날을 택일하여 절의 서쪽 높고 마른 땅에 원당을 건축하고, 억만년 동안이나 聖德이 무강하고 국가가 평안하기를 봉축한다. 대청 동치 6년 정묘 4월 26일 주지 신하 승려 유찰은 머리를 조아리고 죄송한 마음으로 삼가 쓴다.[27]

위 인용문은 인현왕후 원당이 대웅보전이 자리한 중심 일곽의 서쪽 높고 마른 땅 즉 깨끗한 곳에 세웠다고 하고 있어, 현 의상전 위치와 부합한다. 높고 마른 땅이라는 의미는 습기가 없는 곳이라 볼 수도 있지만, 기존의 건물이 없던 裸垈地라 할 수 있다. 따라서 인현왕후 원당이 1867년에 불영사에 처음 지어진 것으로 볼수 있다.[28)]

현재의 의상전 내부에는 의상대사상이 중앙의 불단 위에 봉안되어 있고 불단의 향좌측으로는 鍾峯 즉 사명대사의 진영・오른쪽으로는 이름을 모르는 선사의 영탱・좌측벽에는 원효・의상대사의 진영, 우측벽에는 청허대사의 진영이 봉안되어 있다.(도10) 앞에서 살펴본 바와 같이 1932년 1월 22일자 『官報』의 '寺刹有財産목록'에 義湘幀・元曉幀・先師影幀・淸虛幀이 들어 있는 것을 보면 현재 의상전 내부 장엄은 1932년과 크게 다르지 않을 것으로 보인다.[29)] 이 진영의 주인공들이 모두 祖師에 해당하므로, 의상대사의 상과 진영 및 여러 스님들의 진영이 봉안된 전각은 '조사전'이라 칭하는 게 타당하다.

이렇게 보면 1906년의 각종 불사 기록에 등장하는 조사전이 현재의 의상전일 가능성이 높다. 그렇다면 현재의 의상전 이력은 '인현왕후 원당에서 조사전으로 바뀌었다가 그 이후 다시 의상전으로 바뀐 것'으로 정리할 수 있다. 그러나 어떤 이유로 인현왕후 원당이 조사전으로 바뀌고 다시 의상전으로 바뀐 것인지는 전거가 없어 명확히 알 수 없다. 다만, 1906년의 대대적인 불사에 왕실인사들이 참여하였고, 의상전이라는 불전이 불영사에 전통적으로 조성되어 오던 전각임을 감안한다면 이러한 이력의 변화를 유추하기는 어렵지 않다. 즉, 1906년의 불사 당시 大雄殿・十王殿・祖師殿・羅漢殿・觀音殿・山靈閣・上持殿・下持殿・黃華室・無量壽閣・梵鍾樓 등이 중수되고[30)] 여러 불상들이 새로 개분・개채될 때 의상대사상도 포함되었다는 것은[31)] 이 당시 이미 인현왕후 원당도, 의상전도 유명무실한 상태였음을 의미하기 때문이다. 더욱이 이 당시 불사에 상궁들이 대거 참여하였다는 바를[32)] 고려해보면 인현왕후 원당은 당시 존재하지 않았을 가능성이 높아 보인다.[33)]

1906년 중수 무렵, 인현왕후 원당이 조사전으로 활용된 이유는 불분명하나, 우리나라 사찰에서 왕실원당을 조사전 혹은 진영각으로 활용하는 사례가 적지 않다는 점을 간과해서는 안 된다. 예컨대 법주사의 영빈이씨 선희궁 원당이 조사각으로, 해인사의 위축원당은 진영전으로 활용되고 있기 때문이다.[34] 따라서 불영사의 인현왕후 원당이 조사전 혹은 의상전으로 쓰이는 것은 기능적으로도 불교사찰의 관습상 크게 문제되지 않는다.

2) 불영사와 왕실의 관계

도 3. 불영사 소장 國忌 현판

현 의상전이 인현왕후의 원당으로 창건되었다는 것은 불영사가 왕실과 관계가 있었음을 유추케 한다. 현재, 불영사에서 왕실과의 관계를 추론할 수 있는 자료들은 다음과 같다.

① <國忌> 현판
② 「蔚珍佛影寺冥府殿尊像造成發願文」(1688년 4월)
③ 「山神圖 腹藏 發願文」(1880년)
④ <應眞殿 腹藏> 중 「大衆願文」 (1906년)
⑤ 「大韓國江原道蔚珎郡天竺山佛影寺重修記」 현판 (1906년)
⑥ 「阿彌陀會上圖」 畵記 (1906년)

①의 <國忌> 현판에는 태종에서부터 현종까지 조선왕조의 역대 왕과 해당 왕비 이름이 적혀 있고, 현종을 제외하고는 기일과 능 이름이 수록되어 있다.(도 1) 작성 시기는, 명기되지 않았지만 두 가지를 근거로 추론해볼 수 있다. 첫째, 마지막에 수록된 현종이 기일 없이 이름만 적혀 있다는 점이다. 현종의 승하 이후 '顯宗'이라는 廟號가 정해진 것은 1674년 8월 24일이기 때문이다. 둘째, 현판의 앞부분에 수록된 '恭靖王后'는 '공정대왕' 즉 定宗의 誤記라는 점이다. '공정'은 明황제가 내린 시호로, 정종은 승하 뒤 곧바로 묘호가 부여되지 않아 오래도록 '공정왕' 혹은 '공정대왕'이라 칭해졌고, '정종'이라는 묘호가 정해진 것은 1681년에 이르러서이ㅎ기 때문이다.[35] 따라서 이 현판은 1674년 8월 24일 이후부터 1681년(숙종 7) 9월 18일 이전 사이에 제작된 것으로 볼 수 있다.[36] 더욱이 <국기> 현판은 강원도 설악산 신흥사와 삼척 영은사에도 전해지고 있어, 이 현판의 존재는 왕실관계 사찰임을 입증하는 자료라 하겠다.[37]

②의 「蔚珍佛影寺冥府殿尊像造成發願文」[38]에는 앞부분에 "朝鮮國 京畿道 洛陽城 含元殿 裏居 大施主 宋氏節伊 大施主 李氏英益 大施主 朴氏老貞 等", 중간 부분에 "伏願 主上殿下文經武緯日盛月新 王妃殿下百神奏瑞四方致和 世子邸下秀分天粹英冠神鋒" 뒷부분 施主秩에 "大施主宋氏節伊保体 大施主徐氏善業保体 大施主李氏英生保体 大施主朴氏老貞保体 大施主崔氏輝杵保体"라 기록되어 있다. 따라서 이 내용만 보면 경복궁 함원전에 거주하는 송씨·이씨·박씨가 주축이 되어 왕실을 축원하며 장애소멸과 복을 기원한 것으로 보인다. 그러나 주지하다시피 경복궁은 임진왜란 당시 소실되어 1865년(고종 2) 再建공사가 개시되기 전까지 터만 남아 있었다. 그렇다면 이 발원문의 함원전은 실재 경복궁의 함원전이라 볼 수 없다. 경복궁의 함원전은 康寧殿 서북쪽에 있던 전각으로[39] 세종년간에 세워져[40] 왕의 內殿으로 활용되다가 세조대에는 불상이 봉안되어 불사가 행해지는 內佛堂으로 기능하였다.[41] 따라서 함원전에 거주한다는 것은 왕의 내전에 거주한다는 것을 의

미하므로, 송씨·이씨·박씨는 당시 국왕을 수행하던 상궁들로 볼 수 있다.[42] 아울러 불영사에 봉안되었던 것으로 추정되는 우학문화재단의 1681년作 <감로탱> 화기에서 "大施主尙宮宋氏節伊·大施主尙宮朴氏孝貞"이라는 이름이 일치하고, 證明이 "惠能比丘"로 파악되므로 1680년대 들어 불영사에서 왕실발원 불사가 연달았던 것으로 볼 수 있다.[43]

③의 「山神圖腹藏發願文」에 "奉爲 主上殿下聖壽萬歲 王妃殿下聖壽齊年 世子邸下聖壽千秋"라는 구절이 있으나 시주자 명단이 수록되지 않아 상궁들의 후원 여부는 확인할 수 없다.[44] 그러나 "奉爲"라 한 바를 통해 왕실의 후원임을 유추하기는 어렵지 않다.

④의 「大衆願文」과 ⑤의 「大韓國江原道蔚珍郡天竺山佛影寺重修記」, ⑥의 「阿彌陀會上圖」 畵記는 모두 1906년에 이뤄진 불사의 기록이다.[45] ④에는 "奉祝 大皇帝陛下壬子生李氏聖躬 安寧龍樓萬歲"이라 한 뒤 시주질에 "淸信女壬寅生徐氏"를 비롯하여 상궁 10명의 명단이 수록되어 있다. 또 ⑤의 시주자 명단에는 11명의 상궁 이름이 있고 ⑥에도 8명의 상궁 이름이 확인되는데 특히 ④와 ⑥의 상궁 명단이 일치한다. 따라서 1906년 당시 불사는 불상과 불화 조성은 물론, 늦은 봄부터 초겨울에 이르기까지 불영사 전체를 새롭게 단장하는 대규모 불사가 왕실발원으로 이루어졌음을 짐작할 수 있다.

이상의 내용을 정리해보면, 불영사에서는 1681년·1688년·1880년·1906년에 왕실발원으로 불사가 이룩되었음을 알 수 있다. 이 중 주목되는 것은 1681년과 1688년이다. 불영사가 왕실관계 사찰이라고 할 때 늘 인현왕후를 언급하는데, 이 시기는 인현왕후와도 관계가 있기 때문이다. 인현왕후는 1681년 5월 2일 왕비에 책봉되었으나 1688년 10월 28일 장희빈에게서 왕자가 탄생하는 것을 목도하였다. 잘 알려져 있다시피 조선시대에는 여염은 물론 왕실에서도 대를 잇는 것은 매우 중대한 사안이어서, 이단으로 여긴 불교사찰에서 왕자탄생 발원과 탄생한 왕자의 무병장수를 발원하는 기도가 봉향된 사례는 일일이 열거하기 어려울 정도로 빈번했다. 따라서 1681년과 1688년의 불사는 왕실의 기대를 담아 이룩된 불사 즉, 새로 왕비를 맞이하면서 왕자탄생을 발원한 바와 장희빈의 회임이 왕자탄생으로 결실 맺기를 발원한 바로 볼 수 있다. 이런 맥락에서 왕·왕비·세자를 받들어 이룩된 1880년의 <산신도> 조성은 명성황후가 빈번하게 행하였던 고종·명성황후·세자[순종] 축원불사의 하나로 여겨진다. 그러나 1906년의 불사는 성격을 달리하는 것으로 보인다. 이 무렵 대한제국은 일본에 의해 국권침탈을 당해가는 중이었기 때문이다. 따라서 불영사는 왕실 공식 원찰은 아니었을지라도 숙종과 고종년간에 왕실발원 기도를 봉행하던 사찰로 볼 수 있는 것이다.

3) 의상전의 위치

의상전은 앞서 연혁에 정리한 바를 고려하면 1616년 무렵 처음 지어져, 1810년 옛터에 다시 지어지기까지 약 2백여 년 동안 존재감이 있었던 건물이다. 그러나 처음 지어질 당시 위치가 어디였는지는 불분명하다. 이 글에서는 정확한 위치를 특정하기보다는 기록을 통해 상대적인 위치를 추론해보고자 한다.

앞서 살펴본 임유후의 <불귀사고적소지>에는 다음과 같이 의상전의 위치가 암시되어 있다.

> ① 의상전을 창건할 때 산맥이 휘감은 정상의 측백나무 사이에 쓴 글에 말하기를 "大施 主 의정부 영의정 기자헌"이라고 하였다고 한다.[46]
>
> ② 의상전
> 가장 훌륭하고 신 같은 스님의 전각
> 앞에 마주한 수석이 기이하네.
> 상공이 부처님을 너무 좋아하니
> 큰 공로는 창방의 현판에 보이네.[47]

이상과 같이 임유후는 의상전이 불영사의 불전들이 자리하고 있는 경내가 아니라 산줄기의 정상에 자리하고 있다고 하였으며 그 앞에는 기이한 모양의 수석이 있다고 하였다. 이후, 의상전 위치를 시사한 이는 김창흡이다. 그는 1670년과 1708년 두 차례에 걸쳐 불영사를 방문하여 의상전을 둘러본 후 다음과 같이 언급하였다.

> ① 義相殿에 올라가니, 의상대사의 眞像이 보존되어 있었다.[48]
> ② 위쪽은 완만하고 아래쪽은 험준하며 사방을 둘러보면 중앙에 자리하고 있는 것은 의상전이다.[49]
> ③ 산 정상에 있는 전각은 의상전이다.[50]
> ④ 북쪽으로 가니 좌망대에 이르고 ...... 학소암이 있는데 그 천길 위 높은 곳에 의상전이 있다. ...... 가마로 의상전에 올라 매우 가파른 땅에 이르렀다. ...... 의상전 뒤는 송대이다. 고개를 구부리니 계곡 가운데 시냇물과 돌이 보이는데 맑고 장쾌한 기운이 역력하다.[51]

김창흡은 불교를 귀의처로 삼아, 일생 동안 산을 유력하며 참선과 면벽을 일삼았던 문인이었기에 불영사를 방문한 바도 상세하게 기록하였다. 즉 여러 번, 의상전에 가마를 타고 올라갔다는 표현을 썼고 구체적으로는 산 정상에 있다고 하였다. 이로써 김창흡이 방문했던 1670년과 1708년의 의상전이 동일 장소에 있음을 유추할 수 있다. 또한 ④에 언급된 학소는 임유후가 읊은 불영사의 14경 중 가장 마지막에 언급된 곳으로[52] 김창흡은 학소암 위 높은 곳에 의상전이 있다고 설명한 후, 가마를 타고 갔는데 그곳은 매우 가파른 땅이며 전각 뒤에는 송대가 있다고 하였다. 또한 여기서 고개를 구부려 보면 맑고 장쾌한 계곡의 시냇물과 바위가 보인다고 하였다. 한편, 김창흡 역시 임유후처럼 의상전을 주제로 시를 지었는데 내용은 다음과 같다.

불영사 의상전
용이 귀중한 연못을 희사하니
스님이 따라서 태백으로 돌아왔다.
숲속에서 경연하고 앉아 있으니
산꼭대기 선방에 이르렀다.
탑 그림자가 단학을 흔드니
향로의 연기가 먼 산에 아른아른 보이는 푸른 빛을 짓는다.
돈대 계단의 가파름을 알고자 하니
새집의 학이 고개 숙이고 높이 나는구나.[53]

김창흡은 이 시에서 또다시 의상전이 높고 가파른 곳에 위치함을 암시하였다.

이상에서 살펴본 바를 정리해보면 17~18세기 의상전은 산 정상에 위치하여 고개를 숙이면 시냇물과 기암괴석이 보이는 곳이고 경사가 가파르며 건물 뒤로는 송대가 있던 곳이라 유추할 수 있다.[54] 결과적으로 보면, 이러한 입지가 참배자의 발길을 드물게 하여 1810년 즈음에는 터만 남은 상황이 되는데 일조하고, 이후 의상전이 중심 사역에 조성케 되는데 동인이 된 것이라 할 수 있다.

Ⅲ. 現 의상전의 현상과 건축적 특징

1. 현상

현재의 의상전은 정면 3칸 측면 1칸의 이익공형식의 맞배지붕 겹처마 건물이다. 규모가 정면 3칸이나 되지만 정면 어칸이 2.14m, 협칸이 1.69m, 측면이 3.09m로 5.17평에 불과하다.[55] 기단은 자연석 막돌로 한벌대이며, 그 위로 덤벙주초를 올리고 원기둥을 세웠다.(도 4)

도 4. 의상전 정면

도 5. 의상전 내부

도 6. 의상전 이익공

도 7. 의상전 측면

공포는 출목 없는 2익공형식으로, 초익공은 앙서형이고 이익공은 수서형인데 초익공에는 활짝 핀 연꽃이 조각되어 있다. (도 6) 이익공은 행공과 결구되어 보를 받치고 있는데 보머리에는 봉황머리 조각으로 장엄되어 있다. 내부에서는 전후면이 다르게 구성되어 있는데, 전면 쪽에는 밑면이 초각된 사다리꼴 형태이고 후면 쪽에는 삼각형 형태로 직절되어 있다.(도 5) 행공은 전후면에만 배치되어 있으나 역시 전후 면이 각기 다른 모습이다. 전면의 행공에는 마구리면과 하단면이 초각되어 있는데 익공의 하단 면과 유사하며, 후면의 행공은 직절된 모습이다.(도 8, 도 9)

도 8. 의상전 정면 행공 · 화반 · 상벽

도 9. 의상전 후면 행공과 상벽

기둥 사이의 상벽에, 다포계라면 간포가 위치할 곳에 화반이 위치하고 있는데 정면에만 있고 배면과 측면에는 아무런 조형이 없다.(도 7, 도 8) 아울러 상벽 역시 정면과 후면이 다르게 조성되어 있는데 정면에서는 행공과 화반이 돌출되도록 이들 뒤로 벽면이 형성되어 있다.(도 8, 도 9) 이에 반해 후면에서는 행공 좌우로 상벽이 형성되어 입체감이 없는 모습인데, 이들 상벽은 모두 판재로 이루어져 있다. 가구는 3량가이며 도리는 굴도리이다. 대들보 위에는 판대공을 형성하고 그 윗부

분에는 종도리가 결구되어 있다.(도 7)

창호는 정면에만 설치되어 있는데, 정면 어칸에는 청판세살이분합문, 협칸에는 청판세살문이 달려 있으며, 후면과 좌우 측면은 모두 판벽으로 조성되어 있다.[56] (도 4, 도 7) 내부 바닥은 우물마루로 형성되어 있다. 천장은 반자를 치고 단청 되어 있으며, 처마내밀기는 전후 면이 각기 1,275mm, 좌우면은 각기 1,065mm이다.[57]

2. 건축적 특징

의상전의 건축적 특징을 살펴보면 다음과 같다.

첫째, 5.17평에 불과한 작은 규모라는 점이다. 의상대사가 창건한 부석사에서 그를 기리는 전각으로 고려시대에 창건된 조사당과[58] 비교해보면, 정면 3칸 측면 1칸 맞배지붕이라는 건축형식적 요소는 같지만 조사당은 바닥 면적이 11.14평으로, 의상전의 2배 크기이다. 현재의 의상전이 1867년에 세워진 건물임을 고려하면, 19세기 말로 갈수록 불전의 크기가 작아지는 경향과 관계가 있다고 판단된다.

둘째, 공포에 익공과 행공 모두 화려하게 연화조각이 되어 있다는 점이다. 19세기 후반으로 갈수록 공포를 비롯한 불전 내외부의 장엄이 화려해지는 경향을 볼 때, 의상전 역시 시대양식을 따랐음을 시사하는 것이다.

셋째, 정면성을 강조된 점이다. 마구리와 하단부분에 연화조각이 된 행공과 화반이 정면에만 배치되어 있다는 점은 조선후기 들어 불전의 전후면이 달리 장엄되면서 정면이 강조되는 경향을 따른 것이다. 단, 의상전에서는 전후면의 익공 형식이 동일하다.

넷째, 벽체가 모두 판벽이라는 점이다. 19세기 들어 조성된 불전 중에는 벽체가 판재로 이뤄진 판벽 구성이 많은데, 상벽까지 판재로 이뤄진 경우는 드물다.[59]

다섯째, 맞배지붕이지만 풍판이 달리지 않았다는 점이다. 조선후기 들어 조성된 맞배지붕 불전은 대체로 부불전이며, 풍판을 달아 측면의 가구가 노출되지 않는 정돈된 모습을 보이고 있다. 의상전처럼 측면 가구가 노출되도록 풍판을 달지 않은 경우는 부석사 조사당처럼 비교적 년대가 올라가는 건물에서 파악되는 형식이다.

여섯째, 창건시기와 건축 관계자를 분명히 알 수 있다는 점이다.[60]

대체로 조선후기 건축은 창건시기를 비롯하여 연혁과 건축 관계자의 이름을 알 수 없으므로 불영사 의상전과 같이 창건년대와 관계자 이름이 분명한 바는 이 무렵 건축의 기준작으로 삼을 수 있다는 점에서 의미가 있다.

이처럼 의상전의 건축 양상의 특징은 19세기적 요소가 지배적이므로, 현재의 의상전은 1867년 당시의 건축양식이 반영되어 조성된 건물이라 하겠다.

Ⅳ. 의상전의 의미

도 10. 의상전 내부 의상대사상과 고승진영

창건주 의상대사를 기리는 전각인 의상전에는 내부에 의상대사상을 비롯하여 義湘・元曉・淸虛・鍾峯 및 당호가 없는 진영 등 총 5폭의 진영이 봉안되어 있다.(도 10) 현재 조사전 기능을 함에도 의상전이라 명명한 것은 불영사의 전통을 따른 것이거나 창건주 의상대사를 특별히 기리고자 하는 의도로 볼 수 있다. 의상대사가 창건한 부석사와 낙산사에 의상전이 없고 부석사에는 조사전에서 의상대사만 기리고 있다. 부석사는 왕명으로 의상대사가 창건하였으므로 그를 특별히 내세우지 않아도 그 사실은 널리 알려지기 마련이었을 것이다. 이에 비해 불영사의 경우는 저명한 의상대사가 창건하였다는 바를 선양할 필요가 있었던 것이 아닐까? 이와 관련해서는 의상대사를 부처님에 버금가게 인식한 바가 주목된다. 즉 고려시대 말기인 1370년, 한림학사 柳伯儒가 <天竺山佛影寺始創記>에 다음과 같이 의상대사에 대해 기록해두었기 때문이다.

> 법사는 儀鳳(676~678) 초기에 또 서쪽 산으로 들어가 부석사와 각화사 등을 세우고 15년간 두루 돌아다녔다. 어느 날 다시 불영사로 돌아오다가 仙槎村에 이르니 어떤 노인이 기뻐하며, '우리 부처님이 돌아오셨구나'라고 하였다. 이로부터 마을 사람들은 佛歸寺라고 전하였다. …… 화엄론에 이르기를 의상법사는 과서 金山寶蓋의 如來 後身이다. 元曉法師는 현재 華嚴地位의 大權菩薩이다. 이 때문에 이 두 법사가 머물렀던 곳이면 총림의 이름이 진실로 귀하고 또 중요한 것이다[61]

이처럼 불영사가 불귀사라 불리게 된 내력에는 부처님이라 여기던 의상대사가 돌아왔다고 여긴 사람들의 인식과 의상대사를 여래의 후신·원효대사를 보살로 여기는 인식이 있었던 것이다.[62] 그리고 이러한 인식은 앞서 살펴본 임유후가 지은 「불귀사고적소지」에 실린 '의상전' 詩를 통해서도 확인할 수 있다.

> 의상전
> 가장 뛰어난 신령스런 스님의 殿
> 앞에는 기이한 수석이 놓였네
> 상공이 부처를 더욱 좋아하여
> 시주한 공로 창방에 걸려 있네[63]

위의 시에서 보는 바와 같이 의상대사를 부처님에 버금가게 여기는 인식은 1370

년 이전부터 형성되어 있었던 것으로 보인다. 더욱이 1630년 임유후가 이를 근거로 기문을 짓고 시로 읊은 것을 보면 불영사에서는 오래전부터 의상대사를 神聖스럽게 여겨왔음을 알 수 있다.

화엄십찰에 꼽히는 사찰이 아니면서 의상대사를 기리는 전각을 별도로 세워 명명한 것은 불영사가 의상대사의 관계가 특별함을 드러내려는 의도로 보인다. 聖人으로 추앙받는 의상대사가 창건하였다는 것은 불영사의 위상 정립뿐만 아니라 선양하는데 매우 유용했을 것이기 때문이다. 따라서 의상전은, 창건주를 부처님에 버금가게 신성시하였던 불영사의 전통을 계승하고 있는 것이라 해도 과언이 아니다.

V. 맺음말

우리나라 사찰 중, 창건주를 기리며 창건주의 법명을 전각명으로 삼은 불전으로는 불영사 의상전이 거의 유일하다. 불영사의 창건주 의상대사가 세운 사찰들을 華嚴十刹이라 하여 유서 깊은 사찰로 꼽고 있지만, 불영사는 이에 속하지 않는다. 또한 화엄십찰을 비롯하여 의상대사가 세운 사찰들에는 의상전은 커녕 조사전도 조성되지 않은 곳이 대부분이다.

불영사에서 의상전을 특별히 조성하여 기린 것은 의상대사를 부처님처럼 신성하게 여겼기 때문이다. 언제부터 의상전을 조성하여 의상대사를 기렸는지는 불분명하지만 조선후기의 시주자 기자헌을 통해 1616년에 처음 세워졌던 것으로 유추해 보았다. 이후 다시 지어지고 수리되고 터만 남았다가 1810년에 다시 지어지는 과정을 겪었으나 이 역시 오늘날에 이르지는 않는다. 이처럼 의상전의 연혁은 불분명한 것이 더 많지만, 한국 사찰에서는 좀처럼 볼 수 없는 창건주를 기리는 전각으로서 오늘날에 이르기까지 4백여 년간 명맥을 이어오고 있다는 점에서 의미가 있다.

현존하는 의상전은 1867년 인현왕후 원당으로 창건되었으나 1906년 이전에 이미 그 기능을 상실하였고 1906년 이후로는 조사전으로 역할을 하며 그대로 칭해진 것으로 보인다. 이후 20세기 언제인가 불영사의 전통을 따라 의상전이라 명명하게 된 것으로 여겨진다. 왕실의 원당으로 창건되었지만, 건축형식에 있어 19세기 왕실 원당의 양상이 구현되지는 않았다. 그러나 19세기 불전건축의 특징이 잘 드러나 있고, 건축년대와 건축장인의 이름을 명확하게 알 수 있어, 19세기 중반 건축의 기준작으로 삼을 수 있다는 점에서 가치가 있다.

주

1) 이대형, 「불영사 의상전은 "인현왕후 원당"」『울진21닷컴』 2002년 3월 21일 ; 이성수, 「불영사 '의상전'은 '인현왕후 원당'」『불교신문』 2002년 3월 23일 ; 심현용, 「천축산 불영사의 신자료 고찰」『佛敎考古學』 제5호(위덕대학교, 2005), pp.21~52.

2) 현판 및 복장기는 문화재청·불교문화재연구소[공편], 『한국의 사찰문화재: 경상북도Ⅱ 자료집』, (2008), pp.304~314.

3) 조선중기의 文臣으로 본관은 豊川이며, 호는 萬休이다. 1626년(인조 4) 정시문과에 병과로 급제하였으나 이듬해 동생 任之後와 숙부 任就正 등이 죽임을 당하자 벼슬을 그만두고 울진으로 내려가 학문을 연구하였다. 문장이 뛰어나고 至行이 있다는 의론에 힘입어 1653년(효종 4)에 장령으로 특채된 이래로, 1658년 종성부사, 1661년(현종 2) 담양부사, 1663년 승지를 거쳐 예조참의, 1672년 경기감사를 역임한 후 호조참판에 제수되었다. 死後, 이조판서에 추증되고, 金時習·吳道一과 함께 울진 孤山書院에 제향되었다. 『한국민족문화대백과사전』 참조.

4) 최선일·여학編 도해譯 고경監修, 『울진 천축산 불영사 문화집』, 온샘, [근간예정], "僧性圓重創法堂東西禪室正輝智淳與其勞奇相公自獻施財創義湘殿于廻龍之頂栢間書曰大施主議政府領議政奇云" 한편, 이 기록은 『臥遊錄』에서 작자미상의 「佛歸寺- 天竺山」이라는 제목으로 확인되는데 몇 글자만 다를 뿐 동일한 내용이지만 천축산의 14景을 읊은 시는 수록되지 않았다. 국학진흥사업추진연구회 편, 『臥遊錄』 (한국정신문화연구원 영인본, 1997), pp.243.

5) 萬曆元年(1573)부터 일제강점기인 大正 7年(1918)에 이르기까지 346년 동안, 불전·불상·불화·종·시루·향로·전패·단청 기와 등 모든 소용물 조성에 주도적으로 참여한 化主가 기록되어 있다. 이 기록은 『佛國寺誌』에 전해지고 있는데, 여기에는 「造成雜物器用有功化主錄」 외에도 「佛影寺始創記」(1370), 「佛影寺事蹟記」, 「彌陀契文」(1905), 「佛影寺修禪社方啣錄序」(1929), 「佛影寺事蹟記」(1932), 「養性堂禪師惠能浮屠碑銘」(1738) 등이 수록되어 있다. 한국학문헌연구소 편, 『佛國寺誌』 (아세아문화사, 1983), pp.331~522. 이 기록들의 출처와 발간 동기에 대해서는 장충식, 「佛國寺誌(外) 解題」, 위의 책, pp. 8~11 참조. 이를 바탕으로 한 연구는 정명희, 「「造成雜物器用有功化主錄」과 불영사의 불교회화」『미술자료』 86호 (국립중앙박물관, 2014), pp.76~109 및 송은석, 「울진 불영사의 불상과 조각승」『동악미술사학』 17호 (동악미술사학회, 2015), pp.371~406 참조.

6) 「佛影寺寺蹟碑」(1933)에는 성원스님에 의해 법당과 동서선실이 모두 중창되었다고 기록되어 있다. 이 비문은 1933년에 불영사 사중에 전해지는 바를 토대로 작성된 것이므로, 보다 앞선 시기의 기록인 「造成雜物器用有功化主錄」을 불영사 佛事의 기준으로 삼고자 한다. 문화재청·문화유산발굴조사단 편, 『한국의 사찰문화재-경상북도Ⅱ 자료집』(2008), pp.307~308; 한국학문헌연구소 편, 위의 책, p.331~370.

7) 본관은 幸州. 초명은 自靖, 자는 士靖, 호는 晩全. 증조부는 應敎 遵으로, 할아버지는 한성부윤을 지낸 大恒이고, 아버지는 應世이며, 어머니는 우찬성 林百齡의 따님이다. 『한국민족문화대백과사전』 참조.

8) 『光海君日記』[重草本] 74卷, 光海 6年 1月 19日(壬申) ; 『光海君日記』[重草本] 121卷, 光海 9年 11月 26日(丁亥).

9) 『光海君日記』[重草本] 112卷, 光海 9年 2月 7日(壬寅).

10) 한국학문헌연구소 편, 앞의 책, pp.342~349.

11) 이 무렵에 불영사의 여러 像들이 집중적으로 조성되었다.

12) 11년 전인 1677년에 영산전의 삼존과 나한전의 나한상 등이 동시 조성된 바처럼, 1688년에도 각 불전의 필수 요소인 聖像들 즉, 지장보살상과 좌우보처인 도명존자·무독귀왕·시왕·제석·장군·사자·관음상 등이 동시에 조성된 것이다. 이후로는 상이 새롭게 조성되기보다는 改金 혹은 改粉되는 경우가 대부분이어서, 17세기 후반의 불사가 오늘날 불영사의 근간이 된다고 할 수 있다.

13) 조선후기의 학자로, 서울 출신이며, 본관은 安東, 호는 三淵이다. 좌의정을 역임한 金尙憲의 증손자이고, 아버지는 영의정을 지낸 金壽恒의 아들이다. 영의정을 지낸 金昌集과 예조판서·지돈녕부사 등을 지낸 金昌協이 형으로, 조선후기 名門家 後孫이며, 19세기 세도가 안동김씨의 先祖이기도 하다. 부친이 사사되자, 당대에 이단으로 여겨진 불교를 수용하여 山이나 山寺에 은거하며 참선하고 스님들과 교유하였다. 『한국민족문화대백과사전』 참조.

14) 국학진흥사업추진연구회 편, 앞의 책, pp.242, 「遊天竺山錄-蔚珍」 "次上義相殿 義相殿眞像在焉". 이 기록은 작자미상으로 알려져 있으나 金昌翕의 문집인 『三淵集』에 수록된 「蔚珍山水記」의 앞부분과 70여 字가 일치하므로 김창흡의 글로 볼 수 있다.

15) 眞像의 사전적 정의는 '진짜 모습 그대로의 형상'이라는 뜻으로, 조각인지 회화인지 명확하지 않으나 조선후기 기록에서 眞像이 眞影의 의미로 쓰인 사례가 적지 않은 것을 보면, 여기서의 眞像은 眞影일 가능성이 높다. 예컨대 郭守煥의 <龍門書堂重修記>에 "원래의 서당 동쪽에 祠宇를 건립하여 (송시열의) 眞像을 봉안하고 서당을 齋室로 하였다"고 하여 초상화의 의미로 眞像이라는 단어를 썼음을 알 수 있다. 또한 조선왕조실록에서도 『宣祖實錄』 宣祖 31年 12月 29日(庚辰) "先告軍門 摹其眞像 建祠則從容處之"를 비롯한 여러 용례가 확인된다.

16) 문화부·문화재관리국 편, 『上樑文集: 補修時 發見된 上樑文』 (문화재관리국, 1991), pp.163~164. 또한 1906년의 「觀音佛腹藏改金發願文」에도 義湘祖師 一位가 다른 상들과 함께 개분된 바가 기록되어 있다. 문화재청·문화유산발굴조사단 편, 앞의 책, p.306.

17) 고경스님 校勘·송천스님 外 編著, 『韓國의 佛畫 畫記集』 (성보문화재연구원, 2011), p.366.

18) 불영사 관계 기록에서 조사전이 있다고 한 것은 1906년의 「大韓國江原道蔚珍郡天竺山佛影寺重修記」가 유일하다. 문화재청·문화유산발굴조사단 편, 앞의 책, pp.310~311.

19) 『官報』 1932년 1월 22일, 「寺刹有財産」 中 佛影寺 貴重品 目錄
"... 義湘幀1軸, 紗製 高4尺3寸 / 元曉幀1軸 紗製 高3尺6寸 / 先師影幀6軸 紗製 高3尺6寸 / 淸虛幀1軸 紗製 高 3尺6寸 / 獨聖幀1軸 紗製 高 3尺6寸....義湘祖師像1軀 玉製 坐像 高2尺2寸 ..."

20) 이들 진영의 제작년대는 의상전 내부가 현재와 같은 모습으로 이루어진 모습을 추정하는데 하나의 기준이 될 수 있다.

21) 이 조사전이 17세기부터 존재해 온 의상전에 편액만 바꿔 단 것인지, 이 무렵 새로 지은 건물인지는 불분명하다.

22) 심현용, 앞의 논문, p.22. 상량문은 한지로 싸인 겉종이 안에 든 속종이로, 겉종이와 속종이에 모두 해서체

墨書가 있다. 크기는 겉종이가 가로 58.4cm 세로38cm 속종이가 가로 59.5cm 세로59.2cm로, 속종이가 약간 더 크다. 신대현, 『천축산 불영사』(대한불교진흥원, 2010), p.148.

23) 인현왕후릉은 숙종릉・인원왕후릉과 함께 明陵으로 조성되어 있는데 西五陵에 위치하며, 조포사로는 서울 은평구의 守國寺가 지정되어 있었다. 李王職 禮式課, 『廟殿宮陵園墓造泡寺調』, 昭和 25年(1930) p.42.

24) "幸取古語遺傳則本寺山川草木緇徒偏蒙 聖后恩德 今支保云憧憧者幾年者幾日敢卜吉年好月良日令辰擇寺之西爽塏處 營建 願堂奉祝 聖德無彊 國家紹休聖瑞億萬斯年" 울진문화원 심현용학예연구실장의 釋門 인용.

25) 최선일・여학編 도해譯 고경 監修, 앞의 책, <江原道蔚珍郡天竺山佛影寺事蹟碑>(1933), "肅宗大王寵宮姬姬□王妃慶黜妃欲自決夢見一僧告曰我自佛影寺來而明日有好祥瑞矣憂果翌日宮姬謀事發露伏罪而妃淂還宮故賜寺山四面十里許四標謝佛恩云"

26) 南錫和 等編, 『蔚珍郡誌』(刊寫者未詳, 1939), p.24, "肅宗二十二年 丙子 仁顯王后閔氏被欲黙(?)自盡夢一僧自言天竺山人勸令勿盡留待二日后二日果有恩命后旣還宮以夢中所見畵其像令人物色寺有惠能大師貌像酷肖后乃賜四山十里更以謝佛恩更築祝願堂"

27) "幸取古語遺傳則本寺山川草木緇徒偏蒙 聖后恩德 今支保云憧憧者幾年者幾日敢卜吉年好月良日令辰擇寺之西爽塏處 營建 願堂奉祝 聖德無彊 國家紹休聖瑞億萬斯年營建願堂奉祝聖德無彊國家紹休聖瑞億萬斯年 大淸同治六年丁卯四月二十六日住持臣僧有察頓首罪悚槿書" 울진문화원 심현용 학예연구실장의 釋門 인용.

28) 이밖에, 상량문의 기록자인 당시 주지 有察은 자신의 法名 앞에 "臣僧"이라 적고 있어, 스스로 조선왕조의 신하를 자임했다. 이는 당시 불교와 왕실의 관계를 시사하는 것으로, 출세간의 승려가 국왕의 통치 체계하에서 활동하고 있었던 바를 보여주는 것이다.

29) 1932년 1월 22일자 『官報』의 「寺刹有財産 불영사의 귀중품 목록」
"....義湘幀 1軸, 紗製 高4尺3寸 / 元曉幀 1軸 紗製 高3尺6寸 / 先師影幀 6軸 紗製 高3척6촌 / 淸虛幀 1軸 紗製 高 3尺6寸 / 獨聖幀 1軸 紗製 高 3尺6寸.... 義湘祖師像 1구 玉製 坐像 高2尺2寸

30) 문화재청・문화유산발굴조사단 편, 앞의 책, pp.310~311, 「大韓國江原道蔚珍郡天竺山佛影寺重修記」

31) 문화재청・문화유산발굴조사단 편, 앞의 책, p.306 「觀音佛腹藏改金發願文」; 고경스님 校勘・송천스님 外 編著, 앞의 책, p.366. 「佛影寺 應眞殿 阿彌陀佛畵」 화기.

32) 문화재청・문화유산발굴조사단 편, 앞의 책, p.304 「應眞殿腹藏大衆願文」 및 p.310~311 「大韓國江原道蔚珍郡天竺山佛影寺重修記」

33) 원당이 있었다면 상궁들의 시주가 그곳으로 유도되었을 것이기 때문이다.

34) 이밖에 순천 송광사의 위축원당은 현재 관음전으로 활용되고 있으며, 의성 고운사 위축원당은 특별한 기능 없이 비어 있다. 손신영, 「19세기 왕실후원 사찰의 조형성-고종년간을 중심으로」 『강좌미술사』 42호(사.한국미술사연구소・불교미술사학회, 2014), pp.61~63.

35) 세종 초 정종이 승하한 뒤 묘호가 정해지지 않고 그 대신 '공정왕' 혹은 '공정대왕'으로 일컫게 된 경위 및 숙종대 그의 묘호를 追上하는 과정에 대해서는 이현진, 『조선후기 종묘 전례 연구』(일지사, 2008), 3장 2절 참조.

36) 이는 조선후기 왕실의례 연구자인 이현진 외래교수(KAIST)의 교시를 받은 것이다. 이 자리를 빌려 감사드린다.

37) 신흥사의 <국기> 현판에는 "國忌日"이라는 題下에 태종부터 영조까지 왕 및 왕비명과 기일이 수록되어 있어 신흥사가 오래전부터 왕실원찰이라 밝힌 貫虛富揔의 「龍船殿記」의 내용과 부합됨을 알 수 있다. 손신영, 「설악산 신흥사 극락보전 연구」 『강좌미술사』 45호(사. 한국미술사연구소・불교미술사학회, 2015), pp.82~84 참조. 한편 삼척 영은사의 국기 현판에는 태조부터 정조까지 기일이 수록되어 있는데 이에 대해서는 이은희, 「삼척 영은사 불화에 대한 고찰」 『문화재』 27호(문화재관리국 문화재연구소, 1994), p.337 참조.

38) 원문은 송은석, 앞의 논문, pp.375~376의 釋門 참조.

39) 서울특별시사편찬위원회 편, 『서울사료총서 제3- 宮闕志』, 檀紀4290(1957), p.10 "含元殿在康寧殿西北"

40) 『世宗實錄』 124卷, 世宗 31年 6月 18日(丙寅).

41) 『世祖實錄』 3卷, 世祖 2年 1月 1日(辛未) ; 30卷, 世祖 9年 4月 7日(丙寅) ; 31卷, 世祖 9年 9月 5日(辛酉) ; 33卷, 世祖 10年 5月 2日(甲寅) ; 39卷, 世祖 12年 7月 15日(甲申) ; 39卷, 世祖 12年 9月 29日(丁酉) ; 42卷, 世祖 13年 4月 22日(丁巳) ; 46卷, 世祖 14年 5月 14日(癸酉).

42) 조선시대 왕실발원 불사에서 거주하는 곳을 구체적으로 명기한 경우는 거의 없어, 「蔚珍佛影寺冥府殿尊像造成發願文」의 표기 방식은 이례적이다.

43) 이 작품을 불영사에 소장되었던 작품으로 보는 견해는 송은석, 앞의 논문, pp.377～378 참조. 고경스님 校勘・송천스님 外 編著, 『韓國의 佛畫 畵記集』(성보문화재연구원, 2011, pp.967～968.

44) 이 당시 都監이 有察이다.

45) 문화재청・불교문화재연구소 편, 앞의 책, pp.304～311.

46) 최선일・여학編 도해譯 고경監修, 앞의 책, "僧性圓重創法堂東西禪室正輝智淳與其勞奇相公自獻施財創義湘殿于廻龍之頂栢間書曰大施主議政府領議政奇云"

47) 최선일・여학編 도해譯 고경監修, 앞의 책, "最勝神僧殿 前臨水石奇 相公偏好佛 功業見懸楣"

48) 국학진흥사업추진연구회 편, 앞의 책, p.242, 「遊天竺山錄-蔚珍」 "次上義相殿 義相殿眞像在焉"

49) 金昌翕, 『三淵集』 拾遺 卷之二十三, 『(影印標點) 韓國文集叢刊-167』(민족문화추진회, 1996), p.111, 「蔚珍山水記」 "夷上峻下 四望而中處曰義相殿"

50) 김창흡, 위의 책, p.111, "殿之在山頂曰義相殿"

51) 김창흡, 『三淵集』 拾遺 卷之二十八, 『(影印標點) 韓國文集叢刊-167』(민족문화추진회, 1996), 「嶺南日記」 戊子[1708] 二月 十六日 p.199, "......北行至坐忘臺......有鶴巢巖其上千仞卽義相殿也......興上義相殿得地頗峻而能復穩妥殿後松臺俯見谷中川石歷歷淸壯"

52) 한국학문헌연구소 편, 앞의 책, p.398, "鶴巢 鶴去丹霞逈 巢空歲月深 石門松桂冷 苔壁下秋陰"

53) 金昌翕, 『三淵集』 卷之八 『(影印標點) 韓國文集叢刊-165』(민족문화추진회, 1996), p.170～171, 詩 "佛影寺義相殿 龍以重淵捨僧從太白歸 林中經宴坐 嶽頂寄禪扉 塔影搖丹壑 爐煙結翠微 欲知臺砌峻巢鶴俯高飛"

54) 위치는 대웅보전 뒤편으로 올라가면 이르게 되는 건물지로 추정된다.

55) 문화재청, 『불영사 대웅보전 실측조사보고서』(2000), p.404.

56) 판벽의 두께는 40mm로 실측된 바 있다. 문화재청, 앞의 보고서, p.404.

57) 문화재청, 위의 보고서.

58) 부석사 조사당은 고려시대에 창건되어 1202년 단청, 1377년 중건된 바 있다. 문화재청, 『부석사 조사당 수리・실측조사보고서』 (2005), pp.64～79.

59) 손신영, 「19세기 불교건축의 연구-서울・경기지역을 중심으로」 (동국대학교대학원 미술사학과 박사학위청구논문, 2006), pp.135～136. 의상전의 상벽이 판재로 이뤄진 것은 후대의 보수일 가능성도 있다.

60) 都片手는 李日運, 副片手는 朴致文이며 都監은 당시 주지이던 有察이 맡았다. 심현용, 앞의 논문, pp.24～25.

61) 문화재청・불교문화재연구소 편, 앞의 책, p.310, 柳伯儒, <天竺山佛影寺始創記> "法師儀鳳初 又入西山 創浮石覺華寺等 周遊十有五年 一日入佛影寺至仙槎 一老翁喜曰我佛皈矣 自此里人傳曰佛歸寺.........華嚴論云 義湘法師者過去金山寶蓋如來後身也 元曉法師者現在華嚴地位大權菩薩也 是故此二聖居焉 則其叢林之名實貴亦重矣.."

62) 의상대사를 금산보개 여래의 후신이라 한 바는 『三國遺事』 卷四 '義湘傳敎' 및 낙산사창건설화, 범어사창건설화 등에서도 확인된다.

63) 문화재청・불교문화재연구소 편, 앞의 책, p.313, 任有後, 「佛歸寺古蹟小志」 '義湘殿 最勝神僧殿 前臨水石奇 相公偏好佛 功業見懸楣'

7장

19세기 왕실후원 사찰의 조형성
- 고종 연간을 중심으로 -

Ⅰ. 머리말

19세기 조선 왕실은 그 어느 때보다 빈번하면서도 적극적으로 불교사찰을 후원하였다. 후원의 명목은 聖地로 여겨 온 태조 이성계와 관련된 사찰·史庫寺刹·능침에 물품을 제공하는 造泡寺刹 등이 퇴락되거나 소실되어 중수 또는 중건하여야 한다는 것이었다. 국가 공식 기록에서 확인되는 이러한 후원 외에도, 사찰에 전하는 각종 기록에는 왕실의 비공식 후원 사실이 전해지고 있다. 이와 같은 왕실의 불교사찰 후원 사례를 19세기에 국한하여 살펴보면 가장 빈번했던 시기는 고종년간임을 알 수 있다.[1)]

고종년간 불사후원에 앞장섰던 이들은 명성황후를 비롯한 왕실 여인들과 흥선대원군 및 고종이다. 이들의 후원 결과 전국의 사찰에는 이 시기 왕실의 후원으로 조성된 불교미술 작품이 상당수 남아 있다. 그러나 당시 조성된 불화와 불상은 대체로 현전하고 있지만, 건물은 상당수가 사라지고 없다. 퇴락되어 철거되거나 한국전쟁으로 소실되었기 때문이다.

이 글에서는 19세기 조선왕실의 불교후원 빈도수가 가장 높았던 고종년간, 왕실후원으로 조성된 사찰의 조형성에 대해 佛殿 중심으로 살펴보고자 한다. 이 시기 근기지역의 왕실후원 양상과 사찰의 조형성에 대해서는 이미 고찰한 바 있으므로 여기서는 근기 이외 지역의 사찰을 중심으로 고찰하고자 한다. 이 연구는 고종년간 사찰에 이룩된 건축의 조형성을 파악할 수 있을 뿐만 아니라, 익명의 세계로 남아 있는 불교건축 분야에 실명을 제공하여 향후 이들의 작품 경향을 파악하는데 디딤돌이 될 것으로 기대한다.

II. 기록을 통해 본 고종 연간 왕실의 불사후원

19세기 조선왕실의 불사 후원이 도성을 둘러싼 지역인 근기지역에서 빈번하였다는 것은 주지의 사실이다.[2] 도성에서 가깝다는 점 외에, 왕실의 능묘를 돌보는 역할을 맡은 사찰들이라는 점도 왕실후원을 이끈 동인으로 보인다. 그러나 근기지역을 벗어나면 이와 다른 이유로 후원하였다는 사실을 파악할 수 있다. 근기지역의 불사후원이 19세기 중반 이후 빈번해진 반면, 근기 이외의 지역에서는 19세기 이전부터 왕실에서 지속적으로 후원해온 사찰이 적지 않았다. 또한 근기지역 사찰에 대한 후원이 대체로 비공식적이었다면, 근기 이외 지역에는 공식후원과 비공식 후원이 혼재하였다.

1. 공식 후원

다음의 <표 1>은 고종년간 왕실에서 공명첩을 지급하여 공식 후원한 사찰을 정리한 것이다. 표 1에 정리한 바와 같이 왕실의 불사후원 명목은 사고수호 사찰・태조와 관계된 사찰・조포사・금강산 지역의 사찰 등으로 나누어 볼 수 있다. 그러나 1880년 공주 신원사에 대한 후원은『承政院日記』에 기록된 바와 같이 다른 사찰과 다르다는 명목으로 이루어졌는데,[3] '태조 3년 무학대사가 3창하였다'는 연기보다는

명성황후에 의해 계룡산 중악단이 설치된 곳이라는 점이 영향을 준 것으로 보인다.[4]

〈표 1〉 고종년간 공명첩이 공식 지급된 사찰

시기	사찰명	공명첩 규모	후원 명목
1864	적상산 안국사	3백 장	태백산 사고 수호
	태백산 각화사	4백 장	
1866	안변 석왕사	3백 장	태조 창건, 태조의 신주・어제・어필 봉안 城築修葺에 補用
1878	고성 건봉사	5백 장	세조대 이후 여러 차례 원당 지정 왕실에서 대대로 돌보던 원찰, 전소된 이후 복구
1879	함흥 귀주사	3백 장	태조 독서당
	안변 석왕사	3백 장	태조 창건, 퇴락 당우 보수
	수원 용주사	3백 장	융건릉 능침사찰, 보수
1880	태백산 각화사	5백 장	태백산 사고수호, 화재복구
	대구 동화사	5백 장	수릉 원찰, 화재 후 복구
	도봉산 회룡사	5백 장	御題・御筆・圖書・儀仗, 퇴락 당우 보수
	공주 신원사	5백 장	此寺與他梵宇有別, 화재 후 복구
1882	금강산 유점사	5백 장	건봉사 사례 따라, 화재 후 복구

위의 표에 정리된 공식 후원의 명목을 구체적으로 살펴보면 다음과 같다.

1) 史庫守護寺刹

<표 1>에 정리한 무주 적상산 안국사와 봉화 태백산 각화사는 사고를 수호하던 사찰인데, 오랫동안 수리하지 않아 퇴락되자 공명첩이 지급된 곳이다.[5] 사고수호 사찰은 史庫・璿源閣・史庫三門・守護寺刹 등으로 구성되었는데 각화사가 안국사보다 규모가 더 커, 지급되는 공명첩의 양에 차등이 있었다.[6] 고종 즉위 후 집권한 흥선대원군은 1868년(高宗 5) 들어 사고와 궐내외의 귀중 도서 포쇄 기한을 3년에서 5년으로 늘리고 정기적으로 시행하도록 하였다.[7] 아울러 사고사찰에도 관심을 가져, 1880년 가을, 태백산사고를 수호하는 봉화 각화사에 불이 나 전소되자 복구 비용을 지원하기 위해 공명첩 5백 장을 지급하였다.[8]

2) 太祖와 관계된 사찰

조선왕조를 연 태조 이성계가 세우거나 행적이 전하는 곳은 聖地化 되어 조선왕조 내내 특별한 지원을 받았다.[9] 특히 안변 석왕사는 태조가 꿈을 꾸고 無學에게서 왕이 될 것이라는 해몽을 듣고 즉위한 뒤 무학이 주석하던 토굴에 세운 곳으로[10] 조선왕조 내내 '御室鳳閣'이라 하여 어진을 봉안하고 선원전이나 종묘를 봉심하듯 돌보았던 원찰이다.[11] 태조는 재위 시 석왕사에서 두 번이나 재를 올렸고 정종년간에는 석왕사 서쪽에 궁을 지으려 했다.[12] 대체로 조선전기에는 御筆 판각을 명목으로 제향을 올렸고, 숙종·영조·정조 대에는 어필을 하사하였다.[13] 특히 정조는 "釋王寺는 왕업이 일어난 곳이므로 다른 곳에 비해 각별하다"면서 재물을 후원하고, 어제를 내려 비문에 새기게 한 후 비각을 건립토록 했으며[14] 무학대사의 초상화를 봉안하고 봄가을마다 제사를 봉행토록 하였다.[15] 고종년간에는 표 1에 정리한 바와 같이 1866년의 성축과 1879년(고종 17)의 수리를 위해 왕실이 공식 후원하였다.[16] 1866년(고종 3)의 석왕사 성축에 대해 『승정원일기』에는 '서쪽 성축이 무너져 시급히 수축해야 하므로 공명첩을 지급한다'고만 되어 있다.[17] 그런데 이때 든 비용을 정리한 『釋王寺城築與典祀廳重建物力區劃及下記成冊』에는 공식적 지급 외에 왕실인사의 私的 지원도 기록되어 있다. 즉, 이 불사를 위해 조성된 금액은 총 3,596냥인데 2,596냥은 공식 지급된 공명첩 3백 장의 價錢이고 나머지 천 냥이 이른바 '大院位大監 劃下錢'이었다.[18] 이처럼 공명첩이 지급된 사찰에 왕실인사가 사적으로 후원한 또 다른 사례로는 고성 건봉사를 들 수 있다.[19]

한편, 함흥 귀주사는 석왕사와 함께 함경도 지역을 대표하는 사찰로,[20] 태조의 독서처로서 중요하게 여겨져 정조에 의해 비각도 건립되었는데,[21] 1878년 12월, 독서당과 비각만 남고 전소되어 공명첩을 하사받아 복구되었다.[22]

1880년 공명첩 5백 장을 하사받은 북한산 회룡사는 1398년(태조 7) 태조 이성계가 무학대사의 초암에 함께 머물면서 확장하고 이름 붙인 곳이다.[23] 19세기 후반

까지 어제·어필·도서·의장 등이 봉안되어 있었음에도 불구하고 퇴락되었으니 중건에 필요한 물력을 지원해야 한다는 명목으로 공명첩이 지급된 것이다.[24)]

이밖에 왕조 開創을 발원하기 위해 창건된 임실 불지암, 백일기도 봉행 후 왕이 된다는 소리를 들었다고 하는 상이암, 즉위 후 편액을 내린 소림굴 등도 태조의 원당이라는 명목으로 왕실이 후원하였다.

3) 造泡寺

<표 1>의 용주사는 현륭원의 造泡寺로 창건되었는데 실제로는 齋舍였다.[25)] 사도세자의 현륭원을 돌보는 사찰로서 御室이 설치되었던 곳이기 때문이다.[26)] 그러나 1930년 편집된『廟殿宮陵園墓造泡寺調』에는 정조의 능까지 포함하는 융건릉의 조포사라 되어 있다.[27)] 조포사는 '두부를 만들어 능침에 祭需로 공급하는 절'로 능침사찰, 즉 왕실원당을 의미했지만,[28)] 임진왜란 이후 능침 사찰에 부과되었던 追薦 역할이 약화되면서 제수와 승려들의 노동력을 공급하는 사찰을 의미했다. 이런 정황에서 "용주사는 다른 곳과 다르다"면서 왕실이 공식후원했다는 것은 재물과 노동력을 제공하는 단순한 조포사가 아니라 능침사로서의 의미가 컸기에 가능했던 것으로 보인다.[29)]

한편, 1880년에는 대구 동화사에 공명첩이 지급되었는데 그 경위는 다음과 같다.

> … 禮曹에서 보고한 것을 보니, 大邱 桐華寺는 綏陵에서 쓰는 향과 숯 및 두부를 만들어 바치는 절인데, 두 번이나 화재를 당하여 모조리 타버렸으므로 空名帖을 1,000장에 한하여 내려보내자는 내용이었습니다. 이 절은 신라 때 지은 유명한 절일뿐만 아니라 또 향과 두부를 만들어 바치는 것도 중요하니, 조정에서 마땅히 특례로 곡진히 시행해야 할 것입니다. 공명첩 500장을 만들어 주어서 수리하여 안주할 수 있게 하는 것이 어떻겠습니까?" 하니, 윤허하였다.[30)]

즉, 경기도 구리에 있는 익종의 능인 수릉에 필요한 재물을 바치는 동화사를 공식지원 한다는 내용이다. 현재 수릉의 공식적인 능침사찰로 알려진 곳은 없는데, 이 기록을 통해 물력을 제공하는 조포속사가 있었다는 것을 알 수 있다. 동화사가 어떤 인연으로 수릉의 조포속사가 되었는지는 알 수 없지만, 1880년 특례 후원은 神貞王后(1808~1890)와 관련된 것으로 보인다. 당시 왕실의 최고 어른인 신정왕후의 남편, 孝明世子(翼宗 追尊, 1809~1830)가 1830년 5월에 薨逝하였으므로 1880년은 익종 서거 50주년이 되는 해였다. 이해에 신정왕후는 1849년 홍서한 아들 憲宗(1827~1849)의 영가천도를 위해 서울 화계사에 명부전 불량답을 헌공하기도 했다.[31] 따라서 1880년 당시 수릉의 조포속사였던 대구 동화사에 대한 후원은 이러한 사실과 관련된 일로 추정된다.

4) 金剛山 지역의 사찰

高宗년간 왕실이 후원한 곳을 지리적으로 살펴보면 근기지역 외에 금강산지역의 사찰이 두드러진다.[32] <표 1>에는 금강산의 사찰 중 유점사와 고성의 건봉사에만 공명첩이 지급된 것으로 정리하였으나 유점사와 함께 금강산의 4대 사찰로 일컬어지는 표훈사·장안사·신계사에 전하는 기록을 보면 이들 사찰에도 상당한 양의 공명첩이 발행되었음을 알 수 있다.[33] 아울러 왕실의 사적 재산인 내탕금도 빈번하게 지원된 것도 파악할 수 있다. 예컨대 유점사는 <표 1>에 정리한 바와 같이 1882년 전소되어 복구비로 공명첩 5백 장을 하사받았는데, 1887년에 또다시 5백 장의 공명첩을 하사받았기 때문이다.[34] 건봉사의 경우, 1878년 4월 3일 산불로 전소되자 왕실이 공식적으로 공명첩 5백 장을 하사하고 전국에 권선문을 반포하여 모금한데 이어, 고종·명성황후·신정왕후 등 왕실의 인사들이 사적으로 각기 금전을 시주하고 인로번·양산·등롱·탁의 등을 하사하였다.[35] 1879년에는 본격적으로 중수되면서 왕실과 각 宮房 및 각 齋輔로부터 佛具와 금품을 다수 기증받았을 뿐만 아니라, 三殿[36]의 탄신제를 올리는 원당으로 지정되어 각종 요역이 혁파되었다. 건봉사는 세조의 원당으로 지정된 이래, 예종과 효종이 각기 원당으로 정하였고 효인왕후·명성황후·정성왕후·정순왕후·순원왕후·귀빈임씨·효의왕후·신정왕후에 이르기까지 비빈들의 후원이 이어졌다.[37] 특히 신정왕후는 개인적으로 거액을 하사하여 불전과 불화를 조성하도록 하였고, 어린 나이에 죽은 완화군의 영가천도를 위해 천금을 내려 시왕불사를 봉행케 하였다. 이후 건봉사는 신정왕후·명성황후·순명황후의 小祥齋와 大祥齋도 봉행하여 왕실과의 관계를 이어갔다.

한편, 고종년간의 공식기록이 전하지는 않지만 신계사 역시 공명첩을 하사받아 중건되었다.[38] 1881년에 공명첩 5백 장을 하사받았고 1887년에는 김규복이 올린 계를 통해 공명첩 5백 장을 하사받아 대웅보전이 중건되었다. 1890년에는 또다시 김규복의 奏稟으로 내탕금 2천 냥을 하사받았다.[39] 1901년에는 고종으로부터 향수금 3천 민을 하사받았으며 이듬해인 1902년에는 다시 천금을 領下받는 동시에 願堂用祭器 1부와 불연·병풍 등을 하사받았다. 1905년 9월에는 純明皇后 小祥제사 비용으로 1만 4천 금을 하사받았다.[40]

이밖에 長安寺는 1902년 내탕금을 하사받아 범왕루를 중건하였고[41] 표훈사는 세조의 영정을 봉안한 원찰로 정조년간 수리되고 공명첩을 공식 지급받은 기록이 있지만[42] 고종년간의 공식기록은 전하지 않는다. 다만, 1882년에 명성황후가 표훈사의 암자인 神琳庵을 중건토록 했다는 기록이 있어 왕실과의 관계를 짐작할 수 있다.[43]

龍貢寺[44]는 1860년 내탕금 1만 5천 냥으로 중건된 이후 1875년에는 왕대비 홍씨(孝定王后, 1831~1904)의 후원으로 법당 삼존불상이 개금되었다. 1884년(고종 21) 요사채와 승방 등이 불타 버리자 경우궁 당상 김규석이 왕에게 奏稟하여 공명첩 5백 장을 하사받아 중건되었다. 1899년에도 화재가 발생하여 어실각을 제외하고 전소되자 또 한 번 金奎錫의 도움으로 空名帖 500장을 하사받아 중건되었다.[45] 1903년에도 화재로 법당과 御室閣 이외의 당우가 소실되었으나 다시 중건되었다.

5) 耆老所願堂

고종년간, 왕의 기로소 입소를 기념하여, 내탕금으로 사찰에 짓도록 한 기로소 원당은 경북 의성 고운사와 전남 순천 송광사 두 곳에만 조성되었다.[46] 고종 이전에 영조의 기로소원당이 조선왕조 사상 최초로 의성 고운사에 설치되었으나 이와 관련된 기록은 전하지 않는다. 이후 고종이 망육순이 되어 기로소에 입참한 1902년 들어 전국의 명산에 있는 사찰에 원당을 세우려 하자 전국의 여러 사찰에서 청원하였는데, 순천 송광사로 결정되었다. 1903년 5월 내탕금 만 냥이 하사되면서 공사가 시작돼 9월 19일 거행된 상량식에는 상량문과 "水"字・銀貨・禮幣・<聖壽殿>과 <萬歲門> 현판 글씨 등이 하사되었으며, 두 달 뒤인 11월 15일에 공사가 완료되었다.[47]

한편, 고운사는 기존에 있던 영조의 어첩이 봉안된 기로소원당 건물을 고치면서 고종의 어첩을 봉안하는 영수각을 별도로 건립하고자 하였다. 그러나 기로소에 받아들여지지 않았다. 이후 다시 제안한 祝釐殿 조성계획이 수락되어 1904년 7월 완공되었다. 이후 축리전은 靈壽殿으로 바뀌었다가 延壽殿으로 바뀌었다.[48]

2. 비공식 후원

조선왕실에서 비공식적으로 사찰을 후원한 경우는 대부분 왕자탄생발원・先亡父母靈駕遷度 등을 목적으로 진행되었다.[49] 예컨대, 궁인들이 寧邊郡 妙香山과 延安 南大池에 기원을 드려 순종이 탄생하게 되었다는 기록을 통해[50] 왕실에서 왕자탄생을 기원하는 행위가 공공연하게 이루어졌음을 알 수 있다.[51] 흥선대원군의 왕자탄생발원불사는 1866년 子孫昌盛을 기원한 흥천사의 <祝願> 현판으로 알 수 있다. 이후 그가 후원한 1869년의 파주 보광사 중창,[52] 1870년에 조성된 안성 운수암의 여러 불화[53] 등과 관련된 기록에는 고종과 명성황후를 축원하는 내용만 있으나 이 역시 왕자탄생 발원을 목적으로 이루어진 것으로 보인다. 왕자탄생발원이라는 목적을 명시하면서 왕실과 종실, 문무백관이 함께 기원한 사례는 1867년 慈靜庵에 조성되었던 <七星紅圖> 화기에서 살필 수 있다.[54)]

한편, 고종과 명성황후가 나란히 불사를 후원한 경우는 대체로 명성황후 주도로 이루어진 것으로 보인다. 예컨대 1886년 이범진으로부터 순천 송광사의 역사에 대해 고종과 함께 듣던 명성황후가 "그 사찰이 이 근교에 있으면 무슨 사업을 하나 하고 싶다"고 한 이후 '축성전'이 지어졌다는 일화가 전해지기 때문이다.[55)] 명성황후가 고종과 순종의 수명장수를 기원하며 봉행한 궁중의식의 횟수와 소용 물목을 적은 문서는 '발기'라는 제목으로 전해진다.[56)] 사찰에서 봉행한 기도의례의 시기는 고종탄신일·순종탄신일·正朝(설날)·명성황후탄신일로 분류된다.[57)] 다음의 <표 2>는 이를 정리한 것이다.

〈표 2〉 19세기 후반 궁중 발기의 사찰

사찰명	지역	칠월 탄일 위축발기 (고종탄신일)	各處七月 위축발기 (고종탄신일)	2월 탄일 위축발기 (순종탄신일)	正朝 위축발기 (설날)	10월 위축발기 (명성황후탄신일)
천마산 奉印寺	경기	○	○		○	○
奉元洞 奉元寺	서울	○	○		○	○
삼각산 華溪寺	서울	○	○		○	○
수락산 興國寺 (덕절)	경기	○	○		○	○
천보산 鶴到庵	경기	○	○		○	○
천마산 性殿寺	경기	○	○			○
靑巖寺(慶國寺)	서울	○	○		○○	○
新興寺 (새절, 興天寺)	서울	○			○	○
동불암		○	○		○	○
삼각산 津寬寺	서울	○	○		○	○/津寬庵子
삼각산 僧伽寺	서울	○	○	○	○	
관악산 三幕寺	경기	○	○		○	○

사찰명	지역	칠월 탄일 위축발기 (고종탄신일)	各處七月 위축발기 (고종탄신일)	2월 탄일 위축발기 (순종탄신일)	正朝 위축발기 (설날)	10월 위축발기 (명성황후탄신일)
도봉산 回龍寺	경기	○	○		○	○
삼각산 道詵庵	서울		○		○○	○
삼각산 望月寺	경기		○		○	○
남한산성 開元寺	경기		○			
藥師寺(奉國寺)	서울		○			○
사지(자)암	서울		○		○	○
도봉산 天竺寺	서울		○		○	○
백련산 淨土寺	서울		○		○	○/정토 양수암(?)
광주 奉恩寺	서울		○			
삼각산 奉聖庵	서울		○	○		
양주 奉先寺	경기			○	○	
영평 白雲寺	경기			○○		
북한산 龍巖寺	서울			○		
관악산 聖主庵	경기			○		
양주 白華庵	경기			○		
성수암				○		
성년사					○	
보안사					○	
팔공산 把溪寺	경북				○	
금강산 乾鳳寺	강원도				○	
금강산 楡岾寺	강원도				○	
충청 麻谷寺	충청도				○	
경남 通度寺	경남				○	
순천 松廣寺	전남				○	
합천 海印寺	경남				○	
해남 상원암	전남				○	
학선암					○	
적도암					○	
묘원암						○
文殊庵	서울					○
중흥사	서울					○
영도사(개운사)	서울					○
봉성암						○

<표 2>에 정리한 바와 같이, 가장 많은 곳에서 기도가 봉행된 시기는 매년 정초로, 30곳의 寺刹에서 32회 시행되었다는 점을 비롯하여 근기지역의 사찰이 대부분이라는 점, 왕실이 공명첩을 내려 공식 후원하였던 건봉사와 유점사 외에 송광사·해인사·통도사에서도 기도를 봉행하였다는 점을 알 수 있다.[58] 즉, 고종년간 왕실에서는 공식적으로 후원했던 근기지역의 능침사찰 외에 금강산의 유명사찰과 유서 깊은 삼보사찰에도 기도하였던 것이다. 명성황후는 여기에 그치지 않고 단독으로 사찰을 후원하여 기도를 봉행케 한 경우가 적지 않았다. 이들 대부분이 세자와 관련된 곳으로, 출생 이전에는 탄생을 기원하고 출생 이후로는 무병장수를 기원하였다.[59] 각종 기도와 의례를 봉행한[60] 결과 막대한 비용이 소용되어[61] 금강산 1만 2천봉 봉우리에 촛불을 켜지 않은 봉우리가 없을 정도였다는 비난을 면치 못하였다.[62] 이밖에 1900년 『皇城新聞』의 '김룡사가 명성황후 원당'이라는 기사를 통해, 기록이 전해지지 않는 명성황후 후원사찰이 적지 않았음을 유추할 수 있다.[63]

한편, 先亡한 부모와 형제의 영가천도를 위해 불사를 후원하는 것은 비빈들 불사 후원의 일반적인 양상이었다.[64] 예컨대 1865년 신정왕후 조대비가 선망한 양친의 영가천도를 기원하며 서울 보문사의 중창불사에 시주한 것을 비롯하여,[65] 1870년 철인왕후 김대비가 남동생 김병필의 극락왕생을 빌며 남양주 흥국사 시왕전 중수를 후원한 것,[66] 효정왕후 홍대비가 남편 헌종의 영가천도를 기원하며 화계사 명부전의 <시왕도> 제2폭과 제4폭 조성을 후원한 것 등이 대표적이다.[67]

이밖에 왕자의 안녕을 기원하기 위해 조성되거나 후원된 사찰도 있다. 명성황후에 의해 조성된 묘향산 축성전과[68] 고종이 새로 짓도록 한 은평구 수국사,[69] 엄비에 의해 중창된 경기도 고양 흥국사가[70] 여기에 해당한다.

Ⅲ. 고종 연간 왕실 불사의 특징

1. 枕溪敏悅과 景雲以祉・梵雲就堅의 참여

고종 초기 10년간 왕권을 행사한 흥선대원군에 의해 흥천사와 화계사를 비롯한 근기지역 사찰에서 불사가 활발히 이루어진 사실은 잘 알려져 있다. 특히 흥천사와 화계사의 불사기록을 보면 흥선대원군이 후원한 불사에 2회 이상 참여한 장인이 있다는 것을 파악할 수 있다.[71] 1866년 화계사 중창불사에서 도편수를 맡은 枕溪敏悅과 부편수를 맡은 金光月과 金德元이, 이후 불사에서는 김광월과 김덕원으로 패가 나뉘어 각기 도편수 침계민열 하에서 일한 것이다. 즉 세 사람이 1866년에는 함께 일하다가, 1867년의 문경 혜국사 극락전 중창불사에는 침계민열과 김광월이, 문경 김룡사 화장암 중창 불사에는 침계민열과 김덕원이 함께 일한 것이다. 이후 침계민열과 김광월은 1870년 화계사 대웅보전 중건불사에서 다시 함께 일하였다. 반면 김덕원은 1869년의 흥천사 요사 중창불사와 파주 보광사 樓三重建불사에 모두 부편수로 참여하였다.

寺誌와 사찰문화재 자료집을 통해 파악되는 僧匠 침계민열의 활약상을 정리해보면 다음의 <표 >3과 같다.

〈표 3〉 僧匠 침계민열이 참여한 佛事

년대	사찰	기록제목/ 불사내용	직책	비고
1856	서울 奉恩寺	京畿左道廣州修道山奉恩寺華嚴版殿新建記	都片手, 別坐	5*3, 맞배지붕, 익공
1858	문경 金龍寺	地藏十王圖	化主	불화 / 證師 景雲以祉
		冥府殿佛像改金畵像燔瓦重修有功記	化主	證師 景雲以祉
1860	철원 심원사 石臺庵	石臺庵 重修	片手	소실
1864	대전 東鶴寺	重修	都片手	소실

년대	사찰	기록제목/ 불사내용	직책	비고
1866	서울 華溪寺	三角山華溪寺重創記	都片手	대방 중창 부편수 金光月, 金德元
1867	경북 惠國寺	極樂殿上樑文	都片手	현 관음전이 극락전으로 추정됨. 3*2, 팔작지붕 副片手 金宗凡 絶木片手 金光月, 李龍白 四佛山人 景雲以祉 謹識
	문경 김룡사 華藏庵	金龍寺華藏庵重創記	大香閣, 都片手	현판 / 6*2.5, 이익공, 팔작, 인법당 副片手 金德元
	김천 直指寺	極樂殿	都片手	無
1868	문경 김룡사 華藏庵	華藏庵中壇佛事記	山中秩宗師, 持殿	현판
1870	서울 華溪寺	京畿道漢北三角山華溪寺大雄寶殿重建記文	都片手	3*3, 팔작지붕, 다포 부편수 金光月
	문경 金龍寺	說禪堂重修上樑文	都片手	현판
1876	구미 桃李寺	法堂 重建	都片手	3*3, 팔작지붕, 다포
1878	강원도 乾鳳寺	重建	木手	소실되고 없음
1880	문경 金龍寺	四天王圖(持國天王)	都監	불화
		四天王圖(增長天王)	山中秩宗師	〃
		神衆圖, 獨聖圖, 十六羅漢圖	都監	〃
	문경 김룡사 養眞庵	神衆圖	都監	〃
1881	도봉산 回龍寺	大房 重建	都片手	소실되고 없음
1886	문경 김룡사 大成庵	江右尙州牧雲達山金龍寺大成庵重修上樑記	僧統, 都片手	8*2의 ㅡ자 평면과 6*2의 ㅣ자 평면, 4*2의-자 평면이 결합된 인법당, 부분 이익공, 팔작지붕
1888	문경 김룡사 大成庵	尙州雲達山雲峯寺大成庵重○記	大寺秩, 都片手	현판 범운취견이 대시주질 상궁3명 시주
		七星圖, 十六羅漢圖(右1)	僧統	불화
		獨聖圖, 十六羅漢圖(左1)	都監	불화
1889	문경 金龍寺	雲達山雲峰寺七星閣新建記	都監, 片手	無
1891	상주 南長寺	尙州露陰山南長寺普光殿重刱與丹雘記	片手	현판

년대	사찰	기록제목/ 불사내용	직책	비고
1893	합천 海印寺	景洪殿 및 前面 壇下의 左右翼廊 (左三笑窟, 右行者室, 中門인 水月門)	都片手	1983년 행랑채 해체 시 발견된 「樑間錄」에 "尙州 金龍寺" 소속으로 기록
1895	문경 金龍寺	冥府殿丹靑有功序文	化主	현판

無; 건물의 연혁을 알 수 없고 현존하지 않는 경우

위의 <표 3>에 정리한 바와 같이, 침계민열은 1866년의 화계사 불사에 갑자기 등장한 인물이 아니다. 1856년 불교계 인사들이 대거 참여하고 철종을 비롯한 왕실인사들과 영의정·한성판윤 등이 후원한 봉은사 판전 新建불사에 도편수로 참여한 바가 확인되기 때문이다.[72] 이후 1861년에는 왕실의 내탕금으로[73] 진행된 석대암 중수불사에서도 편수를 맡았다.[74] 그가 고종년간 흥선대원군의 후원으로 일한 경우는 1866년과 1870년의 화계사 불사에 국한된 것으로 여겨지지만, 이후 그의 활약상을 보면 화계사에서 일한 바가 적지 않은 영향을 미쳤을 것으로 짐작된다.[75] 1878년(고종 15) 왕실의 대대적인 후원을 받은 건봉사 중건불사는 그의 지휘로 이루어졌으나[76] 한국전쟁 당시 전소되어 버려 그가 지은 불전의 단서를 찾아보기는 쉽지 않다. 다만 3백여 칸이 넘는 대규모 사찰을 단기간에 조성할 수 있었다는 점에서 기술력과 통솔력을 겸비했던 인물로 추정할 수 있다.[77]

이밖에 김룡사의 여러 불화 조성 당시에는 化主와 都監직을 맡거나 산중종사로 동참하였다. 1856년 봉은사 판전 신건 당시부터 활약한 승장임에도 불구하고 불사에 관계된 일을 마다하지 않았던 것 같다. 김룡사 소속이니 건축 일이 아니더라도 김룡사를 비롯하여 부속 암자들의 불화조성에 화주 혹은 도감으로 또는 산중종사로 참여한 것이다. 이중, 1880년 고종과 명성황후·세자 등의 후원으로[78] 여러 불화들이 조성될 당시 그가 직책을 맡았다는 것은 침계민열과 왕실의 관계를 시사한다.[79] 그리고 이러한 관계는 해인사 축성전을 지을 때에도 작용했을 것이다.[80]

한편, 침계민열의 불사 참여는 景雲以祉 혹은 범운취견과 함께 한 경우가 많았다. 이중 경운이지는 1858년 조성된 김룡사 <지장시왕도>의 畵記와 「冥府殿佛像改金畵像幡瓦重修有功記」를 작성하고, 1867년에는 혜국사의 <極樂殿重建上樑文>을 써서 침계민열의 역할을 밝혀놓았다. 경운이지가 기록한 불사들이 대부분 1858~1874년에 사불산 김룡사와 그 末寺에서 이루어진 것이지만[81] 이미 1827년 옥수동 미타사의 「終南山彌陀寺無量殿初刱期」를 쓴 바 있다.[82] 그는 스스로를 '四佛山人'이라 하여 활동 영역을 드러냈는데[83] 실제 활동 범위는 사불산에 국한하지 않았던 것 같다. 서울 흥천사를 비롯하여 강원도 사찰에도 그가 작성한 기록이 전하고 있기 때문이다. 1869년 흥천사의 요사중창기문을 쓴 이래로[84] 1874년의 정선 <수마노탑> 중수를 기록하고 증사를 맡았으며, 1886년에는 화계사 <괘불도>의 화기를 썼다.[85] 이 불사들 모두 왕실의 후원으로 이루어진 것이라는 점에서 경운이지와 왕실의 관계가 고려된다. 김룡사 불사의 여러 기록을 통해, 경운이지가 김룡사의 고승이고 종정을 역임했음은 알 수 있지만 그의 행장을 정리하기는 어렵다.[86] 다만, 침계민열과의 관계를 고려해보면 사불산 김룡사에 주석하던 두 승려가, 지리적으로 멀리 떨어진 곳의 왕실후원 불사에 참여했다는 점에서 이들은 당대 불교계는 물론 왕실에서도 역량을 인정받고 있었던 것을 알 수 있다.

한편, 침계민열과 경운이지가 참여한 왕실 불사에서 주목되는 또 다른 이는 범운취견이라는 화주승이다. 범운취견은 1866년 화계사 중건 기록에 龍船渡海와 함께 '흥선대원군에게 눈물로 호소'하여 후원을 이끈 바가 언급되어 있다. 그의 행장 역시 알려진 바가 없으나, 해인사에서 '미증유의 공덕주'로 칭송받으며 공덕비가 세워지고 진영이 2점이나 조성되었던 것을 보면[87] 해인사

도 1. 梵雲就堅大師 眞影
『海印叢林歷代高僧眞影』인용

소속으로 생각될 정도이다.(도 1) 그러나 공덕비에는 ‘서울 화계사 승려’로 기록되어 있다.[88] 공덕비 건립은 1899년 해인사의 대장경 인경불사와 법보전 중수불사 등에 범운취견이 막대한 왕실의 후원금을 조달해온 데 대한 보답이었다.[89] 1866년에서 1899년까지 30여 년 동안, 서울 화계사에서 경남 합천 해인사에 이르는 먼 거리를 마다하지 않고 왕실후원 불사마다 범운취견이 ‘化主’라는 중요한 역할을 담당한 결과이다. 이밖에도 범운취견은 왕실이 대거 참여한 1874년 강원도 정선 수마노탑 중수불사와 1878년 강원도 고성 건봉사 중건불사에서도 ‘京畿化主’를 담당하였다.[90] 1891년에는 천안 광덕사 승려에게서 얻은 석가모니의 치아사리를 건봉사 팔상전에 봉안하였다. 이처럼 범운취견이 왕실과 밀접한 관계를 형성하고 있었기에 수많은 상궁들의 불화후원도 이끌게 된 것으로 보인다.[91]

그렇다면 범운취견이 30여 년 동안 왕실과 밀접한 관계를 형성하게 된 동인은 무엇일까? 해인사 대중들은 범운취견을 칭송하여 그의 공덕비와 진영을 조성하였지만, 그의 행장은 기록하지 않았고, 그의 소속 사찰로 알려진 화계사에서도 이름을 새긴 공덕기념비 하나만 세웠을 뿐 역시 행장은 기록하지 않았다. 이제까지 알려진 바를 종합해보면 1886년 화계사 중창 당시, 흥선대원군에게 눈물로 읍소하여 후원을 받았다는 점은 그와 흥선대원군이 면식이 있었으며 화계사 혹은 궁궐에서 인사를 나누었던 사이가 아닐까 한다. 1866년 화계사 중창 무렵, 흥선대원군은 권력의 정점에 있었으므로 이들의 만난 장소는 운현궁 혹은 경복궁이었을 가능성이 높아 보인다.

현재 서울대규장각에는 궁궐에서 독경의식을 행하고 소용된 비용을 정리한『讀經定例』(奎 19296)가 전해지고 있다. 표지 오른쪽 상단에 “明禮宮”이라 쓰여 있어, 조선후기 4대궁방 중 하나인 명례궁에서 편찬한 기록임을 알 수 있다. 표지를 넘기면 “戊辰年九月初五日行”이라 쓰여 있고 그 다음 줄에 “興福殿中經所入”이라 되어 있고 그 다음 줄부터 실제 들어간 물품의 내역이 적혀 있다. 그렇다면 무진년은 언제이고 홍복전은 어디인가?

흥복전은 경복궁의 교태전 아미산의 북편~함화당과 집경당의 남쪽 사이 공간에 위치해 있던 건물로[92] 경복궁 중건 당시, 흥선대원군이 조대비를 위해 조성했다고 알려진 자경전의 중소침으로 지어졌다.[93] 따라서 무진년은 흥복전이 지어진 이후인 1868년이며, 흥복전은 경복궁의 내전임이 분명하다. 명례궁은 중궁전 소속의 내탕을 관리하였으므로, 흥복전에서 열린 독경의례의 제반 비용을 중궁전에서 지출하였고 그 내역이 『독경정례』에 정리된 것이다. 이 자료를 통해 궁궐 내전에서 독경의례가 봉행되었고, 그 의례의 상차림을 알 수 있는데, 독경의례가 불교의례로만 치러진 것 같지는 않다.[94] 이 당시 치러진 의례 양상은 안효제의 상소문을 통해 짐작해 볼 수 있다.

> 겉은 마치 잡신을 모신 사당이나 성황당 같은데, 부처를 위해 둔 제단에서 무당의 염불 소리는 거의 없는 날이 없고, 걸핏하면 수만금의 재정을 소비하여 대궐 안에서의 齋戒와 제사와 관련한 일들을 마치 불교행사를 하듯 하는 것은 무엇 때문입니까?[95]

이로써 궁궐 내에서 불교와 무속이 혼재된 독경 및 제사를 봉행하였고 이를 위해 승려들이 궁궐 출입을 할 수 있었으며 이들이 집전하는 의례에서 왕실인사들과 교분을 나누었을 가능성이 있다. 나아가 이러한 의식을 통해 범운취견과 흥선대원군・비빈・상궁들이 면식이 생기면서, 여러 불사 후원에 참여하게 된 것이 아닐까 한다. 따라서 침계민열・경운이지・범운취견의 활동 양상이 왕실후원 불사에서 확인된다는 점은 이들의 능력과 왕실과의 관계를 시사하는 것으로 볼 수 있다.[96]

2. 조형적 특징

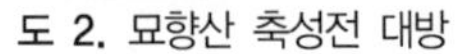

도 2. 묘향산 축성전 대방

도 3. 도봉산 천축사 대방 (천축사 제공)

19세기 조선왕실에서 후원한 근기지역의 사찰들은 대체로 규모가 작다. 암자 규모로 명맥만 유지하다가 흥선대원군의 후원으로 사찰의 격식을 갖추게 된 곳이 대부분으로, 서울의 흥천사와 화계사·파주 보광사가 대표적이다. 주불전 맞은편에는 대방이라 하는 인법당 형식의 요사채가 들어서 있는 배치형식이 이들 사찰의 특징이다. 그러나 근기 이외 지역에서는 이와 같은 배치를 찾아보기 어렵다. 왕실에서 후원한 근기 이외 지역의 사찰은 대체로 유서 깊은 대규모 사찰들로, 금강산 지역의 4대사찰과 건봉사·삼보사찰 등이 해당된다. 이들은 앞에서 살펴본 바와 같이 전소되어 사찰 전체가 왕실후원으로 복구되는 경우도 적지 않았지만, 19세기 이전 이미 조성되어 있던 상태에서 퇴락된 당우를 수리하거나 왕실을 기원하는 御室閣·祝釐殿·祝聖殿과 같은, 건물 한 동을 짓는 경우가 대부분이었다. 즉, 근기지역의 가람배치 형식으로 조성될 이유가 없었다. 단, 명성황후의 후원으로 1881년 조성된 묘향산 보현사의 祝聖殿은 근기지역의 대방과 매우 유사한 건축형식이라는 점에서 주목된다.[97](도 2)

근기지역에서 묘향산 보현사 축성전처럼, 산자락에 위치한 암자규모 사찰에 조성된 대방 건물은 도봉산 천축사에서 파악되었다.[98](도 3) 1821년 천축사 중창 당시 지어졌으나 사세가 기굴어 1862년에 김좌근 등 정승·판서들의 후원을 받아 법등을 이어갔다. 1891년에는 명성황후의 후원으로 <비로자나삼신불도>와 <신중도> 등이 조성·봉안되었다.[99] <도 2>의 도봉산 천축사 대방과 <도 3>의 보현사 축성전을 비교하여 보면, 두 건물 모두 자연석 기단 위에 중앙의 一자형 3칸에 정면 1칸 측면 3칸인 I자형이 결합된 ㄇ 형 평면으로 구성되어 있다. 따라서 전체적으로 보면 정면 5칸 측면 3칸이라 할 수 있다. 두 건물 모두 정면은 원기둥 위에 이익공과 화반으로 공포대가 구성되어 있다. 천축사 대방의 배면은 알 수 없지만, 보현사 축성전은 배면이 초익공으로 구성되어 있다. 지붕형식도 팔작으로 동일한데, 모든 면이 겹처마로 구성된 천축사와 달리 축성전은 전면만 겹처마로 구성된 점이 다르다. 이러한 지붕구성은 근기지역의 대방에서도 확인된다.[100]

도 4. 묘향산 축성전 어칸 (『북한의 건축문화재』인용)

도 5. 서울 흥천사 대방 어칸

<도 3>의 천축사 대방은 중앙 3칸에 유리문을 다는 등 변형된 모습이지만 <도 2>의 축성전은 거의 변형되지 않은 모습이다. 또 축성전은 향좌측의 전면으로 돌출된 부분만 하부가 기둥만 있는 루로 조성되어 있어, <도 2>의 천축사 대방을 비롯한 근기지역 사찰 대방에 돌출된 루마루가 좌우 대칭으로 구성되어 있는 양상과는 조금 다른 모습이다. 또한 축성전은 벽면이 모두 판벽이라는 점에서도 근기지역의 대방과 다르다. 그러나 무엇보다 두드러지는 차이는 중앙 3칸 전면에 기둥이 없다는 점이다. 축성전 중앙의 3칸에는 가로로 긴 창방이 가로지르고 있는데 이를 받치는 기둥이 없지만,[101] 주심포가 놓일 위치에 포가 배치되고, 다포의 간포가 놓일 위치에는 화반이 배치되어 있다. 축성전은 기단의 구성도 독특하다. 경사지를 활용하여, 전면에 돌출된 내루를 내밀어 조성된 것으로 보이는데 좌우의 형식을 달리하여 향우측이 루가 아닌 모습은 앞서 언급한 바와 같다. 축성전 전면에는 중앙과 좌우로 돌출되어 나가는 면에 편액이 걸려 있는데(도 4) 이는 홍천사 대방과 유사하다.(도 5)

이밖에 고종년간 왕실의 후원으로 조성되어 현존하는 불전으로는 해인사 경홍전[102] · 송광사 성수전 · 고운사 연수전 등이 있다.[103] 이들과 묘향산 축성전의 조형 요소를 정리해보면 <표 4>와 같다.

표 4. 고종년간 왕실후원으로 조성된 불전의 조형요소

	묘향산 祝聖殿	해인사 景洪殿 (현, 진영전)	송광사 聖壽殿 (현, 관음전)	고운사 延壽殿
건축 년대	1881	1892	1902	1903
건축 목적	세자 축원	三殿(고종 · 명성황후 · 세자) 축원	고종 장수 축원	고종 장수 축원
기단	막돌허튼층쌓기	2중기단 초층; 막돌과 장대석 혼용 2층;다듬은돌바른층쌓기	다듬은돌바른층쌓기, 2중기단	다듬은돌바른층쌓기, 가구식기단
초석	다듬은돌장초석 이외는 확인불가	다듬은돌장초석 높이 34cm	다듬은돌장초석 높이 25cm	마루 밑에 놓여 확인불가

	묘향산 祝聖殿	해인사 景洪殿 (현, 진영전)	송광사 聖壽殿 (현, 관음전)	고운사 延壽殿
기둥	원형	원형	원형	원형
벽	판벽	심벽	심벽	판벽
평면	5*3, ㄇ자형	5*4, 一자형	3*3, 一자형	3*3, 回자형
내부	비어 있음	비어 있음 인방을 덧대 내외진을 구분하였던 흔적이 있음	뒷면에 한 칸을 두고 전면 쪽으로 4개의 기둥을 세우고 그 사이를 벽으로 막아 일반 불전의 후불벽 형식의 내벽이 있고 그 앞의 3*2칸에 인방을 덧댄 내외진 구분이 있음	回자형의 둘레는 계자난간이 둘러쳐진 툇마루이고 내부 口자에는 뒷벽 상부에 4짝문이 달린 벽장이 있어 어첩을 봉안했던 감실로 추정 감실 안은 비어있음
천장	확인 불가 툇마루 부분은 용그림 반자 마감	우물천장	우물천장 퇴칸 빗천장에 태극과 박쥐가 그려짐	감실이 조성된 내부와 툇마루 부분 모두 용 그림이 그려진 반자 마감
공포	이익공 간포・주심포; 봉두 귀포; 용두, 봉두	다포 간포・주심포; 봉두 귀포; 용두, 봉두	다포 간포・주심포; 봉두 귀포; 용두, 봉두	이익공 간포・주심포; 봉두 귀포; 용두, 봉두
지붕	팔작, 겹처마	팔작, 겹처마	팔작, 겹처마	팔작, 겹처마
특징	향우측은 내루이지만 향좌측은 내루가 아닌 점	측면이 4칸인 점, 전면의 상층기단 좌우 두 곳에 龍頭와 다람쥐가 양각되어있는 점.	내부의 벽에 수직수평 부재를 세워 4~6개로 구획된 면마다 공신도가 그려져 있는 점	回자형 내부 口자형의 외벽 3면에 십장생이 그려져 있고 鳳閣千秋・龍樓萬歲・壽如山長不老・富似海百千秋라는 글씨가 쓰여 있는 점

<표 4>에 정리한 바와 같이 고종연간 왕실후원의 건물 4동은 모두 왕실을 축원하기 위해 세워졌다는 점은 같지만 조형요소는 각기 다르다. 평면과 입면・건물 크기・내부 구성 등이 다른 양상은 왕실을 기원하는 건물, 즉 왕실기도용 건물로서의 조형요소가 규범화되지 않았던 것을 시사한다. 반면, 4동 모두, 원기둥・팔작지붕・겹처마 형식이고 간포와 주심포에 봉두, 귀포에 용두 및 봉두로 장식되었다는 점은 공통적이다. 이는 왕실기도용 건물이어서 갖춘 조형요소라기보다, 19세기 말~20세기 초 불교건축의 장엄경향을 따른 결과라 할 수 있다.

도 6-1. 해인사 경홍전 정측면

도 7-1. 고운사 연수전 전경

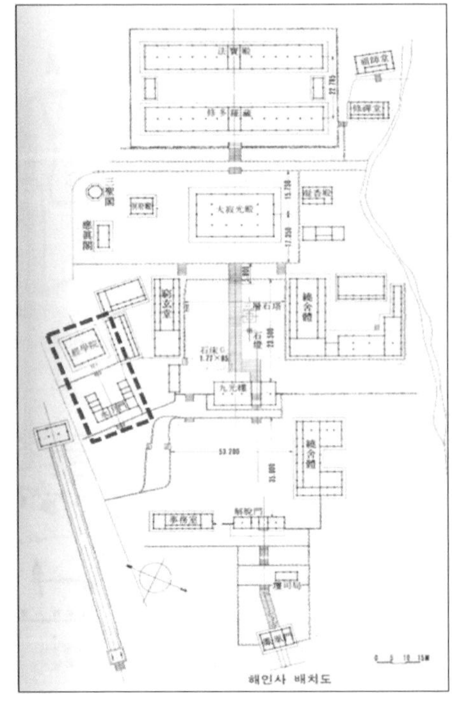

도 6-2. 해인사 배치도(점선 표시가 경홍전 일곽)
『가야산 해인사지』인용

도 7-2. 고운사 연수전 정면

도 8. 송광사 성수전 정면

배치면에서 보면, 이들 왕실기도처는 별도로 구획된 공간에 조성되어 있었음을 살필 수 있다. 해인사의 경홍전은 현재 진영전으로 쓰이며, 스님들의 수행공간에 자리하고 있으나(도 6-1) 창건 당시는 고운사 연수전처럼(도 7-1, 도 7-2) 문과 담으로 구획된 별도의 공간에 조성되어 있었다.(도 6-2) 즉, 경홍전 일곽은 마당을 사이에 두고 경홍전 맞은편에 水月門이 있고 그 좌우로 익랑채가 연결되어 있었다.[104] 송광사 성수전 역시 현재 관음전으로 쓰이면서 일곽이 변모된 모습이다. 즉, 송광사 성수전 역시 고운사 연수전처럼 별도의 공간으로 구획되었지만, 현재 문과 행랑채는 헐려나가고 없다.(도 8, 도 9)

도 9. 일제 강점기 송광사 전경 (점선 표시된 부분이 성수전 일곽 (『조선고적도보』 인용))

도 10. 축성전 퇴칸 반자 별지화

도 11. 축성전 내부 반자 별지화

도 12. 고운사 연수전 내부 반자 별지화

도 13. 고운사연수전 퇴칸 별지화와 내부

도 14. 송광사 성수전 내부 어칸 감실형 불단 상부 용조각

〈표 5〉 송광사 성수전과 고운사 연수전의 왕실 상징 무늬

	달(左)과 해(右)	태극무늬
송광사 성수전	 내진칸 불단 좌우의 해와 달	 외진칸 빗반자의 태극무늬  태극무늬 확대
고운사 연수전	 내부 향우측 상단의 해  내부 향좌측 상단의 달	 내부 다락형 감실 문 양측의 태극무늬  향좌측 외벽 태극무늬와 십장생

내부 장엄을 살펴보면, 묘향산 축성전은 비어있는 것으로 추정되는데 퇴칸 반자와 실내 천장에는 용과 구름이 별지화로 그려져 있어(도 10, 도 11) 고운사 연수전과 동일한 조형요소로 구성되었음을 알 수 있다.(도 12, 도 13) 그러나 해인사 경홍전과 송광사 성수전에는 이와 같은 별지화가 없다. 다만 송광사 성수전은 감실처럼 조성되어 있는 현재의 불단 윗부분에 용조각이 있다.(도 14) 이들 건물이 왕실과 관계됨을 보여주는 장엄요소는 해와 달 그림과 태극무늬라 할 수 있다. 축성전과 해인사 경홍전에서는 이러한 요소가 발견되지 않지만, 기로소 원당으로 건축된 송광사 성수전과 고운사 연수전에는 남아 있기 때문이다.(표 5) 송광사 성수전에는 해와 달이 내진의 뒷벽 중간 부분에 그려져 있고 태극무늬는 외진의 빗반자에 별화로 그려져 있다. 고운사 연수전에는 단칸으로 구성된 실내 좌우 벽 상단에 해와 달이 각기 한 면에 그려져 있고 태극무늬는 내외부에 모두 그려져 있는데 내부에서는 다락형 감실의 문 좌우와, 단칸의 내진 좌우로 난 창의 좌우로 두 개씩 그려진 모습이 내외부가 같다.

이상에서 살펴본 4동의 건물은 고종년간 왕실을 축원하기 위해 사찰에 세워졌다는 공통점이 있음에도 불구하고 각기 다른 조형요소로 구성되어 있다는 점은 왕실 기도전용 건물의 조형성이 규범화되지 않았음을 알려준다. 아울러 묘향산 축성전이 도봉산 천축사의 대방과 매우 유사한 평면이라는 점은 근기지역 사찰에서 유형화된 왕실후원 사찰의 건축형식이 다른 지역으로 확산된 것을 시사한다고 하겠다.

Ⅳ. 맺음말

이상에서 살펴본 바와 같이 기록을 통해 고종년간 왕실의 불교사찰 후원양상을 파악하고, 현존하는 4동의 왕실후원 건물의 조형성을 살핀 결과 다음과 같은 사실을 알게 되었다.

첫째, 고종년간에도 조선왕실이 전통적으로 후원해 왔던 금강산지역의 사찰에 지속적으로 후원하였다는 점이다. 특히 화재복구로 중건될 경우, 공식적 후원인 공명첩 하사와 비공식적 후원인 내탕금 지원이 동시에 이루어졌다는 것을 살필 수 있었다.

둘째, 태조 이성계와 관련된 사찰을 聖地로 인식하여 후원하였다는 점이다. 이는 조선후기 들어 왕권의 정통성을 확립하기 위해 태조 관계유적을 정비하고 후원한 것과 맥락이 닿아 있는 것으로 보았다.

셋째, 조포사를 후원하였다는 점이다. 조선후기 들어 조포사는 권리보다 의무가 많았는데, 고종년간에는 당대 왕실인사들과 직접적으로 관계되는 인물의 조포사일 경우, 관대하게 후원한 것을 알 수 있었다.

넷째, 궁중발기를 통해 왕실에서 중요하게 여긴 사찰과 실제 기도와 후원이 이루어진 사찰을 구체적으로 파악하게 되었다는 점이다. 즉, 명성황후의 후원으로 기도의식이 봉행된 곳은 근기지역 사찰을 위주로 하여 금강산의 주요 사찰과 삼보사찰까지 총망라되어 있었던 바를 알게 되었다.

다섯째, 고종년간 왕실 불사에 3회 이상 등장하는 승려들을 주목하여 침계민열이라는 승장과 경운이지라는 선승, 범운취견이라는 화주승이 활발하게 활동했음을 알 수 있었다. 침계민열과 경운이지는 사불산지역을 중심으로 활동했다는 공통점이 있고 범운취견은 화계사 승려이지만 전국에서 행해진 왕실후원 불사에 적극 참여했던 인물임을 확인할 수 있었다.

여섯째, 침계민열이 흥선대원군의 후원으로 이룩된 화계사 중창불사에서 김덕원·김광월과 함께 일한 후, 화계사에서 이룩한 조형요소를 이후 자신의 건축에 적용했을 가능성을 고려해 보았다.

일곱째, 왕실기도용 건물로서 사찰에 세워진 건물 중 현존하는 4동의 조형적 요소를 분석한 결과 건축목적에 따른 조형형식의 규범화는 없었던 것을 알 수 있었다. 그러나 기로소원당 건물은 왕을 상징하는 日月과 대한제국의 상징인 太極무늬로 장엄되었음을 살필 수 있었다.

여덟째, 묘향산 보현사의 축성전이 도봉산 천축사의 대방과 매우 유사하다는 사실을 통해, 근기지역 대방 건축형식이 왕실후원 사찰의 한 전형이 되었을 것으로 추정해 보았다.

주지하다시피 고종년간은 내우외환의 시기였다. 이 시기 왕실의 불사후원이 급증한 것은 이러한 사정과 밀접한 관련이 있을 것이다. 그러나 이 당시 왕실후원으로 조성된 건물로서 현존하는 예는 생각보다 적다. 19세기 불교문화의 가치가 아직까지 잘 조명되지 못한 상황에서 수많은 19세기 불전들이 낡고 비좁다는 이유로 훼철당해 버린 결과이다. 19세기 불교건축에는 조형 담당자와 후원자 이름이 기록된 자료가 많으므로 이들에 대해 천착해보면 조선말기와 근대기 전통건축의 계보를 밝힐 수 있게 될 것이다. 그 결과 보다 많은 19세기 불교건축의 보존될 수 있기를 기대한다.

주

1) 조계종에서 사찰에 현전하는 문화재를 전수 조사하여 수록한『한국의 사찰문화재』 전 11권에서, 왕실인사가 직접적으로 시주자로 기록된 것은 물론, 상궁이 후원하고 왕실인사를 축원한 경우도 왕실후원으로 분류하여 정리해보면, 불화가 가장 많이 조성되었고 불상은 2점, 건물은 25동이 조성된 것을 알 수 있다. 이 중 불화는 27畵目의 174점이 확인되는데 가장 빈번하게 조성되었던 화목은 神衆圖이다.

2) 손신영, 「19세기 불교건축의 연구-서울・경기지역을 중심으로」(동국대학교대학원 미술사학과 박사학위청구논문, 2006), pp.146～164.

3)『承政院日記』 高宗 17년 10월 10日(乙巳)

4) 현재의 계룡산 중악단(보물 제1293호)은 정면 3칸, 측면 3칸의 다포형식 건물로, 1881년(고종 18)에 재건된 것이다. 1.5m 높이의 석조기단 위에 서남향으로 지어진 이 건물은 불전과 유사하나, 실내의 어칸 뒤쪽에 조성된 단 위에 산신의 위패가 봉안되어 있다. 2000년 보수공사 당시 발견된 상량문을 통해 왕실후원으로 지어진 바가 알려졌다. 문화재청, 『계룡산 중악단 정밀실측조사보고서』 (2014), pp.60～65.

5)『承政院日記』 高宗 元年 10월 5日(壬申); 高宗 元年 11월 3日(更子). 史庫의 규모에 대해서는『官報』 제3191호 光武9년(1905) 7월 14일 참조.

6)『承政院日記』 高宗 원년 11월 3日(更子) "覺華比安國較大矣空名帖四百張"

7)『高宗實錄』 5권, 高宗 5년 1월 25日(甲戌). 1898년에는 조선왕조 마지막으로 史庫守護 칙령을 내렸다.『官報』 제846호 광무 2년(1898) 1월 14일 칙령 제2호. 사고에 대한 마지막 지원은 1905년 7월 태백산 사고 재건이었다.『高宗實錄』 46卷, 高宗 42年 7月 11日[양력].

8)『承政院日記』 高宗 17年 11月 29日(癸巳).

9)『承政院日記』 高宗 16年 3月 25日(己巳), "咸興歸州寺去臘失火而此地此寺爲其守護聖址則不得不改建"

10) 「黎室記述」 太祖朝故事本末;『正祖實錄』 32卷, 正祖 15年 4月 17日(辛酉)

11) 태조가 조선을 개국하기 이전에 응진전을 세우고 오백나한재를 올렸다는 기록도 있다. 권상로 편,『한국사찰전서』上 p.981. 한편, 석왕사는 仁穆大妃, 仁元大妃, 貞純大妃 등이 戊申年마다 후원하여 중수되었다.『正祖實錄』 31卷, 正祖 14年 8月 21日(己巳).

12) 1398년(태조 7) 삼성재를 석왕사에서 지낸 이래로 1399년(정종 1)에는 석왕사와 금강산에서 보살재를 지냈다.『太祖實錄』 14卷, 태조 7年 8月 19日(壬戌);『定宗實錄』 1卷 定宗 1年 1月 3日(甲戌).

13)『正祖實錄』 31卷, 正祖 14年 8月 21日(己巳);『正祖實錄』 32卷, 正祖 15年 4月 17日(辛酉).

14)『正祖實錄』 32卷, 正祖 15年 5月 6日(庚辰).

15)『正祖實錄』 34卷, 正祖 16年 潤4月 24日(壬辰). 이처럼 숙종・영조・정조대에 석왕사에 지원이 잇따른 것은 시조인 태조에 대한 봉행하는 동시에 왕권과 그 정통성을 재정립하려는 의도로 보기도 한다. 김준혁, 「조선후기 정조의 불교인식과 정책」『중앙사론』 12・13집 (중앙대학교 중앙사학연구소, 1999), p.50.

16) 석왕사에 대한 왕실의 지원은 조선왕조가 일제에 의해 국권이 강탈당한 후에도 지속되었다. 즉, 석왕사에 봉안되어 있는 태조 고황제 龕室에서 올리는 탄신일과 四節日의 제향비용도 왕실에서 지원하였다.『純宗實錄』 附錄 3卷, 純宗 5年 3月 1日;『純宗實錄』 附錄 8卷, 純宗 10年 5月 15日 및 6月 2日.

17)『承政院日記』 高宗 3年 1月 3日(癸亥) "議政府啓曰卽見內需寺所報則以爲釋王寺龕宮正殿西邊城築崩頹於今秋潦雨不可不急速修築容入物力從便區劃爲辭矣本寺事勢與他自別不可不及今修葺空名帖三百張, 令該曹成出下送以補工役何如傳曰允"

18) 조영준, 「19세기 왕실재정의 운영실태와 변화양상」(서울대학교대학원 경제학과 박사학위청구논문, 2008), p.205.

19) 이 글의 '4) 금강산지역의 사찰' 참조.

20) 한국전쟁 이후 귀주사의 현황은 알려진 바가 없지만 귀주사 골짜기에 김일성의 지시로 함흥동물원이 건립되어 있다고 한다. 위키백과(http://ko.wikipedia.org) 참조.

21) 태조 이성계가 책을 읽던 귀주사 부속건물은 '귀주사 독서당'이라는 이름으로 존재했다. 『純祖實錄』 13卷, 純祖 10年 10月 16日(丁酉).

22) 이때 복구 후원명목이 '聖地守護'였다. 『高宗實錄』 16卷, 高宗 16年 2月 壬寅 "此寺爲其守護聖址"

23) 이철교 편, 「서울 및 근교 사찰지 ; 제5편 道峯山의 사찰」 『多寶』 통권14호(대한불교진흥원, 1995), p.23 栗峰門孫 友松, 「回龍寺重刱記」 "太祖卽位之七年 自咸興本營 還宮之日 訪王師無學于此 駐蹕延遲者有日矣 乃爲刱伽藍 額以回龍 爲記回鑾之意也"

24) 『承政院日記』 高宗 17年 10月 10日(乙巳).

25) 용주사에 대해서는 이 책의 2장 '화산 용주사의 배치와 건축' 참조.

26) 엄밀한 의미에서는 齋舍라 해야 한다. 조선시대 왕실의 능묘와 관련된 사찰은 陵寢寺・齋舍・造泡寺・造泡屬寺로 구분할 수 있다. 능침사는 능을 보호하는 사찰에 어실각이 세워진 곳, 재사는 능이 아닌 원이나 묘에 설치된 사찰에 어실이 세워진 곳, 조포사는 어실 없이 조포의 역만 담당하는 곳, 조포속사는 조포사를 금전적으로 보조하는 곳으로 살필 수 있기 때문이다. 탁효정, 「『廟殿宮陵園墓造泡寺調』를 통해 본 조선후기 능침사의 실태」 『조선시대사학보』 61(조선시대사학회, 2012), p.242.

27) 李王職 禮式課, 『廟殿宮陵園墓造泡寺調』, 昭和 25年(1930), p.60.

28) 『靖陵志』 "奉恩寺卽 造泡寺 寺造豆泡 以供陵寢之祭需故云 豆泡豆腐之俗名"

29) 『高宗實錄』 16卷 高宗 16年 11月 15日(甲申), "水原龍珠寺設置事體與他有異而今自內需司報請修補矣依已施之例空名帖限三百張成給以便始役如允之"

30) 『高宗實錄』 17卷, 高宗 17年 10월 10日(乙巳).

31) 조대비는 이해 1월 쭈한 완화군의 영가천도를 위해 화계사와 건봉사에 천금을 하사하였다. 안진호 편, 『三角山華溪寺略誌』 (삼각산화계사종무소, 昭和13年) pp.8~9, 「華溪寺冥府殿佛糧序」; 한국학문헌연구소 편, 『乾鳳寺及楡乾鳳寺本末史蹟』 p.36, 「金剛山乾鳳寺寺蹟及重刱曠章總譜」.

32) 유점사・장안사・신계사・표훈사를 꼽을 수 있다. 금강산 4大寺에는 신계사 대신 정양사를 넣기도 하지만 일제강점기 조선총독부의 31본산 체제 확립 이후 정양사는 표훈사의 말사가 되어 4대 사찰에서 제외되었다. 또한 장안사는 현존하지 않는다는 이유로 고성의 건봉사로 대체하기도 한다. 고영섭, 「금강산의 불교신앙과 수행전통」 『보조사상』 34집 (보조사상연구원, 2010), p.322.

33) 유점사는 일제강점기 조선총독부에서 정한 31본산 중 하나였으며 末寺 60여 곳을 관장했던 금강산 제일의 가람이었으나 한국전쟁 당시 전소되었다. 2018년 현재, 남북한 공동으로 복원이 추진되고 있다.

34) 한국학문헌연구소 편, 『楡岾寺本末寺誌』 (아세아문화사, 1977), pp.55~57, 「楡岾寺重刱記」. 이 記文에 언급된 刊記(1887)보다 記文을 쓴 시기(1884)가 빨라, 기록의 신빙성은 의문이지만, 기문을 쓴 東宣淨義와 그의 스승이자 1874년 정암사 수마노탑 중수 불사의 도화주를 맡았던 蘗庵西灝, 1870년 화계사 대웅보전 중건을 주관했던 草菴基珠 등이 모두 유점사 소속이었음을 알 수 있다.

35) 이 당시 왕실은 공식 후원은 물론 비공식적으로도 후원하였고 영의정・병조판서 등 고위 관리들도 백금 이상의 액수를 후원하였다. 한국학문헌연구소 편, 『乾鳳寺本末事蹟』 (아세아문화사, 1977), p.10.

36) 고종・명성황후・세자(순종)

37) 역대 왕비들의 후원이 이어졌다는 점은 건봉사에서의 기도가 영험하다는 믿음에서 비롯된 것으로 보인다.

38) 정조에 의해 사도세자의 묘인 현륭원의 원당으로 지정되어, 1789년 공명첩 3백 장과 왕실의 내탕금으로 원불전과 어향각이 신건 되었다. 이후 1828년에는 공명첩 5백 장, 1835년에는 공명첩 3백 장을 하사받았다. 한국학문헌연구소 편, 『楡岾寺本末寺誌』 「神溪寺誌」, pp.203~205.

39) 이에 신계사에서는 김규복의 공덕비를 건립하였다. 한국학문헌연구소 편, 위의 책, p.205.

40) 이때 어향각은 2동이 있었는데 하나는 龍船殿으로 10평 4합이고 다른 하나는 별칭 없이 5평 6합이므로, 공명첩이 지급되기 전에 願堂사찰로 지정되어 있었던 것으로 보인다. 한국학문헌연구소 편, 위의 책, pp.216~217.

41) 한국학문헌연구소 편, 『楡岾寺本末寺誌』「長安寺誌」, p.302.

42) 『正祖實錄』 44卷, 正祖 20년 6월 10日(甲申) 및 正祖 20년 8월 25日(丁酉).

43) 이때 化主가 比丘尼라는 점이 주목된다. 한국학문헌연구소 편, 위의 책, 「表訓寺誌」, p.594.

44) 31본산 시대에 楡岾寺의 말사였다. 조선시대에는 태종 · 문종 · 세조 · 성종 · 인종 · 명종 · 선조 · 인조 · 효종 등 9명의 왕이 어필을 하사한 바 있다. 1523년(중종 18)에 중창되었는데, 1718년(숙종 44)에 淸溪禪師가 신일리에 있던 이 절을 현 위치로 옮겨 오면서 용공사라고 편액하였다. 1860년(철종 11)의 산불로 법당 5동과 요사 8채가 완전히 소실되었는데, 金始淵이 內帑金 1만 5000냥을 얻어와 중건하였다. 현존하는 불전은 極樂寶殿 · 靈山殿 · 海藏殿 · 蓮樓殿 · 御室閣 · 山神閣 · 下別堂 · 養老堂 등이 있다. 『한국민족문화대백과사전』 참조.

45) 『데국신문』 1901년 6월 8일자 2면 "僧徒不義"라는 제목의 기사에 "통천군 용공사는 경우궁 위축원당"이라 되어 있다. 경우궁은 순조의 생모인 綏嬪朴氏의 제사를 봉행하는 곳으로 내탕의 기능이 있던 4궁(수진 · 명례 · 어의 · 용동)과 달리 제사만을 위해 설립된 祭宮이었다. 조영준 앞의 논문, pp.27~32.

46) 건물에 대한 구체적 고찰은 Ⅲ장의 2절 참조.

47) 林錫珍原著 · 古鏡改正編輯, 『曹溪山 松廣寺誌』(도서출판송광사, 2001), pp.52~56. 성수전은 현재 관음전으로 활용되고 있다.

48) 현재 고운사에는 「慶尙北道義城郡膽雲山孤雲寺祝釐殿願堂重建祝願文」을 비롯하여 1902년의 「耆老所先生案」 2건과 이와 다른 기로소 문서 2건, 1903년의 연수전 기문 현판, 1904년의 기로서 문서와 <延壽殿> 편액 등 총 10점의 관련 기록이 소장되어 있다. 문화재청 · 불교문화재연구소 편, 앞의 책 (2008) pp.323~326; 이용윤 「조선후기 사찰에 건립된 기로소 원당에 관한 고찰」 『佛敎美術史學』 3권 (불교미술사학회, 2005), pp.193~197.

49) 소격서가 혁파된 이후 왕자탄생발원은 불교사찰의 칠성각에서 행해졌는데, 京城의 사찰 대부분에는 궁중기도를 위해 칠성각이 조성되었다고 전해진다. 문화재청 · 불교문화재연구소 편, 『한국의 사찰문화재-서울 자료집』 (2013), p.165, 「京畿右道楊洲牧地三角山興天寺七星閣重刱丹雘記文」

50) 『純宗實錄附錄』 17卷, 純宗 19년 6월 11일. 순종황제의 誌文. 궁중 발기에도 남대지가 들어 있다.

51) 철종대 왕자탄생발원은 1860년 남해 화방사의 <阿彌陀會上圖> 및 <神衆圖>의 화기를 통해 확인할 수 있다. 문화재청 · 불교문화재연구소 편, 『한국의 사찰문화재-경상남도Ⅰ자료집』 (2009), pp.217~218.

52) 문화재청 · 불교문화재연구소 편, 『한국의 사찰문화재-인천광역시 · 경기도자료집』 (2012), p.275, 「古靈山普光寺上祝序」

53) 문화재청 · 불교문화재연구소 편, 위의 책 (2012), pp.226 <七星圖>, <獨聖圖>, <山神圖> 書記.

54) 화기에 "主上殿下壽萬歲 王妃殿下壽齊年 世子邸下願誕生 諸宮宗室各安室滿朝文武"라고 하여 왕자탄생 기원을 목적으로 조성한다는 것을 노골적으로 드러냈다. 문화재청 · 문화유산발굴조사단 편, 『한국의 사찰문화재-광주광역시 · 전라남도 자료집』 (2006), p.216. 단 흥선대원군의 이름이 없어, 고종과 명성황후의 주도로 이루어진 것으로 보인다.

55) 이때 명성황후의 후원으로 조성된 송광사 축성전에는 고종과 명성황후 · 세자의 탄신일에 불공을 올리기 위해 삼전의 위패가 봉안되었다. 그러나 1902년 기로소원당이 경내에 봉설되자 명맥만 유지하다 1909년 심검당이 보통학교 건물로 활용되면서 33위의 조사도가 축성전에 이안되어, 축성전은 조사전으로 바뀌었다가 소실되었다. 林錫珍原著 · 古鏡改正編輯, 위의 책, pp.51~52.

56) 최길성, 「한말의 궁중풍속」 『한국민속학』 제3집(한국민속학회, 1970), p.66. 위축기도를 봉행한 곳은 關王廟 · 佛敎寺刹 · 巫神堂 · 巫女家 등이다. 이들 발기는 시기가 명기되어 있지는 않지만 "7월탄일발기 · 2월탄일발

기・正朝발기・10월발기”라는 제목을 통해, 7월의 고종탄신일, 2월의 순종탄신일, 正初(설날), 10월의 명성황후 탄신일이 기념되었던 것을 알 수 있다.

57) 이를 명산대천과 신당에서 이루어진 발기와 비교해보면, 고종과 명성황후를 위해서는 근기지역의 사찰에서, 순종을 위해서는 전국의 명산대천에서 기도했음을 알 수 있다. 최길성, 위의 논문, pp.71～76.

58) 고종・명성황후・태자(순종)의 만수무강을 축원하는 三殿祝爲所가 해인사와 송광사에 세워졌다. 해인사에서는 1892년(고종 29) 梵雲就堅과 統制使 閔炯植의 주선으로 세워진 景洪殿이, 송광사에서는 1886년 세워진 축성전이 해당된다. 해인사의 경홍전은 진영전으로 현존하지만, 송광사의 축성전은 소실되고 없다.

59) 고종・명성황후・세자를 기원하기 위해 1895년 도성 밖 홍제원의 미륵당 뒤에 절을 세우고 ‘홍경사’라 명명한 곳도 있다. 황수영, 「홍제동 사현사지 5층 석탑」『향토서울』 11, (서울특별시사편찬위원회, 1961); 『황수영전집』 3 (혜안 1998), pp.178～183.

60) 명성황후는 불사 후원 외에, 명산대천과 무녀신당・성황당 등에도 기도하였던 것이 확인된다. 최길성, 앞의 논문, pp.71～76. 명성황후가 세자를 위해 명산대천에 기도를 드리는데 독경하는 소경과 무당이 횡행하였다는 것은 황현 지음・임형택 외 옮김, 『역주 매천야록』 上 (문학과지성사, 2006), p.138에도 언급되어 있다.

61) 중전의 사적 재산인 명례궁의 예산이 19세기 중후반 이후 갈수록 줄어 적자였다는 점이 이를 입증한다. 조영준, 앞의 논문, pp.201～205.

62) 황현 지음・임형택 외 옮김, 위의 책, pp.138～139.

63) 『황성신문』 1900년 9월 6일자 “상주군 김룡사 승도가 내부에 증소하되 본사는 명성황후의 원당이라. 향수비를 해마다 내려주더니 지금은 향수비가 부족하니 본군 소재 국유지를 향수비로 이용케 함을 청하였다”

64) 상궁들의 불사후원도 先亡한 친정 식구들을 위한 경우가 많았다.

65) ‘5장 서울 돈암동 흥천사의 연혁과 시주’의 주56) 참조.

66) 문화재청・불교문화재연구소 편, 앞의 책, p.211, 「楊州水落山興國寺十王殿重修記」

67) 문화재청・불교문화재연구소 편, 『한국의 사찰문화재- 서울 자료집』 (2013), p.102, 「十王圖; 第二初江大王・第四五官大王」

68) 북한의 국보문화유물 제42호로 평안북도 향산군 향암리, 묘향산의 상원암 뒤편에 자리한 축성전은 명성황후가 왕자탄생을 발원한 기도처였다. 1875년 왕자가 태어나자 불상을 봉안하고, 정기적으로 기도를 봉행하였으며 1881년에는 건물을 새로 짓도록 했다. 이러한 사실은 대한불교조계종 민족공동체추진본부, 『북한의 전통사찰2-평안북도上』 (양사재, 2011), p.235에 실려 있는 <祝聖殿記> 현판 사진을 통해 알 수 있다. 사진을 통해 파악되는 바를 채록한 全文은 다음과 같다. “祝聖殿記 禱於尼而聖人生 祝於華而聖人壽史氏所謹書而我東之香山足可與尼華□也 何者粤在辛壬自 大內遣宮人虎(?)禱于此甲戌 世子誕降乙亥故 相國李公裕元以奏請使奉來 皇命所(?)賜長壽佛安安(?)于此山山之僧靜禧拜佛轉經其誠可嘉逮夫 辛巳知府 沈公相薰以 內下錢八千緡?殿于上院之後 龍角之東買(?)福田築天香 己丑觀察使閔公泳駿以一千緡買土助享 今余□□一千金買置(?)位沓以爲課歲補□之資漢歌之重光?潤周雅之知同(?)如陵豈特專義於古也?藉(?)惟李相之奉佛以來 沈公之構殿以成 閔公之買土以付 今余之捐(?)慶(?)以組與(?)魯庚寅八月下 □知府李□澈(?)謹識”

69) 『皇城新聞』 1900년 6월 15일자 2면; 『皇城新聞』 1900년 11월 9일자 2면 2단 雜報 ‘大部檀越’; 한국학문헌연구소 편, 『奉先本末寺誌』 (아세아문화사, 1978), 「守國寺志」, p.232; 손신영, 「수국사의 역사적 추이와 배치」 『강좌미술사』 30호 (사.한국미술사연구소・한국불교미술사학회, 2008), pp.306～309. 고종이 새로 지어준 불전은 모두 훼철되어버리고 현재는 새로 조성된 불전들만 배치되어 있다.

70) 『동아일보』 1966년 2월 19일자, 「절에서 쫓겨난 구순의 노승」 ; 손신영, 「남양주 흥국사의 만세루방 연구」 『강좌미술사』 34호 (사.한국미술사연구소・한국불교미술사학회, 2010), pp.254～256.

71) 손신영, 「흥천사와 화계사의 건축장인과 후원자」 『강좌미술사』 26호(사.한국미술사연구소・한국불교미술사학회, 2006), pp.423～445.

72) 문화재청・불교문화재연구소 편, 앞의 책(2013), p.90 「京畿左道廣州修道山奉恩寺華嚴版殿新建記」

73) 한국학문헌연구소 편, 『楡岾寺本末寺誌』, 「石臺庵爲祝施錄」, pp.638~639. 시주자는 철종·철인왕후·신정왕후 3인이다.

74) 한국학문헌연구소 편, 위의 책, 「石臺庵重修檀越記」, pp.637~638. 이 기록을 통해 편수 침계민열을 비롯한 30인의 장인이 일한 것을 알 수 있다.

75) 손신영, 「19세기 불교건축의 연구-서울·경기지역을 중심으로」(동국대학교대학원 미술사학과 박사학위청구논문, 2006), p.66. 1866년 화계사 중창 당시 ㄱ자 평면에 1자 평면이 부가된 ㅓ자형 평면의 대방을 지은 후 이와 같은 평면과 기능의 불전을 이후 불전 조성에 적용했을 가능성이 있기 때문이다. 문경 대성암 인법당의 경우가 그 사례에 해당되지 않을까 한다.

76) 한국학문헌연구소 편, 『乾鳳寺及楡乾鳳寺本末史蹟』 p.36, 「金剛山乾鳳寺寺蹟及重刱曠章總譜」 '敏悅率徒數百'

77) "都匠의 지혜를 바다같이 익혔다"거나 "理判과 事判을 겸찰하였다"는 평가를 받았는데 「說禪堂重修上樑文」에 "枕溪禪敏悅"이라 언급된 것을 보면, 승장으로 활동하면서 출가사문으로서의 수행도 게을리하지 않았던 것으로 보인다. 도윤수·한동수, 「17~19세기 김룡사의 불사 관련 기록물 현황과 영건활동」 『건축역사연구』 22권 5호 (한국건축역사학회, 2013), p.20.

78) 1880년 왕실의 최고위층 인사들이 김룡사를 후원하였지만 명성황후의 원당이었음을 구체적으로 입증하는 자료는 전하지 않는다. 다만, 1900년 9월 6일자 『황성신문』에 '김룡사가 명성황후의 원당이므로 제사에 드는 비용 즉 享受費를 요청했다'는 기사를 보면 비공식 원당이었음을 짐작할 수 있다.

79) 침계민열의 행장은 알 수 없으나 <표 3>에 정리한 바와 같이 1856년부터 1893년까지 약 37년간 지속적으로 활동했던 바는 파악할 수 있다. 또한 유점사에 진영이 있다는 기록이 있어 유점사와 관계를 형성하고 있었던 것으로 보인다. 한국학문헌연구소 편, 『楡岾寺本末寺誌』, p.42. 그러나 1893년 해인사 경홍전 건축 당시 기록인 「樑間錄」에 "尙州 金龍寺釋"이라 언급된 것을 보면 김룡사 소속이었음은 분명하다. 李智冠 編著, 『伽倻山 海印寺誌』 (伽山文庫, 1992), pp.175~176.

80) 해인사 불사는 梵雲就堅과의 관계로 참여한 것일 수도 있다. 침계민열과 범운취견은 이미 1866년과 1870년의 화계사 중창 및 대웅보전 중건 불사와 1879년의 건봉사 중건불사, 1880년 김룡사의 여러 불화조성 불사 등에 동참한 경험이 있기 때문이다.

81) 김룡사에 전하는 1858년 <地藏圖>의 證師, 1867년의 「應香閣重修記」, 「華藏庵重修記, 1868년의 「華藏庵中壇佛事記」, 1870년의 「說禪堂重修上樑文」, 「萬歲樓房重創上樑文」, 1874년의 「尙州雲達山雲峰寺天王門重修上樑文」 등을 모두 기록하였다. 문화재청·불교문화재연구소 편, 『한국의 사찰문화재-경상북도Ⅱ 자료집』 (2008), pp.182~198.

82) 수락(흥국사?)에서 쉬고 있는데 기허장로가 글을 청해 와서 쓴다고 하며 자신을 '嶠南山人'으로 적었다. 安本震湖 編, 『終南山彌陀寺略誌』 (彌陀寺, 昭和18), p.2 「終南山彌陀寺無量殿初刱期」 "晩發子長之餘興秋臨 曰雲春遊水落忘歸苦捿騎虛長老請余拙文"

83) 「水瑪瑙寶塔重修誌」에는 '四佛歸客'으로, 「寶塔重修有功記」에는 '龍山歸客'으로 기록되어 있다. 『江原道旌善郡太白山淨巖寺事蹟』(1874) 참조.

84) 문화재청·불교문화재연구소 편, 앞의 책 (2013), pp.165~166, 「興天寺寮舍重創記文」

85) 1874년의 <수마노탑지석> 제3석에 7인의 승려와 함께 증명으로 기록되어 있다. 손신영, 「정암사 수마노탑 탑지석 연구」 『문화재』 vol47. no.1 (국립문화재연구소, 2014). p.121 및 p.126.

86) 김룡사의 宗正을 지내고 山中宗師였다는 점을 고려하면, 喚惺志安을 이은 括虛取如의 법맥과 학문 전통을 계승한 學僧임을 알 수 있다. 한편, 그의 진영 <先師景雲堂大禪師以祉>가 양진암에 봉안되어있다는 기록이 있으나 실제 작품은 전하지 않는다. 손신영 위의 논문, p.121; 문경시, 『운달산 김룡사』 (2012) p.82.

87) 지관스님이 편찬한 『海印寺誌』와 『한국의 사찰문화재 - 경상남도Ⅰ 자료집』에는 梵雲就堅의 眞影이 <修禪社創建大化主梵雲就堅之眞>과 <重創大化主梵雲堂大禪師就堅眞影> 두 점이 전한다고 되어있으나 해인사에서 진영을 정리하여 편찬한 『海印叢林 歷代高僧眞影』(해인사성보박물관, 2012)에는 <重創大化主梵雲堂大禪師就堅眞影> 한 점만 수록되어 있다. 현재 이 진영은 해인사성보박물관에 소장되어 있고, 景洪殿이었다가 바

뀐 眞影殿에는 복사본이, 다른 진영의 복사본과 함께 봉안되어 있다. 李智冠 編著, 앞의 책, pp.772~774; 문화재청·불교문화재연구소 편, 앞의 책 (2009) p.300.

88) 李智冠 編著, 앞의 책, pp.714~716에 채록된 <梵雲大師碑銘並序>(1893)과 <梵雲大師紀功碑銘並序>(1901) 참조. 이 두 비는 해인사 일주문 들어가는 길목 왼편의 비림에 세워져 있다.

89) <梵雲大師紀功碑銘並序>(1901)에는 화계사 스님 범운대사의 해인사에서의 이력이 정리되어 있다. 즉, 1888년 서울에서 내려와 해인사 장경각의 낡고 기울어진 상황을 고종에게 상달하여 내탕금으로 대법당과 여러 법당을 수리할 수 있게 해주었고, 1889년에는 산내 암자들을 수리할 수 있게 하였으며 1890년에는 단청불사를 하게 해주었다. 1891년에는 三殿祝釐所 설치와 四山에 封해줄 것, 명례궁의 香炭과 합천군의 잡역 면제를 왕실에 요청하였다. 그 결과 1892년에 축성전이 세워졌다. 1896년에는 主佛幀과 八相幀이 조성되도록 하고, 1897년에는 星州 龍起寺의 삼존상을 대법당으로 이운하였다. 1898년에는 위로는 명성황후를 위하고 아래로는 백성을 위한다는 명목하에 대장경 인경을 주청하였다. 그 결과 이듬해인 1899년 봄, 궁내부 대신 李載純, 시종원 奉侍 姜錫鎬, 상궁 최씨 등이 왕명을 받들어 내려오자 대장경을 인경하여 4부를 만들어 해인사·통도사·송광사 등에 보관하도록 하고, 무차대회를 열었으며 장경각 옆에 선실을 세워 聖壽기원과 禪수행을 함께 하도록 하였다. 李智冠 編著, 앞의 책, pp.714~716.

90) 손신영, 앞의 논문(2014), p.122.

91) 1884년 예천 용문사에 조성된 <영산회상도>, <십육나한도>, <시왕도> 등 6폭의 불화와 십육전 및 명부전을 개채하고 단청하는 불사의 화주도 범운취견이 맡았는데 모두 상궁들의 후원으로 이루어졌다. 또한 1892년 해인사에 조성된 <괘불도>와 <팔상도> <조사도> 등의 조성에도 범운취견이 화주를 맡고 여러 상궁들이 후원하였다. 문화재청·불교문화재연구소 편, 앞의 책(2008), p.290 및 p.293; 문화재청·불교문화재연구소 편, 앞의 책(2008), pp.296~299.

92) 덕수궁 선원전 권역에 조성되어 있던 흥복전일 가능성도 있지만, 戊辰이라는 간기를 고려해보면 1926년에 해당한다. 이때는 일제에 의해 황실의 재산이 모두 빼앗긴 상태라 명례궁이라 적시할 수 없다고 판단되므로 경복궁 흥복전이라 보았다.

93) 『高宗實錄』 4卷, 高宗 4年 8月 18日(戊戌). 경복궁 흥복전은 조선전기 기록에는 보이지 않고 조선후기 <북궐도형>과 『궁궐지』 등에 기록이 있어, 고종년간 신정왕후를 위해 중건된 것으로 추정되고 있다. 고종의 친정기 들어서는 내각회의를 개최하거나 외국공사를 접견하기도 했고 경연장소·양로연장·명성황후에게 존호례 올리는 장소 등으로 활용되었으며, 1890년(고종 27)에는 신정왕후가 昇遐한 곳이다. 즉, 신정왕후를 위해 조성된 사적공간이지만, 격식을 갖춘 공간이었기에 규모 있는 행사를 치르는 장소로 활용된 것으로 보인다. 그러나 1917년 화재로 소실된 창덕궁을 복구한다는 이유로 이 일대를 철거하면서 훼철된 것으로 보인다. 국립문화재연구소, 『경복궁 흥복전지발굴조사보고서』(2008), p.19.

94) 『讀經定例』(奎 19296)는 조선말기 궁중에서 행한 독경행사의 소요비용과 그 내역을 살필 수 있는 자료로, "興福殿中經所入·地神經所入·竈王經所入·回餉經所入·雜下·(都已上), 經所用鍮器皿還庫入·三壇禮緞·當主例給" 등이 차례로 수록되어 있다. 이중, '興福殿中經所入'에는 衣襨·命銀代錢·命錢·命絲·命匙·鉢里·命米·禮緞·芙蓉香·黃燭·七色剪紙·狀紙·白席 등의 價額과 油果·正餅·甑餅·銀切餅·三色膏餅·油藿·豆泡灸·片豆泡·豆泡湯·隅豆泡·位上飯·胡椒茶·三色細實果·五色皮實果·七色皮實果·香水·經床下設·成造餅·爐口飯一爐口·上壇馬粮·客床·經床排設 등의 所入 내역이 차례로 실려 있다. "궁중에서 승려를 불러 독경하는 데 쓰인 物目을 적은 책"이라 정의되고 있으나, '回餉經所入'에 "牛頭·牛臀·陽支頭·文魚·大口魚" 등이 기록되어 있어 불교식의례로 보기는 어렵다. 서울대학교 규장각한국학연구원(http://kyujanggak.snu.ac.kr) 『讀經定例』해제 참조.

95) 『高宗實錄』 30卷, 高宗 30年 8月 21日(庚午).

96) 이 세 사람이 참여한 불사의 양상을 정리해보면 왕실후원 불사의 한 전형이 파악될 것으로 보이지만 이들이 동시에 참여한 불사는 아직 확인하지 못하였다.

97) 북한지역의 사찰이라 사진자료를 통해 분석할 수밖에 없는 한계가 있다. 묘향산 보현사에 대해서는 『妙香異蹟』 (필사본, 연세대학교 국학자료실 소장)을 통해 규모를 대략적으로 파악할 수 있으나 축성전에 대한 기록

은 없다. 축성전 사진은 대한불교조계종총무원, 『북한의 건축문화재』 2006, pp.120~125 및 대한불교조계종 민족공동체추진본부, 앞의 책, pp.228~257 참조.

98) 2000년 5월 철거되어 버려 현재 <도 3>의 모습은 볼 수 없다. 손신영, 「19세기 근기지역 대방건축 연구」 『회당학보』 10집 (회당학회, 2005), pp.259~216.

99) 1398년 태조가 이곳에 행차하여 기도한 후 천축이라 사액하였고 1470년 왕실의 후원으로 중창되었다고 전해지는데 기록은 없다. 이철교 편, 앞의 글, pp.16~20, 「天竺寺誌」; 문화재청・불교문화재연구소 편, 앞의 책(2013), p.116.

100) 남양주 견성암 대방도 정면은 겹처마, 측면과 배면은 홑처마로 구성되어 있다.

101) 휘지 않은 긴 부재를 사용할 수 있었기에 가능한 결구인데, 긴 부재를 손쉽게 구할 수 있었던 지역의 특징이 아닐까 한다.

102) 경상남도유형문화재 제329호. 1892년(고종 29) 三殿祝爲所로 세워졌을 당시에는 <景洪殿>이라는 편액이 걸려있었으나 1946년에 개칭되어 <經學院>이라는 편액이 걸리게 되었다. 이후, 1968년에 성철스님이 化主를 맡아 중수하고 1969년부터 高僧들의 眞影을 봉안하였다가, 1975년부터 승가대학 도서관으로 사용되는 동안까지 '경학원'이라 하였다. 현응스님이 주지를 맡았던 2007년 들어 보수된 후, <眞影殿> 편액이 걸리고 역대 고승의 진영 복사본이 봉안되어 있다. 이는 李智冠 編著, 앞의 책, pp.175~176을 참조하여 2014년 5월 해인사 원감 원창스님과의 대담내용을 정리한 것이다.

103) 기로소원당으로 세워진 송광사 성수전과 고운사 연수전의 건축과정에 대해서는 Ⅱ장 5절 참조.

104) 이지관 편저, 앞의 책, pp.175~176. 경홍전 맞은편에는 현재 적묵당이 들어서 있는데, 1989년 들어 수월문이 있는 행랑채를 비롯한 4동을 헐고 세운 것이다. <도 6-2>의 배치도는 1989년 변경된 이후의 모습이지만 현재의 상황이 담겨 있는 1992년 실측도면과도 달라 비교적 원형이 간직된 것으로 볼 수 있다.

참고문헌

- 사료 -

『景慕宮儀軌』

『大典會通』

『讀經定例』(奎 19296)

『文孝世子墓所都監儀軌』

『梵宇攷』

『妙香異蹟』(필사본, 연세대학교 국학자료실 소장)

『備邊司謄錄』

『三國遺事』

『釋王寺 史料』(국사편찬위원회 소장)

『承政院日記』

『新增東國輿地勝覽』

『日省錄』

『朝鮮王朝實錄』

『海東佛祖源流』

『顯隆園園所都監儀軌』

『弘齋全書』

『江原道旌善郡太白山淨巖寺事蹟』

李王職 禮式課,『廟殿宮陵園墓造泡寺調』, 1930

- 사전류 -

고경스님 校勘・송천스님 外 編著,『韓國의 佛畫 畫記集』, 성보문화재연구원, 2011

국립문화재연구소 편,『한국 역대 서화가 사전』, 상・하, 2011

김왕직,『알기 쉬운 한국건축용어사전』, 동녘, 2007

한국정신문화연구원 편찬부 편,『한국민족문화대백과사전』, 1997

- 도록 · 보고서 · 자료집 -

강원도, 『강원도 중요목조건물 실측조사보고서』, 1988
경기도, 『경기도지정문화재 실측조사보고서』, 1989
경기도, 『경기도 지정문화재 실측조사보고서』 上 · 下, 1996
경기도, 『경기도 지정문화재 실측조사보고서』, 1997
국립문화재연구소, 『경복궁 흥복전지 발굴조사보고서』, 2008
대한불교조계종 민족공동체추진본부, 『북한의 전통사찰2 평안북도』上, 양사재, 2011
대한불교조계종 흥천사 · 미술문화연구소, 『조선 왕실사찰 흥천사의 역사와 문화재』, 2017
대한불교조계종 총무원, 『북한의 건축문화재』, 2006
대구광역시, 『동화사 대웅전 문화재 수리보고서』, 2007
문화부 · 문화재관리국 편, 『上樑文集: 補修時 發見된 上樑文』,문화재관리국, 1991
문화재청, 『계룡산 중악단 정밀실측조사보고서』, 2014
문화재청, 『부석사 조사당 수리 · 실측조사보고서』, 2005
문화재청, 『부안 내소사 대웅보전 정밀실측조사보고서』, 2012
문화재청, 『불영사 대웅보전 실측조사보고서』, 2000
문화재청 · 불교문화재연구소 편, 『한국의 사찰문화재-경상남도Ⅰ 자료집』, 2009
문화재청 · 문화유산발굴조사단 편, 『한국의 사찰문화재-경상북도Ⅱ 자료집』, 2008
문화재청 · 불교문화재연구소 편, 『한국의 사찰문화재-경상남도 Ⅲ 자료집』, 2011
문화재청 · 문화유산발굴조사단 편, 『한국의 사찰문화재-광주광역시 · 전라남도 자료집』, 2006
문화재청 · 문화유산발굴조사단 편, 『한국의 사찰문화재-대구광역시 · 경상북도Ⅰ 자료집』, 2007
문화재청 · 불교문화재연구소 편, 『한국의 사찰문화재-부산광역시 · 울산광역시 · 경상남도Ⅱ 자료집』, 2010
문화재청 · 불교문화재연구소 편, 『한국의 사찰문화재- 서울특별시 자료집』, 2013
문화재청 · 불교문화재연구소 편, 『한국의 사찰문화재-인천광역시 · 경기도 자료집』, 2012
문화재청 · 문화유산발굴조사단 편, 『한국의 사찰문화재-전라북도 · 제주도 자료집』, 2003
문화재청 · 문화유산발굴조사단 편, 『한국의 사찰문화재-충청남도 · 대전광역시 자료집』, 2004
문화재청 · 문화유산발굴조사단 편, 『한국의 사찰문화재-충청북도 자료집』, 2006
서울특별시, 『興天寺 實測調査報告書』, 1988
선우도량 · 한국불교근현대사연구회, 『한국불교 근현대자료집Ⅰ—신문으로 본 한국불교 근현대사』상 · 하, 1995
————————————, 『한국불교 근현대자료집Ⅱ—신문으로 본 한국불교 근현

대사』상・하, 1995
속초시・(사)한국미술사연구소 편, 『속초 신흥사 극락보전・경판 학술조사보고서』, 2015
임석정, 『한국의 불화33-奉先寺 本末寺篇』, 성보문화재연구원, 2004

- 단행본 -

강우방・김승희, 『감로탱』, 예경, 1995
강영환, 『새로 쓴 한국주거의 역사』, 기문당, 2002
경기문화재단, 『華城城役儀軌』, 2005
林錫珍 原著・古鏡 改正編輯, 『조계산 송광사지』 도서출판 송광사. 2001
국학진흥사업추진연구회 편, 『臥遊錄』, 한국정신문화연구원, 1997
권상로, 『韓國寺刹全書』 上・下, 동국대학교출판부, 1979
김동욱, 『한국건축의 역사』, 기문당, 2007
金守溫, 『拭疣集』, 한국문집 총간9, 민족문화추진회, 1990
김영태, 『韓國佛教史概論』, 경서원, 1986
김정동, 『고종 황제가 사랑한 정동과 덕수궁』, 발언, 2004
金祖淳 外, 『楓皐集・荷屋遺稿・思潁詩文抄』, 보경문화사, 1986
金昌翕, 『三淵集』 1~3, 민족문화추진회, 1996
김희태・최인선・양기수 공역, 『역주 보림사 중창기』, 장흥문화원, 2001
南錫和 等編, 『蔚珍郡誌』, 刊寫者未詳, 1939
東國大學校 佛典刊行委員會 編, 『韓國佛教全書 第9册-朝鮮時代篇 3』, 東國大學校出版部, 1988
문경시, 『운달산 김룡사』, 2012
문명대 外, 『지장암』, 한국미술사연구소, 2010
문명대 外, 『흥천사 사십이수 천수천안관음보살상의 재조명』 사)한국미술사연구소, 2015
박경립, 『한국의 건축문화재 3- 강원편』, 기문당, 1999
박기수, 『華城誌-조선시대 사찬읍지 제11책』, 한국인문과학원, 1989
박상국, 『전국 사찰소장 목판집』, 문화재관리국, 1987
박종채 저・김윤조 역주, 『譯註 過庭錄』, 태학사, 1997
사찰문화연구원, 『전통사찰 총서 2- 강원도 2』, 1992
사찰문화연구원, 『전통사찰 총서 3 - 경기도Ⅰ』, 1993
사찰문화연구원, 『龍珠寺』, 1993
서울특별시사편찬위원회 편, 『서울사료 총서 제3- 宮闕志』, 檀紀4290(1957)

신대현, 『한국의 사찰 현판』 1·2, 혜안, 2002
신대현, 『천축산 불영사』, 대한불교진흥원, 2010
안진호 편, 『三角山華溪寺略誌』, 삼각산화계사종무소, 昭和13年(1938)
안진호 편, 『종남산 미타사략지』, 미타사, 1942
염영하, 『韓國 鐘 硏究』, 한국정신문화연구원, 1988
오경후·지미령, 『신흥사』, 활불교문화단, 2012
應雲空如 著·이대형 옮김, 『응운공여대사 유망록-한글본 한국불교 전서 조선22』, 동국대출판부, 2014
李能和, 『朝鮮佛敎通史』, 新文館, 1918
李智冠 編著, 『伽倻山 海印寺誌』 伽山文庫, 1992
이현진, 『조선후기 종묘 전례 연구』 일지사, 2008
장경호, 『한국의 전통건축』 문예출판사, 1996
정병삼 外, 『추사와 그의 시대』 돌베개, 2002
정해득, 『정조시대 현륭원 조성과 수원』, 신구문화사, 2009
조선총독부, 『朝鮮寺刹史料』 上·下, 朝鮮總督府內務部地方局, 1911
최선일·여학 編·도해 譯·고경 監修, 『울진 천축산 불영사 문화집』, 온샘, [근간예정]
최영은 역주, 『詩經精譯』 上, 좋은땅, 2015
최완수, 『사찰순례』 3, 대원사, 1995
崔致遠 著·李佑成 校譯, 『新羅 四山碑銘』 아세아문화사, 1995
한국문화재보호협회, 『동궐도』, 1992
민족문화추진회 편, 『標點影印 한국문집총간』 259, 한국민족문화추진회, 2000
한국불교전서간행위원회 편, 『한국불교전서』 제9책, 동국대학교출판부, 1988
한국학문헌연구소 편, 『乾鳳寺本末事蹟·楡岾寺本末寺誌』, 아세아문화사, 1977
한국학문헌연구소 편, 『佛國寺誌』, 아세아문화사, 1983
한국학문헌연구소 편, 『傳燈本末寺誌·奉先本末寺誌』, 아세아문화사, 1978
한보광, 『신앙결사연구』, 여래장, 2000
한영우, 『조선의 집 동궐에 들다』, 효형출판, 2006
황수영, 『황수영전집』 3, 혜안 1998
황현 著·임형택 譯, 『譯註 梅泉野錄』 상·하, 문학과지성사, 2005
허영일 外, 『純祖朝 演慶堂 進爵禮』, 민속원, 2009
烱埈 編, 『海東佛祖源流』 常·樂·我·淨, 불서보급사, 1978

- 학위논문 -

김성노, 「조선시대 말과 20세기 전반기의 사찰건축 특성에 관한 연구」 고려대학교대학원 박사학위청구논문, 1999

김순아, 「조선시대 궁궐건축 침전의 내부 공간 구성 특성에 관한 연구」, 홍익대학교대학원 석사학위청구논문, 1999

배한선, 「연경당・낙선재・운형궁의 건축특성 연구」 이화여자대학교대학원 석사학위청구논문, 2003

손성필, 「16세기 조선의 불서간행」 동국대학교대학원 석사학위청구논문, 2007

손신영, 「19세기 불교건축의 연구-서울・경기지역을 중심으로」, 동국대학교대학원 박사학위청구논문, 2006

양윤식, 「조선중기 다포계 건축의 공포의장」 서울대학교대학원 박사학위청구논문, 2000

유경희, 「조선 말기 왕실발원 불화 연구」 한국학중앙연구원한국학대학원 박사학위청구논문, 2015

조영준, 「19세기 왕실재정의 운영실태와 변화양상」 서울대학교대학원 박사학위청구논문, 2008

탁효정, 「조선시대 왕실원당 연구」, 한국학중앙연구원한국학대학원 박사학위청구논문, 2010

- 연구논문 -

김덕진, 「동강 이의경의 생애와 사상」 『민족문화연구』 제81호, 2018

김문식, 「18세기 후반 정조 능행의 의의」 『한국학보』 88집, 일지사, 1997

김버들・조정식, 「왕릉건축을 통해 본 박자청의 김사행 건축 계승」 『건축역사연구』27권2호, 2018

고영섭, 「금강산의 불교신앙과 수행전통」 『보조사상』 34집, 2010

김봉렬, 「근세기 불교사찰의 건축계획과 구성요소 연구」 『건축역사연구』 2호, 1995

김용태, 「菱洋 朴宗善의 <金剛百論藁>에 대한 일 고찰」 『대동한문학』 제50집, 2017

김준혁, 「조선후기 정조의 불교인식과 정책」 『중앙사론』 12・13집, 1999

도윤수・한동수, 「17~19세기 김룡사의 불사 관련 기록물 현황과 영건활동」 『건축역사연구』 22권5호, 2013

문명대, 「무염파 목불상의 조성과 설악산신흥사 목아미타삼존불상의 연구」, 『강좌미술사』 20호, 2003

손신영, 「연경당 건축년대 연구」 『미술사학연구』, 242・243합집, 2004

손신영, 「19세기 근기지역 불교사찰의 대방건축 연구」『회당학보』 10집, 2005
손신영, 「수국사의 역사적 추이와 가람배치」『강좌미술사』 30호, 2008
손신영, 「경기도 남양주 흥국사의 불전과 조선후기 왕실」『선리연구원 제9차 월례발표회 자료집』 2009
손신영, 「남양주 흥국사 만세루방 연구」『강좌미술사』 34호, 2010
손신영, 「정암사 수마노탑 탑지석 연구」『문화재』 vol.47 No.1, 국립문화재연구소, 2014
손신영, 「19세기 조선왕실 후원 불사의 조형성-고종년간을 중심으로-」『강좌미술사』 42호, 2014
손신영, 「설악산 신흥사 극락보전 연구」『강좌미술사』 45호, 2015
손신영, 「造營과정과 造形원리」『조선의 원당 1 – 화성 용주사』, 국립중앙박물관, 2016
손신영, 「울진 불영사 의상전 연구」『불교학보』 86집, 2019
송은석, 「울진 불영사의 불상과 조각승」『동악미술사학』 17, 2015
신광희, 「남양주 흥국사 <석가팔상도>」『불교미술』 19, 2007
심현용, 「천축산 불영사의 신자료 고찰」『佛敎考古學』 5, 2005
안대환・김성우, 「사찰 주불전에서 불단의 위치와 주칸 구성의 상관성에 관한 연구」『대한건축학회논문집-계획계』 제26권 제5호 통권 제259호, 2010
유제민, 「憶回勝探 龍珠寺 見聞記」『地方行政』 1권 9호, 1952
이강근, 「불국사 불전과 18세기 후반의 재건축」『신라문화제학술발표회논문집』 18권, 1997
이강근, 「용주사의 건축과 18세기의 창건역」『미술사학』 31집, 2008
이대형, 「『應雲空如大師遺忘錄』의 상호텍스트성」『열상고전연구』 제41집, 2014
이경화, 「조선시대 감로탱화 하단화의 풍속장면 고찰」『미술사학연구』 220호, 1998, 12
이민아, 「효명세자・헌종대 궁궐영건의 정치사적 의의」『한국사론』 제54집, 2008
이용윤, 「조선후기 사찰에 건립된 기로소 원당에 관한 고찰」, 『불교미술사학』 3권, 2005
이은희, 「삼척 영은사 불화에 대한 고찰」『문화재』 27, 1992
이현종, 「구한말 사고보존과 수호사찰, 1」『도서관문화』 11권 12호, 1970
정명희, 「「成造雜物器用有功化主錄」과 불영사의 불교회화」『미술자료』 86, 2014
정정남・이혜원, 「의궤에 기록된 건축용어 연구」『화성학연구』 vol.1 No.2, 2006
조성산, 「19세기 전반 노론계 불교인식의 정치적 성격」『한국사상사학회』제13집, 1999
최길성, 「한말의 궁중풍속」『한국민속학』 제3집, 1970
탁효정, 「조선후기 왕실원당의 사회적 기능」『청계사학』 18, 2004, 12
탁효정, 「『廟殿宮陵園墓造泡寺調』를 통해 본 조선후기 능침사의 실태」『조선시대사학보』 61,

2012
한동민, 「일제강점기 寺誌편찬과 그 의의— 安震湖를 중심으로」『불교연구』 제32집, 2010

- 신문 및 잡지 -

『官報』, 1932년 1월 22일
晩悟生, 「楊州各寺巡禮起(續)」『佛教』 30호 및 32호, 1927
이광표, 「연경당은 조선왕실 첨단극장」『동아일보』 2008년 2월 28일
이대형, 「불영사 의상전은 '인현왕후 원당'」『울진21닷컴』 2002년 3월 21일
이성수, 「불영사 '의상전'은 '인현왕후 원당'」『불교신문』 2002년 3월 23일
이철교 편, 「서울 및 근교 사찰지 ; 제2편 京山의 사찰」『多寶』 통권11호, 1994
이철교 편, 「서울 및 근교 사찰지 ; 제5편 道峯山의 사찰」『多寶』 통권14호, 1995

- 웹사이트 -

서울대학교 규장각한국학연구원(http://kyujanggak.snu.ac.kr)
용주사 홈페이지(http://www.yongjoosa.or.kr)
장서각 디지털아카이브(http://yoksa.aks.ac.kr)
한국역대인물 종합정보시스템(http://people.aks.ac.kr)

손신영

동국대에서 미술사로 석사와 박사학위를 받았다. 석사학위논문은 「〈동궐도〉를 통해 본 창덕궁 연구」이며, 박사학위논문은 「19세기 불교건축의 연구-서울・경기지역을 중심으로」이다. 1994년~1996년에는 주간불교신문사 기자로, 2008년~2010년에는 전북대학교 쌀삶문명연구원 HK연구교수로 근무하였다. 1997년부터 2016년까지 동국대-고려대- 국민대 등에서 강의하였으며, 2012년에는 한국연구재단에서 지원하는 박사후연구자로 선정되어 원광대 인문학연구소에서 연구하였다. 한국전통건축을 통섭적으로 파악하기 위해 건축사와 미술사의 학제간 연구를 모색하고 있다.
주요논문으로 「연경당 건축년대 연구-사료를 중심으로」(『미술사학연구』242-243합집, 2004), 「東國大學校 正覺院 건물의 역사와 건축적 특징-경희궁 숭정전과의 관련을 중심으로」(『한국불교학』65호, 2013), 「기록을 통해 본 조선후기 골굴석굴의 양상」(『강좌미술사』50호, 2018) 등이 있고, 공저로는 『간다라에서 만난 부처』(한언, 2009) 등이 있다.

조선후기 불교건축 연구

초판인쇄 2020년 1월 31일
초판발행 2020년 1월 31일

지은이 손신영
펴낸이 채종준
펴낸곳 한국학술정보(주)
주소 경기도 파주시 회동길 230(문발동)
전화 031) 908-3181(대표)
팩스 031) 908-3189
홈페이지 http://ebook.kstudy.com
전자우편 출판사업부 publish@kstudy.com
등록 제일산-115호(2000. 6. 19)

ISBN 978-89-268-9811-6 93540

책에 대한 더 나은 생각, 끊임없는 고민, 독자를 생각하는 마음으로 보다 좋은 책을 만들어갑니다.